工业机器人技术专业系列教材

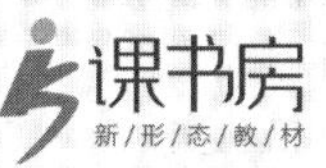

GONGYE JIQIREN
CAOZUO YU BIANCHENG

工业机器人操作与编程

主　编　程晓峰

副主编　黄加明　肖玉红　周　鑫
　　　　甘沐阳　周旺发

重庆大学出版社

内容提要

本书共13个项目,内容包括认识工业机器人、工业机器人硬件安装与调试、启动和关闭工业机器人、示教器操作环境的基本配置、手动控制工业机器人、认识工业机器人仿真软件、构建基本仿真工业机器人工作站、机器人的仿真建模、创建机器人离线轨迹曲线及路径、工业机器人的I/O通信设定、工业机器人描轨实例应用、机器人搬运实例应用及工业机器人维护与保养等。

本书可作为职业院校工业机器人技术专业教材,也可作为从事工业机器人应用的相关技术人员的参考书。

图书在版编目(CIP)数据

工业机器人操作与编程 / 程晓峰主编. -- 重庆 : 重庆大学出版社, 2021.9

工业机器人技术专业系列教材

ISBN 978-7-5689-2910-3

Ⅰ. ①工… Ⅱ. ①程… Ⅲ. ①工业机器人—操作—高等职业教育—教材②工业机器人—程序设计—高等职业教育—教材 Ⅳ. ①TP242.2

中国版本图书馆CIP数据核字(2021)第170779号

工业机器人操作与编程

主 编 程晓峰

副主编 黄加明 肖玉红 周 鑫

甘沐阳 周旺发

策划编辑:荀荟羽

责任编辑:李定群 版式设计:荀荟羽

责任校对:刘志刚 责任印制:张 策

*

重庆大学出版社出版发行

出版人:饶帮华

社址:重庆市沙坪坝区大学城西路21号

邮编:401331

电话:(023) 88617190 88617185(中小学)

传真:(023) 88617186 88617166

网址:http://www.cqup.com.cn

邮箱:fxk@cqup.com.cn (营销中心)

全国新华书店经销

重庆荟文印务有限公司印刷

*

开本:787mm×1092mm 1/16 印张:15 字数:377千

2021年9月第1版 2021年9月第1次印刷

印数:1—2 000

ISBN 978-7-5689-2910-3 定价:45.00元

前　言

随着《中国制造2025》的颁布实施，信息化、工业化的不断融合，以机器人科技为代表的智能产业蓬勃兴起，成为当代科技创新的一个重要标志，工业机器人应用已在我国形成了“井喷”的局面。习近平总书记指出，中国将机器人和智能制造纳入了国家科技创新的优先重点领域，推动机器人科技研发和产业化进程，使机器人科技及其产品更好为推动发展、造福人民服务。

工业机器人是生产过程中的关键设备，可用于安装、制造、检测、物流等环节，广泛应用于汽车整车及汽车零部件、电气电子、化工等领域。近年来，工业机器人应用范围逐渐扩大，逐步覆盖到工程机械、轨道交通、低压电器、电力、IC 装备、军工、烟草、金融、医药、冶金及印刷出版等行业。广泛采用工业机器人不仅可有效提高产品质量，而且对保障人身安全、改善劳动环境、减轻劳动强度、提高劳动生产率、节约材料耗材及降低生产成本都有十分重要的意义。在当今世界，工业机器人的应用水平已成为衡量一个国家制造业和科技水平的重要标志。然而，能熟练掌握工业机器人操作、编程的复合型应用技术人才却大量短缺。

本书以国内职业院校使用较普遍的 ABB 机器人为案例对象，按照工业机器人技术专业人才培养目标中工业机器人现场操作、编程与调试、维修与保养等职业岗位（群）的任职要求，参照工业机器人系统操作员职业资格标准，以培养学生职业能力为本位，构建以典型工作任务为载体，采用“创设情境—小组合作学习—模拟演练—实际操作—总结反馈”融教、学、做一体的任务驱动教学模式。旨在引领读者熟悉工业机器人分类、特点、组成、工作原理等基本理论和技术，并能根据工作要求实现工业机器人的简单控制，通过工业机器人安装调试、工业机器人的示教操作、工业机器人的示教编程，最终让读者掌握工业机器人的基本操作以及描轨、搬运、码垛、涂胶等典型应用。

本书共 13 个项目，遵循“任务驱动、项目导向”，采用以图为主的编写形式，力求文字叙述深入浅出，内容编排循序渐进。项目 1 概要地介绍了工业机器人的基础知识，包括工业机器人的概念、组成、分类及主要技术参数；项目 2 至项目 5 讲解了工业机器人的操作装置（示教器和控制面板）、示教编程，并再现过程中手动操作工业机器人的步骤和方法；项目 6 至项目 10 对 ABB 公司的 RobotStudio 软件的操作、建模、轨迹离线编程、动画效果的制作及模拟工作站的构建进行了讲解；项目 11 和项目 12 创建了机器人典型应用的案例，包括机器人描轨和搬运，详细讲述了这些案例所用的编程指令和操作编程的步骤和方法；项目 13 对工业机器人的日常维护和保养以及常见的故障诊断与分析进行了讲述。

本书开发了丰富的配套教学资源，包括教学课件（PPT）、教学视频、微课、动画及习题等，并在书中相应位置做了资源标记，读者可通过手机等移动终端扫码或访问重庆大学出版社网站观看。

本书由湖北工程职业学院与天津博诺机器人技术有限公司校企共同编写。湖北工程职业学院的程晓峰副教授担任主编，湖北工程职业学院的黄加明教授、肖玉红老师、周鑫老师、甘沐阳老师以及天津博诺机器人有限公司的周旺发担任副主编。编写人员及具体分工如下：程晓峰编写项目1、项目11和项目12，黄加明编写项目2、项目3，肖玉红编写项目6—项目9，周鑫编写项目4、项目5，甘沐阳编写项目10，周旺发编写项目13。全书由程晓峰统稿。在编写过程中，参阅了部分相关教材及技术文献内容，在此对文献作者表示衷心的感谢。

由于机器人技术的发展日新月异、应用领域广泛，编者水平有限，书中不足之处在所难免，恳请广大读者批评指正。

编　者

2021年5月

目　录

项目 *1*

认识工业机器人

学习目标

知识目标:

1. 熟悉工业机器人的发展历史,掌握工业机器人的定义。
2. 熟悉工业机器人的应用和常用类型。
3. 熟悉工业机器人的组成以及主要技术参数。

技能目标:

1. 能描述工业机器人的发展的主要阶段。
2. 能认知各种类型的工业机器人及其产品应用。
3. 能识别工业机器人的组成、结构以及不同机器人的主要技术参数。

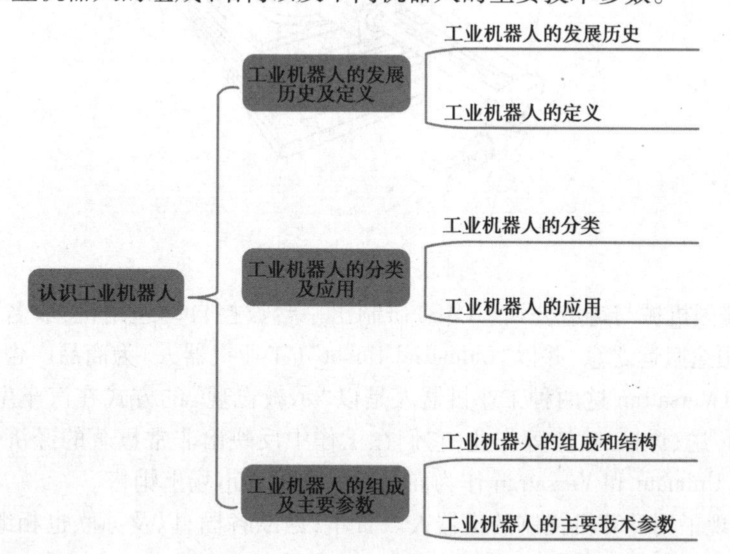

任务 1.1　工业机器人的发展历史与定义

1.1.1　工业机器人的发展历史

工业机器人的发展历史与定义

1)国外工业机器人的发展状况

1920 年,捷克剧作家卡雷尔·卡佩克在科幻剧本《罗萨姆的万能机器人》(*Rossum's Universal Robots*)中把捷克语“Robota”写成了“Robot”,其意思是“不知疲倦的劳动”,这引起了大家的广泛关注,后成了机器人一词的起源。

1950 年,美国科幻小说作家埃萨克·阿西莫夫在他的科幻小说《我,机器人》(*I,Robot*)中首次使用了“Robotics”,即“机器人学”。阿西莫夫提出了“机器人三原则”:

①机器人不应伤害人,也不得见人受到伤害而袖手旁观。

②机器人应服从人的一切命令,除非违反第一定律。

③机器人应保护自身安全,除非违反第一及第二定律。

机器人学术界一直将这三原则作为机器人开发的准则,阿西莫夫因此被称为“机器人学之父”。

1954 年,美国人 George C. Devol 提出了第一个工业机器人技术方案,设计出世界上第一台可编程的工业机器人样机,并在 1956 年获得“通用机器人”专利。

1961 年,Unimation 公司(通用机械公司)成立,生产和销售了第一台工业机器“Unimate”(见图 1.1)。这种机器人外形完全像坦克炮塔,可实现回转、伸缩、俯仰等动作。

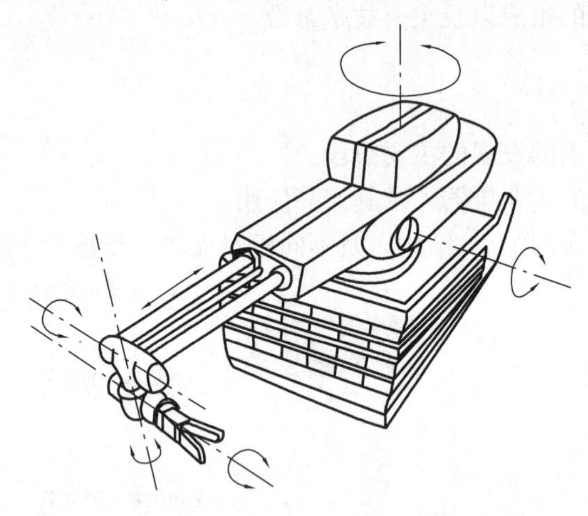

图 1.1　Unimate 机器人

1962 年,美国机械与铸造公司(AMF)研制出一台数控自动通用机,取名“Versatran”(见图 1.2),即多用途搬运之意,并以“Industrial Robot”(工业机器人)为商品广告投入市场。

Unimate 和 Versatran 这两种工业机器人是以“示教再现”的方式在汽车生产线上成功地代替工人进行传送、焊接、喷漆等作业,它们在工作中反映出非常显著的经济效益、可靠性和灵活性。因此,Unimate 和 Versatran 作为商品开始在世界市场上销售。

1974 年出现了用计算机控制的机器人。日本,西欧各国,以及苏联也相继引进或自行研

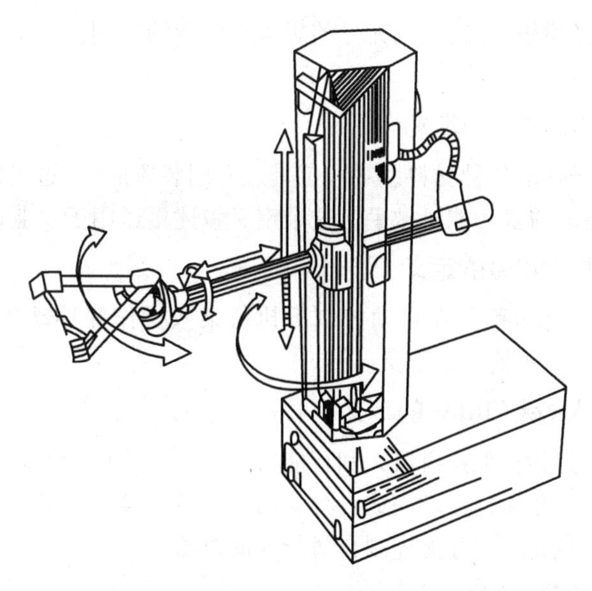

图1.2　Versatran机器人

制工业机器人。20世纪六七十年代是机器人技术获得巨大发展的阶段。

20世纪80年代,机器人在发达国家的工业生产中大量普及应用,如焊接、喷漆、搬运及装配,并向各个领域拓展,如航天、水下、排险、核工业等,机器人的感知技术得到相应的发展,产生了第二代机器人。

20世纪90年代,机器人技术在军用、医疗、服务及娱乐等领域延伸,并开始向智能型(第三代)机器人发展。

2)我国工业机器人的发展状况

我国工业机器人起步于20世纪70年代初期,大致经历了3个发展阶段:70年代的萌芽期、80年代的开发期和90年代的适用化期。

20世纪60—70年代是世界科技发展的一个里程碑:人类登上了月球,实现了金星、火星的软着陆。我国也发射了人造卫星。世界范围内工业机器人的应用掀起了一个高潮,尤其在日本发展更为迅猛,它补充了日益短缺的劳动力。在这种背景下,我国于1972年开始研制自己的工业机器人。

从20世纪90年代初期起,我国的国民经济进入实现两个根本转变时期,掀起了新一轮的经济体制改革和技术进步热潮。我国的工业机器人又在实践中迈进了一大步,先后研制出了点焊、弧焊、装配、喷漆、切割、搬运、包装及码垛等各种用途的工业机器人,并实施了一批机器人应用工程,形成了一批机器人产业化基地,为我国机器人产业的腾飞奠定了基础。

1.1.2　工业机器人的基本概念

虽然机器人已被广泛使用,越来越受到人们的重视,但到底什么是机器人,每个国家的说法都不一样。目前,机器人这一名词还没有一个统一、严格、准确的定义。原因之一是机器人还在发展,新的机型、新的功能不断出现。同时,由于机器人涉及人的概念,成为一个难以回答的哲学问题,就像机器人一词最早诞生在科幻小说之中一样,人们对机器人充满了幻想。

也许正是机器人的定义模糊,才给人们充分的想象和创造的空间。以下给出一些具有代表性的定义:

1)美国机器人协会(RIA)的定义

机器人是一种用于移动各种材料、零件、工具或专用装置的,通过可编程动作来执行各种任务的,并具有编程能力的多功能机械手。这个定义叙述更适用于工业机器人的定义。

2)美国国家标准局(NBS)的定义

机器人是一种能进行编程并在自动控制下执行某些操作和移动作业任务的机械装置。这是一种比较广义的工业机器人的定义。

3)日本工业机器人协会(JIRA)的定义

机器人的定义分为两类:工业机器人和智能机器人。工业机器人是一种装备有记忆装置和末端执行器的,能转动并通过自动完成各种移动来代替人类劳动的通用机器。智能机器人是一种能具有感觉和识别能力,并能控制自身行为的机器。

4)国际标准化组织(ISO)的定义

国际标准化组织(ISO)给出的机器人定义较为全面和准确,其定义涵盖以下内容:

①机器人的动作机构具有类似于人或其他生物体某些器官(肢体、感官等)的功能。

②机器人具有通用性,工作种类多样,动作程序灵活易变。机床、车床、机器人不一样,同一个机器人可以干不同的事,如人手可以写字、弹琴等。机器人的通用性不是漫无边际的,是受结构制约的。

③机器人具有不同程度的智能性,如记忆、感知(对温度敏感的机器人有温度传感器)、推理、决策、学习等。

④机器人具有独立性,完整的机器人系统在工作中可不依赖人的干预。

5)我国对机器人的定义

蒋新松院士曾建议把机器人定义为一种拟人功能的机械电子装置(a mechantronic device to imitate some human functions)。

上述关于机器人的定义的共同属性:

①像人或人的一部分,并模仿人的动作。

②具有智能或感觉与识别能力。

③是人制造的机器或机械电子装置。

工业机器人是机器人这个大家族中的一种,是面向工业领域的多关节机械手或多自由度的机器装置。它能自动执行工作,是靠自身动力和控制能力来实现各种功能的一种机器。

工业机器人的优点在于它可通过更改程序,方便、迅速地改变工作内容或方式,以满足生产要求的变化。例如,改变焊缝轨迹及喷涂位置,以及变更装配部件或位置等。随着人们对工业生产线的柔性要求越来越高,对各种工业机器人的需求也越来越广泛。

任务1.2　工业机器人的分类与应用

1.2.1　工业机器人的分类

工业机器人的分类及应用

工业机器人(后面也简称“机器人”)的分类方法很多,也相当复杂,国际上没有一种分类方法可满意地将各类机器人都包括在内。目前,多数的机器人是按照不同的功能、目的、用途、规模、结构、坐标及驱动方式等进行分类的。

1)按坐标形式分类

通常机器人根据坐标形式的不同,可分为直角坐标型机器人、圆柱坐标型机器人、球坐标型机器人、关节坐标型机器人、平面关节型机器人及并联机器人。

(1)直角坐标型机器人

这一类机器人手部空间位置的改变通过沿3个互相垂直的轴线的移动来实现,即沿着X轴的纵向移动、沿着Y轴的横向移动及沿着Z轴的升降。该形式机器人的位置精度高,控制无耦合、简单,避障性好,但结构较庞大,动作范围小,灵活性差,难与其他机器人协调;移动轴的结构较复杂,且占地面积较大,如图1.3所示。

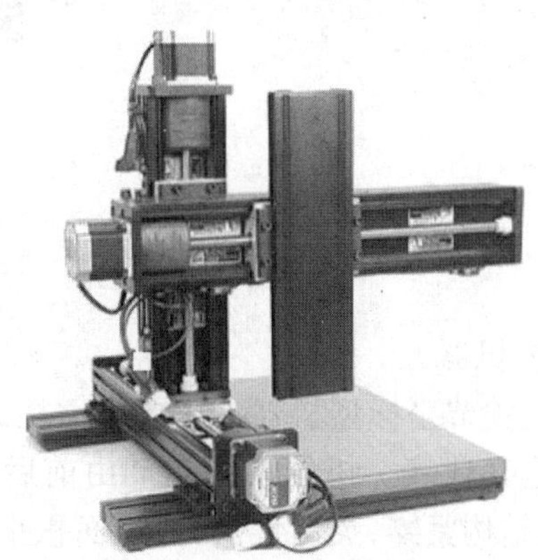
图1.3　直角坐标型机器人

直角坐标型机器人

(2)圆柱坐标型机器人

这种机器人通过两个移动和一个转动实现手部空间位置的改变,如图1.4所示。机器人手臂的运动系由垂直立柱平面内的伸缩和沿立柱的升降两个直线运动及手臂绕立柱的转动复合而成。圆柱坐标型机器人的位置精度仅次于直角坐标型机器人,控制简单,避障性好,但结构也较庞大,难与其他机器人协调工作,两个移动轴的设计较复杂。

(3)球坐标型机器人

这类机器人手臂的运动由一个直线运动和两个转动所组成,如图1.5所示,即沿手臂方向X的伸缩、绕Y轴的俯仰和绕Z轴的回转。UNIMATE机器人是其典型代表。这类机器人占地面积较小,结构紧凑,位置精度尚可,能与其他机器人协调工作,质量较小,但避障性差,有平衡问题,位置误差与臂长有关。

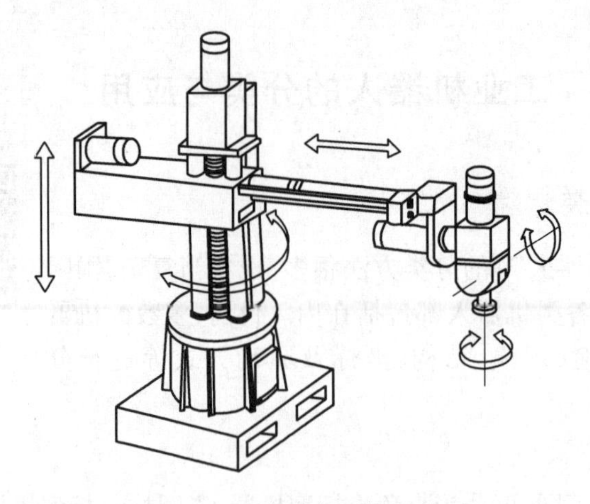

圆柱坐标型机器人

图 1.4　圆柱坐标型机器人

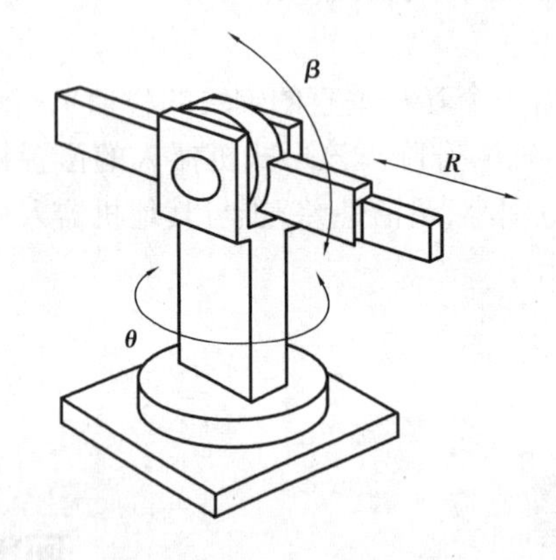

球坐标型机器人

图 1.5　球坐标型机器人

(4)关节坐标型机器人

如图 1.6 所示,关节坐标型机器人主要由立柱、前臂和后臂组成,PUMA 机器人是其代表。机器人的运动由前后臂的俯仰及立柱的回转构成。其结构紧凑,灵活性大,占地面积小,工作空间大,能与其他机器人协调工作,避障性好,但位置精度较低,控制存在耦合,故比较复杂。目前,这种机器人应用得最多。

(5)平面关节型机器人

如图 1.7 所示,平面关节型机器人可看成关节坐标型机器人的特例。类似人的手臂的运动,它用平行的肩关节和肘关节实现水平运动,关节轴线共面;腕关节可实现垂直运动,在平面内进行定位和定向,是一种固定式的工业机器人。这类机器人结构轻便,响应快且比一般的关节型机器人快数倍。它能实现平面运动,全臂在垂直方向的刚度大,在水平方向的柔性大,具有柔顺性。

图 1.6　关节坐标型机器人

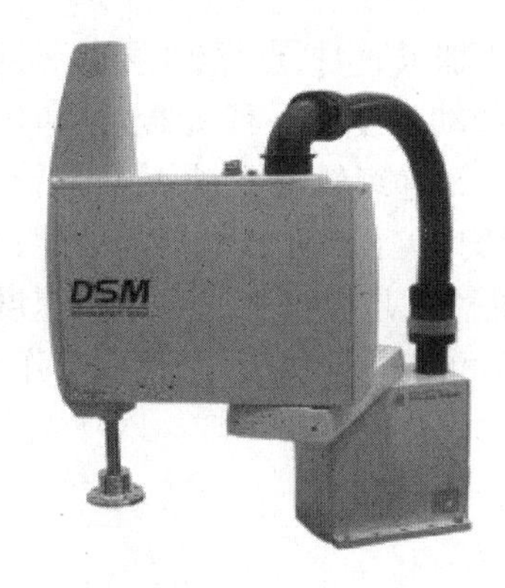

平面关节型机器人

图1.7　平面关节型机器人

(6)并联机器人

并联机器人是一种动平台和定平台通过至少两个独立的运动链相连接,机构具有两个或两个以上自由度,且以并联方式驱动的闭环机构。并联机器人形式多样,常见的并联机器人多为Delta并联机器机构形式。如图1.8所示为ABB的IRB360系列并联机器人。并联机器人具有高刚度、高负载等优点,但工作空间相对较小,结构较为复杂。这正好与串联机器人形成互补,从而扩大了机器人的选择及应用范围。

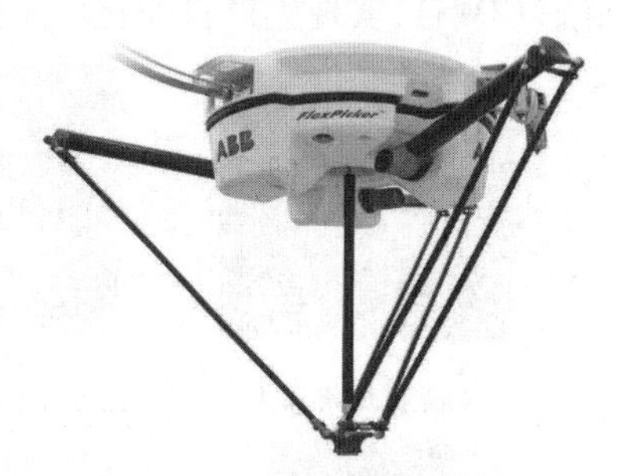

图1.8　ABB的IRB360并联机器人

2)按驱动方式分类

(1)气力驱动式

机器人以压缩空气来驱动执行机构。这种驱动方式的优点是空气来源方便,动作迅速,结构简单,造价低。其缺点是空气具有可压缩性,致使工作速度的稳定性较差。因气源压力一般只有60 MPa左右,故此类机器人适用于抓举力要求较小的场合。

(2)液力驱动式

相对于气力驱动,液力驱动的机器人具有较强的抓举能力。液力驱动式机器人结构紧凑,传动平稳且动作灵敏,但对密封的要求较高,且不宜在高温或低温的场合工作,要求的制造精度较高,成本较高。

(3)电力驱动式

目前,越来越多的机器人采用电力驱动式,这不仅是因为电动机品种众多可供选择,更因为可运用多种灵活的控制方法。电力驱动是利用各种电动机产生的力或力矩,直接或经过减速机构驱动机器人,以获得所需的位置、速度和加速度。电力驱动具有无环境污染、易于控制、运动精度高、成本低、驱动效率高等优点,其应用最为广泛。电力驱动可分为步进电动机驱动、直流伺服电动机驱动和无刷伺服电动机驱动等。

(4)新型驱动方式

伴随着机器人技术的发展,出现了利用新的工作原理制造的新型驱动器,如静电驱动器、压电驱动器、形状记忆合金驱动器、人工肌肉及光驱动器等。

3)按机器人的主要用途分类

工业机器人按用途可分为焊接机器人、装配机器人和喷涂机器人等。

焊接机器人是到现在为止应用最多的工业机器人,包括点焊(主要是针对汽车生产线,提高生产效率,提高汽车焊接的质量,降低工人的劳动强度的一种机器人)和弧焊机器人(如对汽车的后桥进行焊接时,它可以连续焊接,其特点是连续轨迹控制,故轨迹精度要求非常高),用于实现自动化焊接作业;装配机器人较多地用于电子部件或电器的装配;喷涂机器人代替人进行各种喷涂作业;搬运、上料、下料及码垛机器人是根据工况要求的速度和精度,将物品从一处运到另一处。应该说,并不是只有机器人可完成这些工作,很多工作都可用专门的机器完成。

1.2.2　工业机器人的应用

工业机器人最早应用于汽车制造工业,常用于焊接、喷漆、上下料及搬运。工业机器人延伸和扩大了人的手足和大脑功能,它可代替人从事有毒、低温及高热等危险或恶劣环境中的工作;代替人完成繁重、单调的重复劳动,提高劳动生产率,保证产品质量。工业机器人与数控加工中心、自动搬运小车以及自动检测系统可组成柔性制造系统(FMS)和计算机集成制造系统(CIMS),实现生产自动化。工业机器人的典型应用如图1.9所示。

(a)弧焊机器人　(b)激光焊机器人　(c)电阻焊机器人

(d)自动化焊接机器人　(e)点焊机器人　(f)等离子切割机器人

(g)部件移动机器人　(h)装配机器人　(i)打保险机器人

(j)自动钻孔机器人　(k)设备维护机器人　(l)包装机器人

工业机器人的典型应用

图1.9　工业机器人的典型应用

综上所述,工业机器人的应用给人类带来了许多好处。例如:

①减少劳动力费用。

②提高生产率。

③改进产品质量。

④增加制造过程的柔性。

⑤减少材料浪费。

⑥控制和加快库存的周转。

⑦降低生产成本。

⑧消除危险和恶劣环境中的劳动岗位。

任务1.3 工业机器人的基本组成及主要技术参数

工业机器人的基本组成及主要技术参数

1.3.1 工业机器人的组成

工业机器人由三大部分6个子系统组成。三大部分是机械部分、传感部分和控制部分。6个子系统是驱动系统、机械结构系统、感受系统、机器人-环境交互系统、人机交互系统及控制系统,如图1.10和图1.11所示。

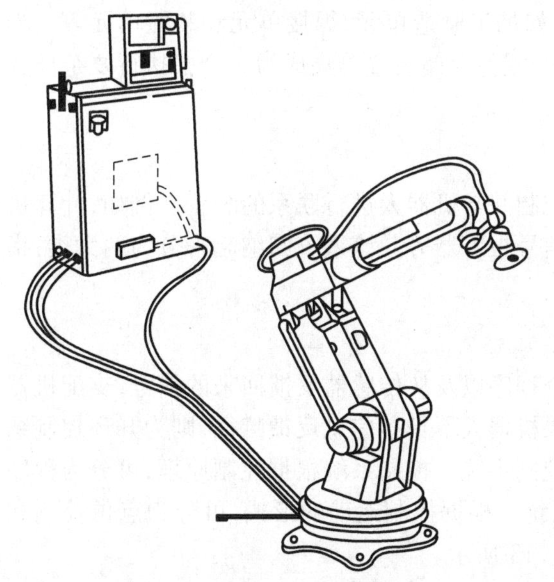

图1.10 机器人三大组成部分

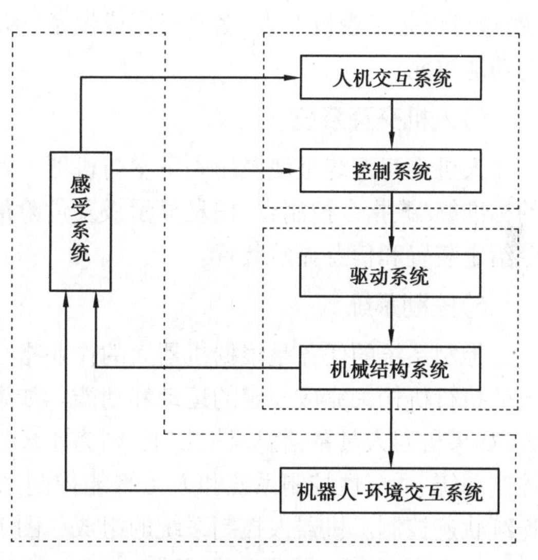

图1.11 机器人的6个子系统

工业机器人的6个子系统的作用分述如下:

1)驱动系统

要使机器人运行起来,需给各个关节(即每个运动自由度)安装传动装置,这就是驱动系统。驱动系统可以是液压传动、气动传动和电动传动,或将它们结合起来应用的综合系统,也可以是直接驱动或通过同步带、链条、轮系、谐波齿轮等机械传动机构进行的间接驱动。

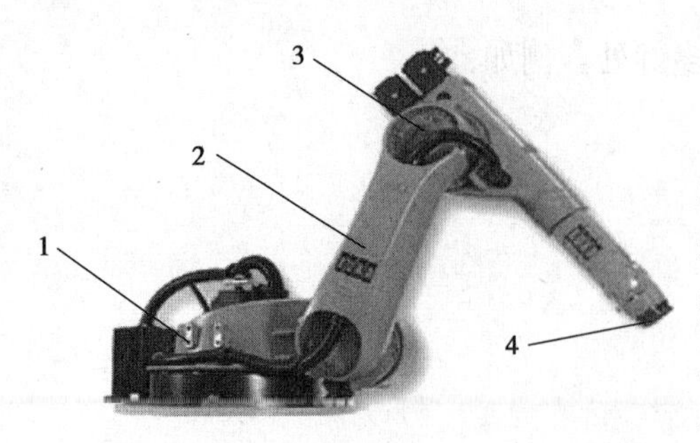

图 1.12　机器人的机械结构系统
1—基座;2—手臂;3—关节;4—末端夹持器

2)机械结构系统

工业机器人的机械结构系统由基座、手臂和末端操作器三大件组成,如图 1.12 所示。每一大件都有若干自由度,构成一个多自由度的机械系统。若基座具备行走机构,则构成行走机器人;若基座不具备行走及腰转机构,则构成单机器人臂。手臂一般由上臂、下臂和手腕组成。末端操作器是直接装在手腕上的一个重要部件,它可以是二手指或多手指的手爪,也可以是喷漆枪、焊具等作业工具。

3)感受系统

感受系统由内部传感器模块和外部传感器模块组成。它用来获取内部和外部环境状态中有意义的信息。智能传感器的使用提高了机器人的机动性、适应性和智能化水平。人类的感受系统对感知外部世界信息是极其灵巧的,然而对一些特殊的信息,传感器比人类的感受系统更有效。

4)机器人-环境交互系统

机器人-环境交互系统是实现工业机器人与外部环境中的设备相互联系和协调的系统。工业机器人与外部设备集成为一个功能单元,如加工制造单元、焊接单元和装配单元等。当然,也可以是多台机器人、多台机床或设备、多个零件存储装置等集成为一个去执行复杂任务的功能单元。

5)人机交互系统

人机交互系统是使操作人员参与机器人控制并与机器人进行联系的装置。例如,计算机的标准终端、指令控制台、信息显示板及危险信号报警器等。该系统归纳起来分为两大类:指令给定装置和信息显示装置。

6)控制系统

控制系统的任务是根据机器人的作业指令程序以及从传感器反馈回来的信号,支配机器人的执行机构去完成规定的运动和功能。如果机器人不具备信息反馈特征,则为开环控制系统;如果机器人具备信息反馈特征,则为闭环控制系统。控制系统根据控制原理,可分为程序控制系统、适应性控制系统和人工智能控制系统。根据控制运动的形式,可分为点位控制和连续轨迹控制。机器人控制系统的组成如图 1.13 所示。

1.3.2　工业机器人的基本工作原理

工业机器人的基本工作原理是示教再现。示教也称导引,即由用户导引机器人,一步步按实际任务操作一遍。机器人在导引过程中,自动记忆示教的每个动作的位置、姿态、运动参数及工艺参数等,并自动生成一个连续执行全部操作的程序。完成示教后,只需给机器人一个启动命令,机器人将精确地按照示教动作,一步步完成全部操作,如图 1.14 所示。

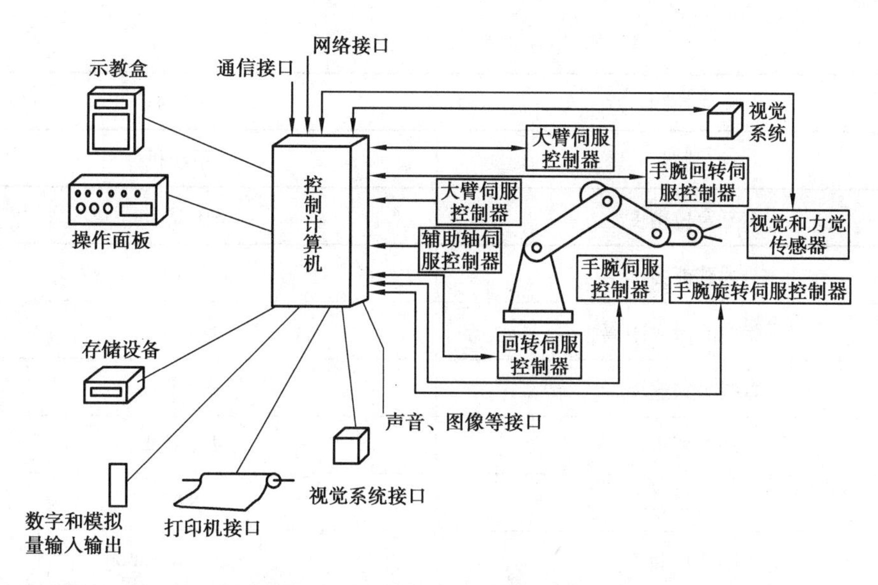

图1.13　机器人控制系统的组成

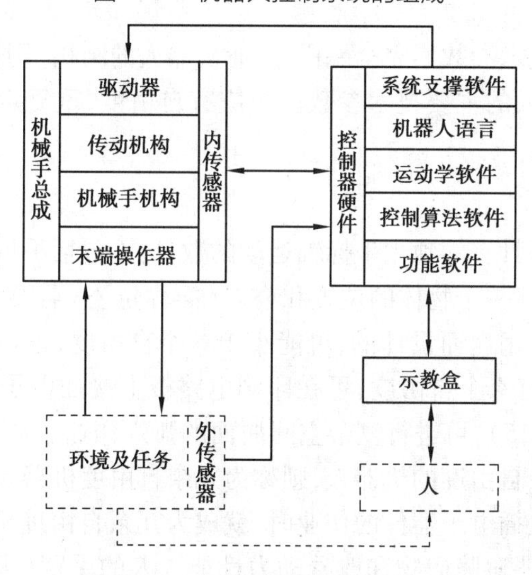

图1.14　机器人的基本工作原理

1.3.3　工业机器人的主要技术参数

工业机器人的技术参数有很多。其主要技术参数有7个,分别是自由度,工作空间,工作速度,工作载荷,控制方式,驱动方式,以及精度、重复精度和分辨率。工业机器人的技术参数是各工业机器人制造商在产品供货时所提供的技术数据,见表1.1。

表1.1　一种工业机器人的主要技术参数

项目	技术系数
自由度	6
驱动	DC伺服电机

续表

手抓控制	气动
控制器	系统机
重复定位精度	±0.1 mm
承载能力	4.0 kg
手腕中心最大距离	866 mm
直线最大速度	0.5 m/s
功率要求	1 150 W
质量	182 kg
制造厂商	美国 Unimation

尽管各厂商提供的技术参数不完全一样,工业机器人的结构、用途等有所不同,且用户的要求也不同,但工业机器人的主要技术参数一般应有自由度、重复定位精度、工作范围、最大工作速度及承载能力等。

1)自由度

自由度是指机器人所具有的独立坐标轴运动的数目,不包括手爪(末端操作器)的开合自由度。在三维空间中,描述一个物体的位置和姿态(简称位姿)需要6个自由度。但是,工业机器人的自由度是根据其用途而设计的,可能小于6个自由度,也可能大于6个自由度。例如,A4020装配机器人具有4个自由度,可在印刷电路板上接插电子器件;PUMA 562机器人具有6个自由度(见图1.15),可进行复杂空间曲面的弧焊作业。从运动学的观点看,在完成某一特定作业时具有多余自由度的机器人,则称为冗余自由度机器人。例如,PUMA 562机器人去执行印刷电路板上接插电子器件的作业时,就成为冗余自由度机器人。利用冗余自由度可增加机器人的灵活性、躲避障碍物和改善动力性能。人的手臂(大臂、小臂和手腕)共有7个自由度,因此工作起来很灵巧,手部可回避障碍而从不同方向到达同一个目的点。

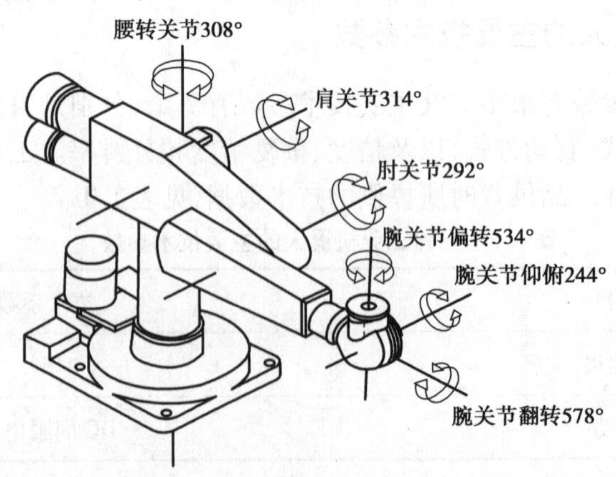

图1.15 PUMA 562机器人

2)精度

工业机器人精度是指定位精度和重复定位精度。定位精度是指机器人手部实际到达位置与目标位置之间的差异。重复定位精度是指机器人重复定位其手部于同一目标位置的能力,它可用标准偏差这个统计量来表示。

3)工作范围

工作范围也称工作区域,是指机器人手臂末端或手腕中心所能到达的所有点的集合。因末端操作器的尺寸和形状是多种多样的,故为了真实反映机器人的特征参数,这里是指不安装末端操作器时的工作区域。工作范围的形状和大小是十分重要的。机器人在执行作业时,可能会因存在手部不能到达的作业死区而不能完成任务。如图 1.16 和图 1.17 所示分别为 PUMA 机器人俯视和侧视的工作范围。

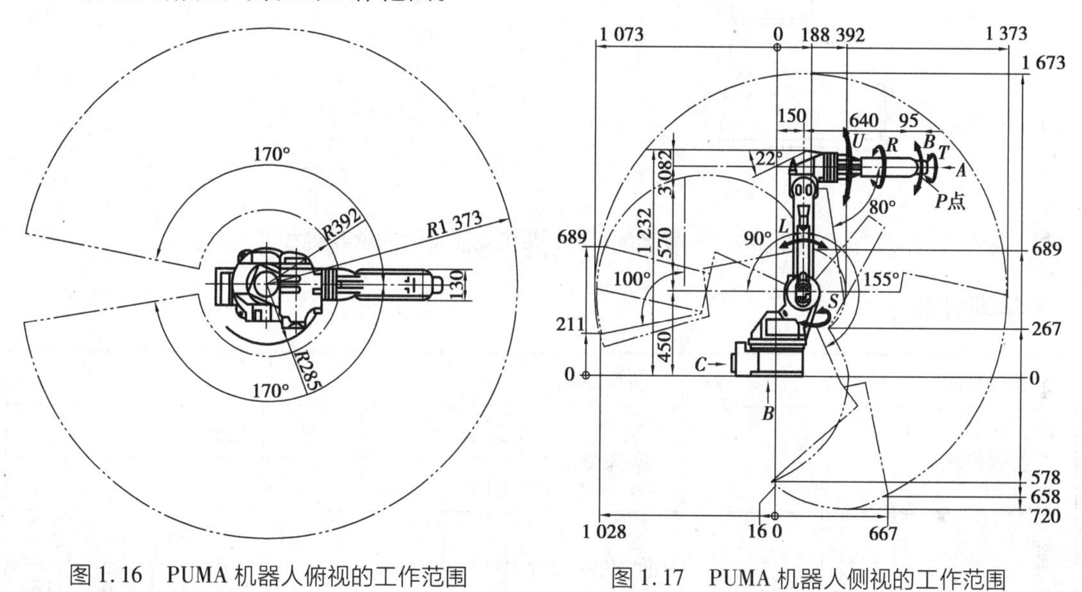

图 1.16 PUMA 机器人俯视的工作范围

图 1.17 PUMA 机器人侧视的工作范围

4)速度

速度和加速度是表明机器人运动特性的主要指标。说明书中通常提供了主要运动自由度的最大稳定速度,但在实际应用中单纯考虑最大稳定速度是不够的,这是因为由驱动器输出功率的限制,从启动到最大稳定速度或从最大稳定速度到停止都需要一定的时间。如果最大稳定速度高,允许的极限加速度小,则加减速的时间就会长一些,对应用而言的有效速度就要低一些;反之,如果最大稳定速度低,允许的极限加速度大,则加减速的时间就会短一些,这有利于有效速度的提高。但如果加速或减速过快,有可能引起定位时超调或振荡加剧,使到达目标位置后需要等待振荡衰减的时间增加,则也可能使有效速度反而降低。因此,考虑机器人运动特性时,除注意最大稳定速度外,还应注意其最大允许的加减速度。

5)承载能力

承载能力是指机器人在工作范围内的任何位姿上所能承受的最大质量。承载能力不仅取决于负载的质量,而且还与机器人运行的速度和加速度的大小和方向有关。为了安全起见,承载能力这一技术指标是指高速运行时的承载能力。通常承载能力不仅是指负载,而且还包括了机器人末端操作器的质量。

机器人有效负载的大小除受到驱动器功率的限制外，还受到杆件材料极限应力的限制。因此，它又与环境条件（如地心引力）、运动参数（如运动速度、加速度以及它们的方向）有关。如图 1.18 所示为三菱装配机器人。它的额定可搬运质量为 14 500 kg，在运动速度较低时能达到 29 500 kg。然而，这种负荷能力只是在太空失重条件下才有可能达到，在地球上，该手臂本身的质量达 410 kg，它连自重引起的臂杆变形都无法承受，更谈不上搬运质量了。

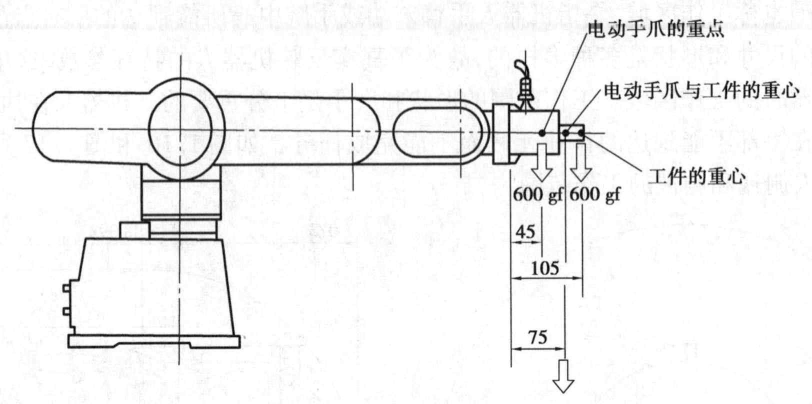

图 1.18　三菱装配机器人带电动手爪时的承载能力

学习评价：

<table>
<tr><td>实操时间</td><td colspan="3"></td><td>实操地点</td><td colspan="5"></td></tr>
<tr><td rowspan="2">实操班级</td><td rowspan="2" colspan="3"></td><td rowspan="2">实操分组</td><td>组别</td><td></td><td>组长</td><td colspan="2"></td></tr>
<tr><td>组员</td><td colspan="4"></td></tr>
<tr><td rowspan="10">项目评价</td><td rowspan="2">序号</td><td rowspan="2" colspan="3">评价内容（总分 100 分）</td><td colspan="4">得　分</td></tr>
<tr><td>自评</td><td>互评</td><td>教评</td><td>总分</td></tr>
<tr><td>1</td><td colspan="3">课堂考勤（5 分）</td><td></td><td></td><td></td><td></td></tr>
<tr><td>2</td><td colspan="3">课堂讨论与发言情况（10 分）</td><td></td><td></td><td></td><td></td></tr>
<tr><td>3</td><td colspan="3">知识点掌握情况（40 分）</td><td></td><td></td><td></td><td></td></tr>
<tr><td rowspan="3">4</td><td rowspan="3">任务完成情况（40 分）</td><td colspan="2">正确写出机器人的组成结构（10 分）</td><td></td><td></td><td></td><td></td></tr>
<tr><td colspan="2">正确写出自己所观察工业机器人的主要技术参数（15 分）</td><td></td><td></td><td></td><td></td></tr>
<tr><td colspan="2">分析出整个机器人所含有的机械结构及其相应的运动方式（15 分）</td><td></td><td></td><td></td><td></td></tr>
<tr><td>5</td><td colspan="3">互助协作情况（5 分）</td><td></td><td></td><td></td><td></td></tr>
<tr><td colspan="4">合　计</td><td></td><td></td><td></td><td></td></tr>
</table>

注：过程考核占总成绩的 70%，考试（综合设计）成绩占 30%。

知识测评：

填空题

1. 工业机器人按坐标形式，可分为直角坐标型机器人、圆柱坐标型机器人、________、________、________及________6种。

2. 工业机器人的机械结构主要包括末端操作器、________、________基座及机身。

3. 工业机器人按用途可分为焊接机器人、搬运机器人、________、________及________等。

4. 工业机器人技术参数中的精度是指________和________。

5. 机器人的驱动方式主要有________、________和________3种。

6. 工业机器人由三大部分6个子系统组成。三大部分是机械部分、________和________。6个子系统是驱动系统、________、________、机器人-环境交互系统、________及________。

7. 机器人的自由度是________。

8. 机器人工作载荷是________。

9. 工业机器人的概念是________。

10. 示教再现是________。

11. 机器人的重复定位精度是指________。

项目 2

工业机器人硬件安装与调试

学习目标

知识目标：

1. 了解 ABB 机器人的各种产品。
2. 了解 ABB IRB120 工业机器人的特点。
3. 掌握工业机器人安全操作规程。
4. 掌握工业机器人控制柜的组成结构。
5. 掌握工业机器人控制柜的分类。

技能目标：

1. 能正确地完成工业机器人的紧急停止后的恢复。
2. 掌握机器人控制柜每个模块的功能及作用。
3. 掌握机器人本体和控制器安装时的注意事项。
4. 掌握机器人本体和控制器连接。

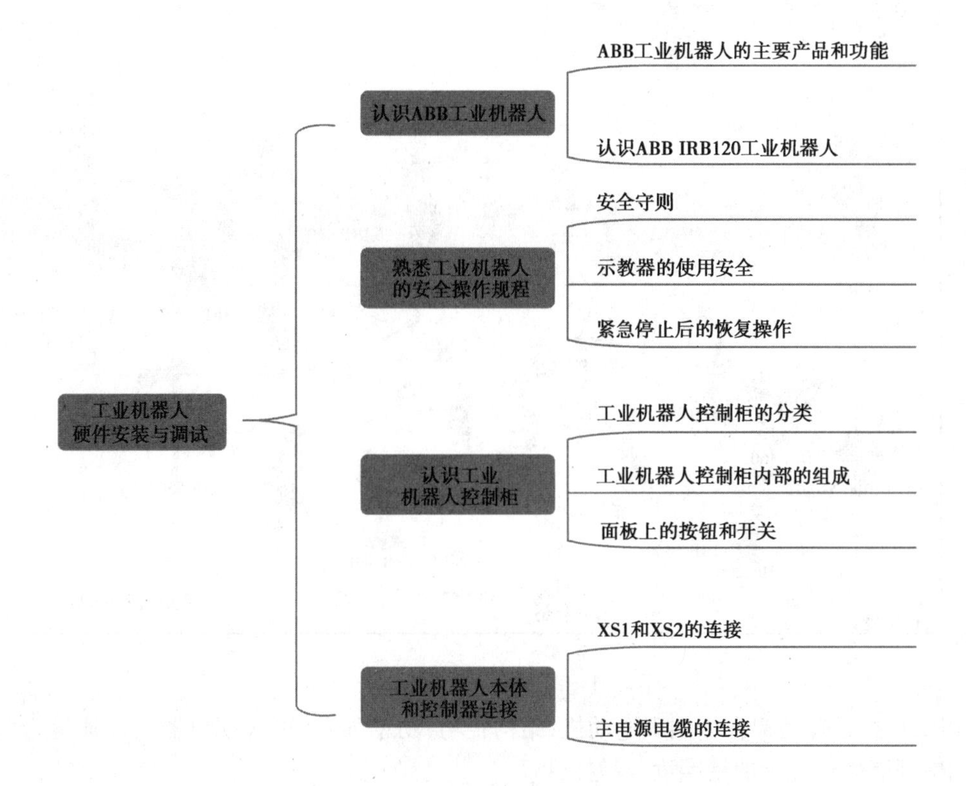

任务 2.1　认识 ABB 工业机器人

2.1.1　ABB 工业机器人的主要产品和功能

ABB 是工业自动化领域的巨头，ABB 由两个拥有 100 多年历史的国际性企业——瑞典的阿西亚公司（ASEA）和瑞士的布朗勃法瑞公司（BBC Brown Boveri）于 1988 年合并而成，总部位于瑞士。ABB 业务遍布全球 100 多个国家，拥有员工 10.5 万名。它是全球工业机器人技术领导厂商。1969 年发明喷涂机器人，1974 年推出全球第一台商用电动机器人。

ABB 机器人完整的产品组合如图 2.1 所示。

2.1.2　认识 ABB IRB120 工业机器人

1）ABB IRB120 工业机器人的特点

（1）紧凑轻量

作为 ABB 目前最小的机器人 IRB120（见图 2.2）在紧凑空间内凝聚了 ABB 产品系列的全部功能与技术。其质量仅 25 kg，结构设计紧凑，几乎可安装在任何地方。

（2）用途广泛

IRB120 广泛应用于电子、食品、饮料、制药、医疗及研究等领域，能通过柔性（非刚性）自动化解决方案的完美之选，在有限空间其优势尤为明显。

（3）易于集成

IRB120 空气管线与用户信号线缆从底脚至手腕全部嵌入机身内部，易于机器人集成。

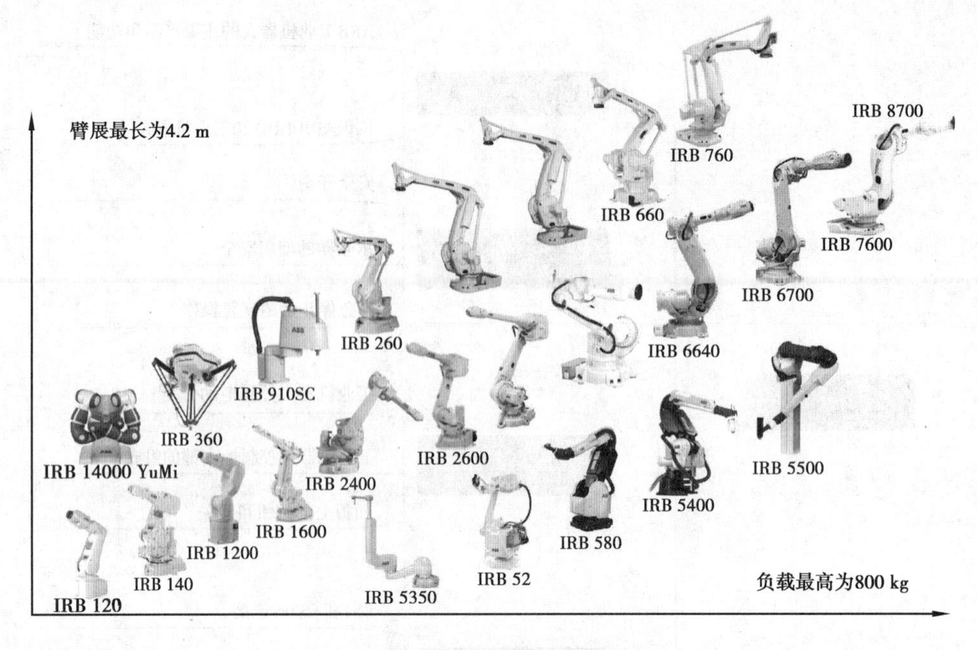

图 2.1　ABB 机器人完整的产品

IRB120 配备轻型铝合金伺服电动机，结构轻巧，功率强劲，可实现机器人高速运行，在任何应用中都能确保优异的精准度与敏捷性。

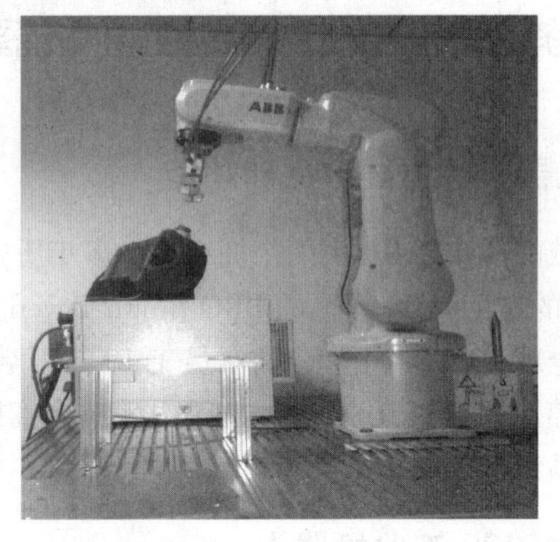

图 2.2　ABB IRB120 机器人

2）IRB120 机器人规格参数

IRB120 机器人规格参数见表 2.1。

表 2.1　IRB120 机器人规格参数

规格	
型号	IRB 120-3/0.6
工作范围	580 mm
有效荷重	3 kg
手臂荷重	0.3 kg

续表

特性	
集成信号源	手腕设10路信号
集成气源	手腕设4号空气(500 kPa)
重复定位精度	0.01 mm
机器人安装	任意角度
防护等级	IP30
控制器	IRC5紧凑型/IRC5单柜或面板嵌入式
电气连接	
电源电压	200~600 V,50/60 Hz
额定功率	
变压器额定功率	3.0 kV·A
功耗	0.25 kW
物理特性	
机器人底座尺寸	180 mm×180 mm
机器人高度	700 mm
质量	25 kg
环境	
机械手环境温度	
运行中	5~45 ℃(41~113 °F)
运输与储存时	-25~55 ℃(-13~131 °F)
短期	最高70 ℃(158 °F)
相对湿度	最高95%
噪声水平	最高70 dB(A)

3)工作范围

IRB120机器人的侧视和俯视工作范围如图2.3和图2.4所示。

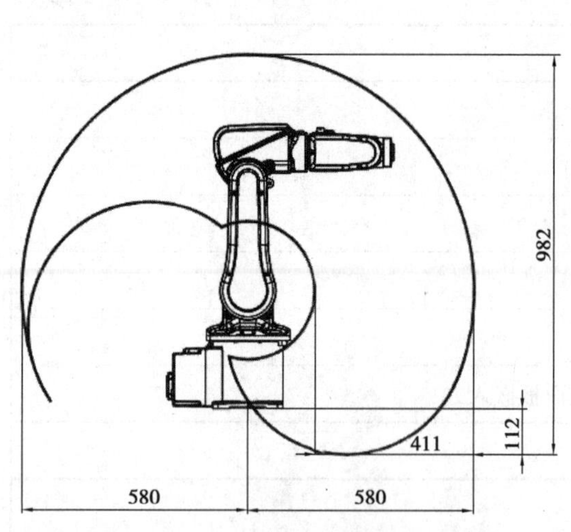

图 2.3　IRB120 机器人的侧视工作范围

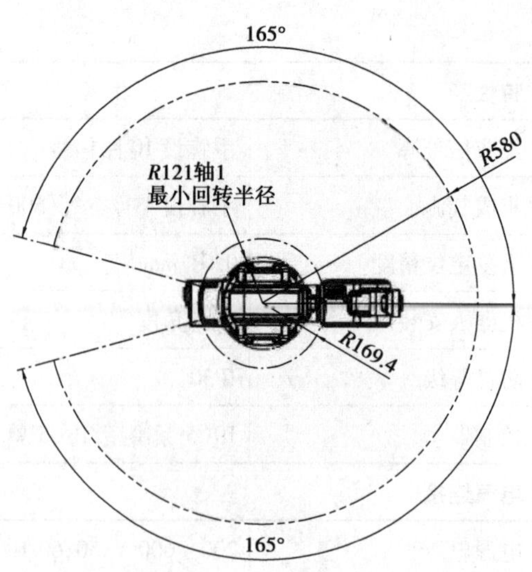

图 2.4　IRB120 机器人的俯视工作范围

任务 2.2　熟悉工业机器人安全操作规程

2.2.1　安全守则

由于机器人系统复杂且危险性大。因此，在练习期间，对机器人进行任何操作都必须注意安全。无论什么时候进入机器人工作范围都可能导致严重的伤害，只有经过培训认证的人员才可进入该区域。

以下的安全守则必须遵守：

关闭总电源

在进行机器人的安装、维修和保养时，切记要将总电源关闭。带电作业可能会产生致命性后果。如不慎遭高压遇击，可能会导致心跳停止、烧伤或其他严重伤害。

与机器人保持足够安全距离

在调试与运行机器人时，它可能会执行一些意外的或不规范的运动。同时，所有的运动都会产生很大的力量，从而严重伤害个人和/或损坏机器人工作范围内的任何设备。因此，应时刻警惕与机器人保持足够的安全距离。

紧急停止

紧急停止优先于任何其他机器人控制操作。它会断开机器人电动机的驱动电源，停止所有运转部件，并切断由机器人系统控制且存在危险的功能部件的电源。出现下列情况时，应立即按下任意紧急停止按钮：

- 机器人运行中，工作区域内有工作人员。
- 机器人伤害了工作人员或损伤了机器设备。

静电放电危险

ESD(静电放电)是电势不同的两个物体间的静电传导。它可通过直接接触传导,也可通过感应电场传导。搬运部件或部件容器时,未接地的人员可能会传导大量的静电荷。这一放电过程可能会损坏敏感的电子设备。因此,在有此标识的情况下,要做好静电放电防护。

工作中的安全

机器人速度慢,但是很重且力度很大。运动中的停顿或停止都会产生危险。

即使可预测运动轨迹,但外部信号有可能改变操作,会在没有任何警告的情况下产生预想不到的运动。因此,当进入保护空间时,务必遵循所有的安全条例。

- 如果在保护空间内有工作人员,应手动操作机器人系统。
- 当进入保护空间时,应准备好示教器(FlexPendant),以便随时控制机器人。
- 注意旋转或运动的工具,如切削工具和锯。确保在接近机器人前,这些工具已停止运动。
- 注意工件和机器人系统的高温表面。机器人电动机长期运转后温度很高。
- 注意夹具并确保夹好工件。如果夹具打开,工件会脱落并导致人员伤害或设备损坏。
- 夹具非常有力,如果不按照正确方法操作,也会导致人员伤害。
- 注意液压、气压系统以及带电部件,即使断电,这些电路上的残余电量也很危险。

2.2.2　示教器的使用安全

示教器(FlexPendant)是一种高品质的手持式终端。它配备了高灵敏度的一流电子设备。为避免操作不当引起的故障或损害,在操作时应遵循:

- 小心操作。不要摔打、抛掷或重击 FlexPendant,否则会导致破损或故障。
- 在不使用该设备时,将它挂到专门存放它的支架上,以防意外掉到地上。
- FlexPendant 的使用和存放应避免被人踩踏电缆。
- 切勿使用锋利的物体(如螺钉旋具或笔尖)操作触摸屏。否则可能会使触摸屏受损。应用手指或触摸笔(位于带有 USB 端口的 FlexPendant 的背面)去操作示教器触摸屏。
- 定期清洁触摸屏。灰尘和小颗粒可能会挡住屏幕并造成故障。
- 切勿使用溶剂、洗涤剂或擦洗海绵清洁 FlexPendant。使用软布蘸少量水或中性清洁剂清洁。
- 没有连接 USB 设备时,务必盖上 USB 端口的保护盖。如果端口暴露到灰尘中,它就会中断或发生故障。

2.2.3　电压相关的风险

以下所述的机器人或周边设备的部件伴随有高压危险,操作者尤其要注意防范高压触电的风险:

- 注意控制器(直流链路、超级电容器设备)存有电能。
- I/O 模块之类的设备可从外部电源供电。
- 主电源/主开关。
- 变压器。

- 电源单元。
- 控制电源(230 VAC)。
- 驱动系统电源(230 VAC)。
- 维修插座(115/230 VAC)。
- Customer Power Supply(230 VAC)。
- 机械加工过程中的额外工具电源单元或特殊电源单元。
- 即使机器人已断开与主电源的连接,控制器连接的外部电压仍存在。
- 附加连接。
- 电机电源。
- 工具的用户连接或系统的其他部件。

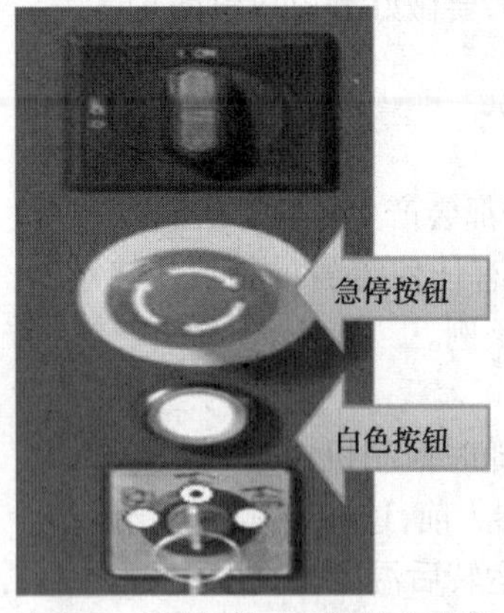

图2.5　紧急停止后的恢复操作

2.2.4　紧急停止后的恢复操作

紧急停止后的恢复操作如图2.5所示。

先操作急停按钮,再操作复位按钮。

注:机器人急停按钮有两处(示教器及控制柜),不含外部急停。

任务2.3　认识工业机器人控制柜

2.3.1　工业机器人控制柜的分类

ABB工业机器人控制柜的种类较多,常用的有标准柜、组合柜、喷涂控制柜、面板嵌入式、紧凑型控制柜及示教器,可满足不同场所的需求,如图2.6所示。

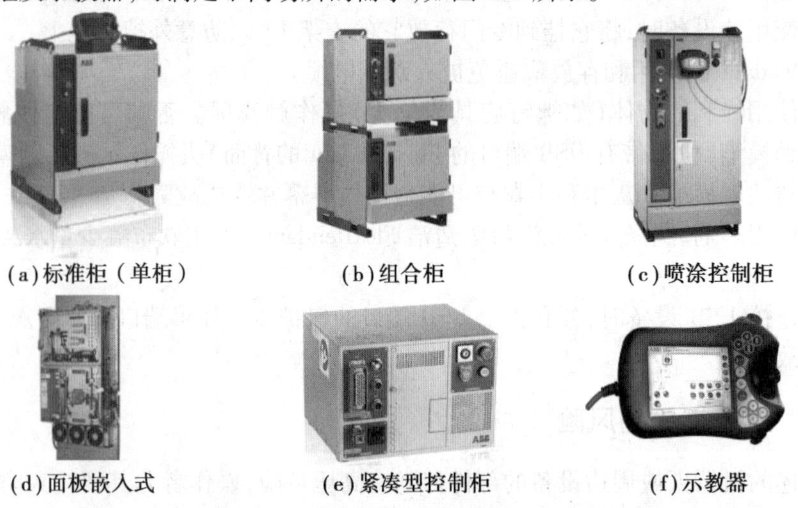
(a)标准柜(单柜)　(b)组合柜　(c)喷涂控制柜
(d)面板嵌入式　(e)紧凑型控制柜　(f)示教器

图2.6　各种ABB工业机器人控制柜

2.3.2　工业机器人控制柜内部的组成

工业机器人控制技术的主要任务就是控制工业机器人在工作空间中的运动位置、姿态和轨迹、操作顺序及动作的时间等。它具有编程简单、人机交互界面友好、在线操作提示和使用方便等特点。其主要技术包括：

1)开放性模块化的控制系统体系结构

采用分布式CPU计算机结构，包括机器人控制器(RC)、运动控制器(MC)、光电隔离I/O控制板、传感器处理板及编程示教盒等。机器人控制器(RC)和编程示教盒通过串口/CAN总线进行通信。机器人控制器(RC)的主计算机完成机器人的运动规划、插补和位置伺服以及主控逻辑、数字I/O、传感器处理等功能，而编程示教盒则完成信息的显示和按键的输入。

2)模块化层次化的控制器软件系统

软件系统建立在基于开源的实时多任务操作系统Linux上，采用分层和模块化结构设计，以实现软件系统的开放性。整个控制器软件系统分为3个层次：硬件驱动层、核心层和应用层。3个层次分别面对不同的功能需求，对应不同层次的开发，系统中各个层次内部由若干个功能相对立的模块组成，这些功能模块相互协作共同实现该层次所提供的功能。

3)机器人的故障诊断与安全维护技术

通过各种信息，对机器人故障进行诊断，并进行相应维护，是保证机器人安全性的关键技术。

4)网络化机器人控制器技术

当前，机器人的应用工程由单台机器人工作站向机器人生产线发展，机器人控制器的联网技术变得越来越重要。控制器上具有串口、现场总线及以太网的联网功能，可用于机器人控制器之间和机器人控制器同上位机的通信，便于对机器人生产线进行监控、诊断和管理。

上述主要技术集成在一个工业机器人控制柜中，工业机器人控制柜内部由主计算机、机器人驱动器、轴计算机、安全面板、系统电源、配电板、电源模块、电容、接触器接口板及I/O板等组成。

下面以ABB机器人标准控制柜为例，介绍控制柜的组成。ABB标准控制柜的所有部件都集中在一个机柜中，如图2.7所示。

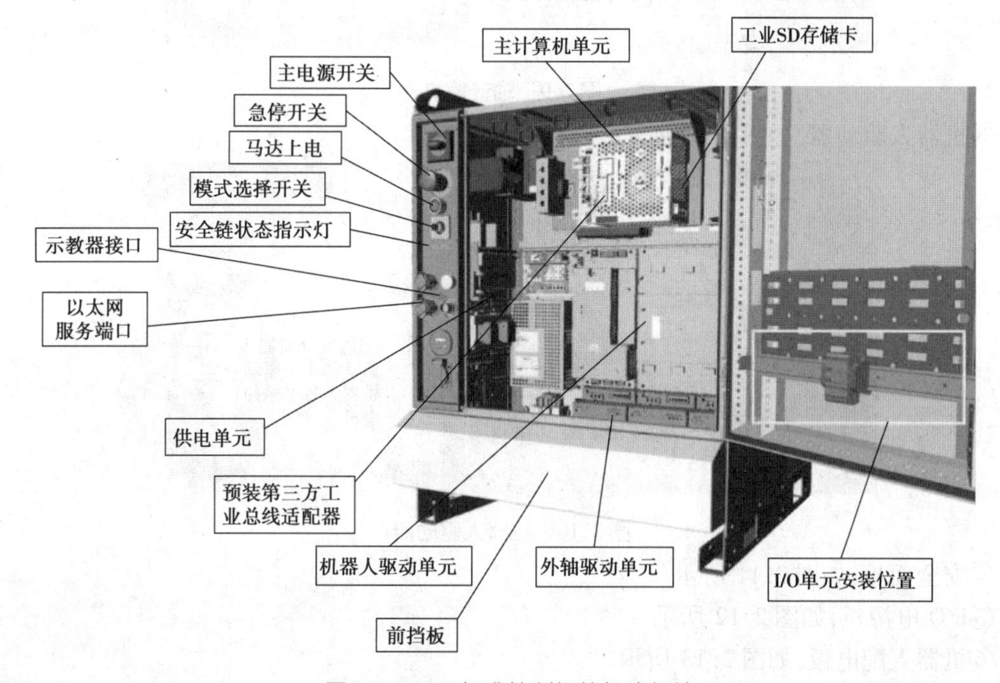

图2.7　ABB标准控制柜的组成部件

下面分别介绍ABB机器人控制柜内的控制部件以及在机器人控制系统中每个部件起到的作用。

①主计算机,如图2.8所示。

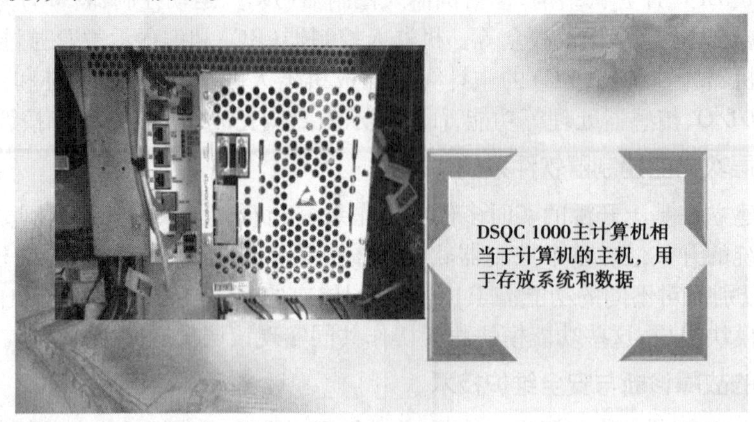

图2.8　主计算机

②轴计算机,如图2.9所示。

图2.9　轴计算机

③机器人驱动器,如图2.10所示。

图2.10　机器人驱动器

④安全面板,如图2.11所示。

⑤I/O电源板,如图2.12所示。

⑥机器人配电板,如图2.13所示。

⑦24 V电源模块,如图2.14所示。

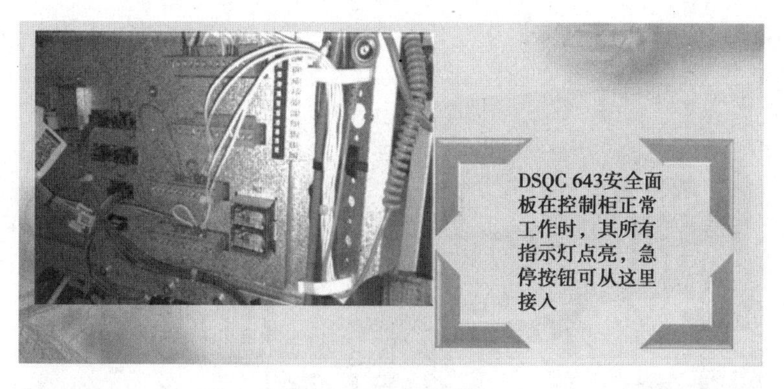

图2.11　安全面板

图2.12　I/O电源板

图2.13　机器人配电板

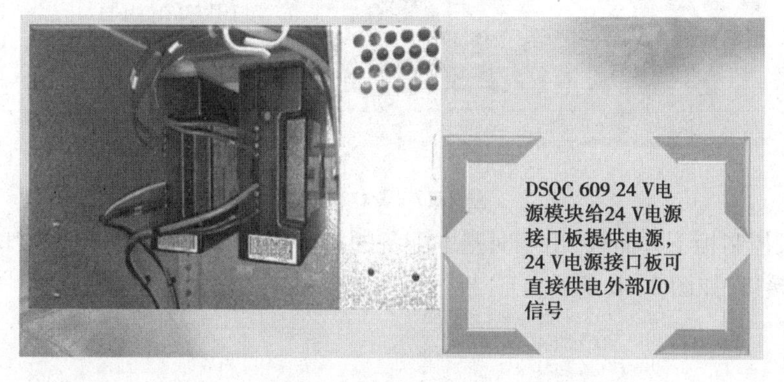

图2.14　24 V电源模块

⑧控制柜电容,如图 2.15 所示。

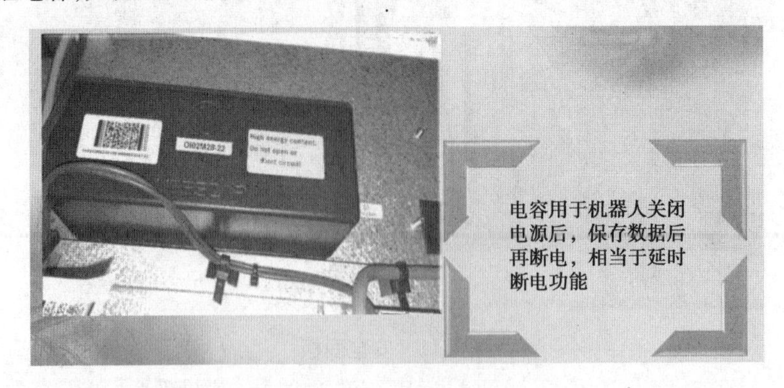

图 2.15　控制柜电容

⑨接触器接口板,如图 2.16 所示。

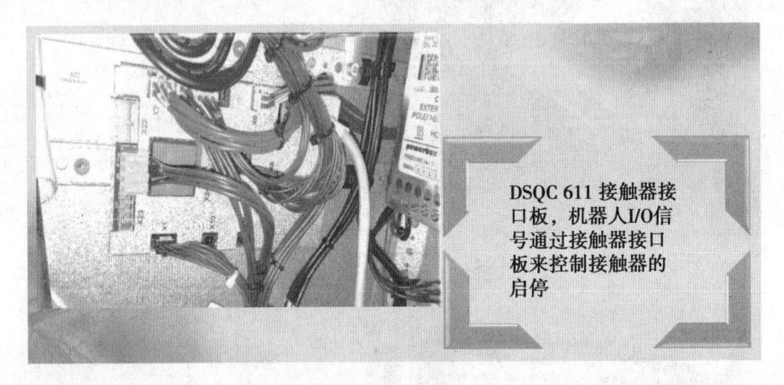

图 2.16　接触器接口板

⑩I/O 模块,如图 2.17 所示。

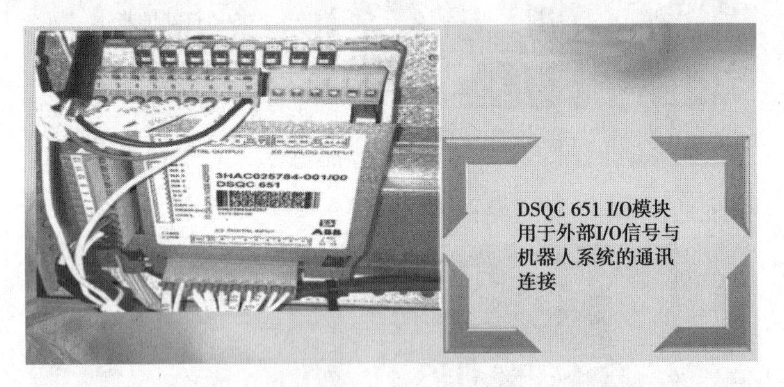

图 2.17　I/O 模块

⑪机器人控制柜下方面板,出厂时基本配备的接口包括 XS1 机器人电源接口和 XS2 机器人 SMB 链接接口,如图 2.18 所示。

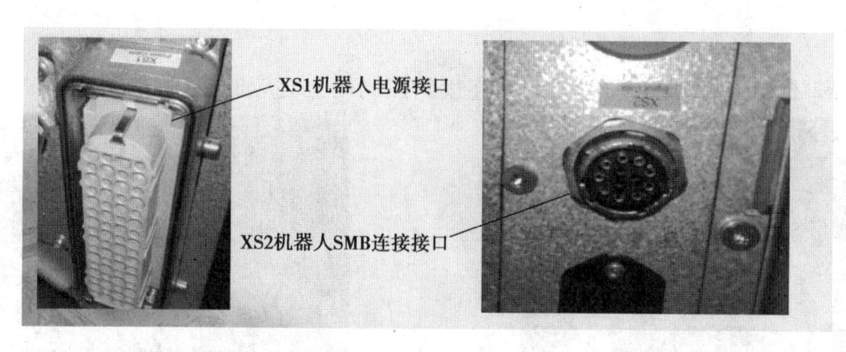

图2.18　XS1 机器人电源接口和 XS2 机器人 SMB 链接接口

2.3.3　面板上的按钮和开关

机器人标准控制柜面板上的按钮和开关具体包括机器人电源开关、急停按钮、电机上电按钮、模式选择开关、网络接口及示教器电缆线接口,如图 2.19 所示。

机器人紧凑型控制柜面板上的按钮和开关,如图 2.20 所示。具体包括:

①机器人电源开关。

②模式选择开关。

③急停按钮。

④松开抱闸按钮。

⑤上电按钮。

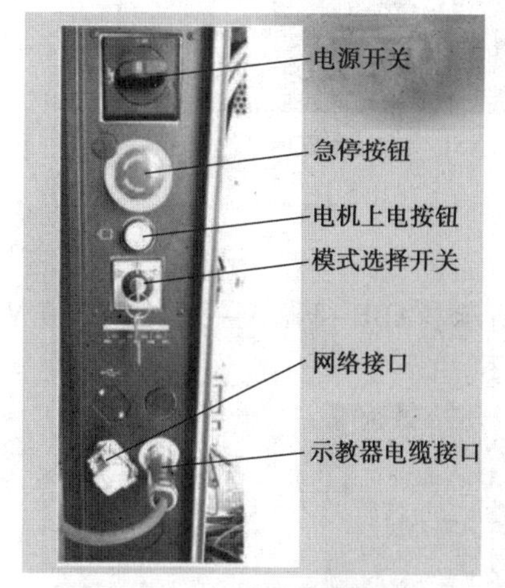

图2.19　标准控制柜面板

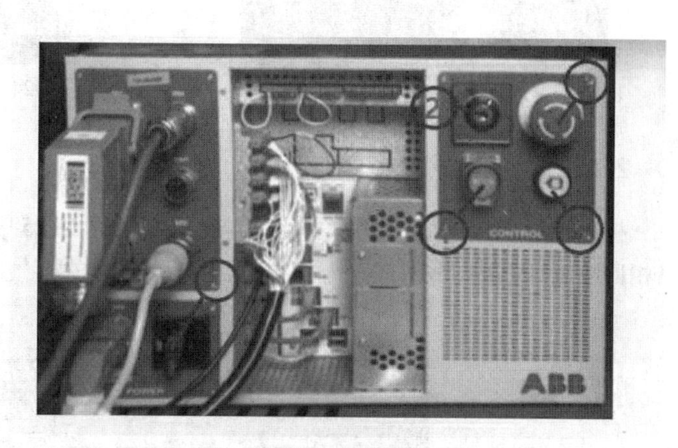

图2.20　紧凑型控制柜面板

任务2.4　工业机器人本体和控制器连接

现以 ABB IRB1410 型机器人为例,介绍控制柜与机器人本体的连接操作,需要完成 XS1 和 XS2 的连接以及主电源电缆的连接。

工业机器人本体和控制器连接

2.4.1　XS1 和 XS2 的连接

①将 XS2 机器人 SMB 电缆的一端连接到机器人本体底座接口,如图

2.21 所示。

②将 XS2 机器人 SMB 电缆的另一端连接到控制柜上对应的接口,如图 2.22 所示。

图 2.21　机器人 SMB 电缆的一端连接

图 2.22　机器人 SMB 电缆的另一端连接

③将 XS1 机器人动力电缆一端连接到机器人本体底座接口,如图 2.23 所示。

④将 XS1 机器人动力电缆的另一端连接到控制柜上对应的接口,如图 2.24 所示。

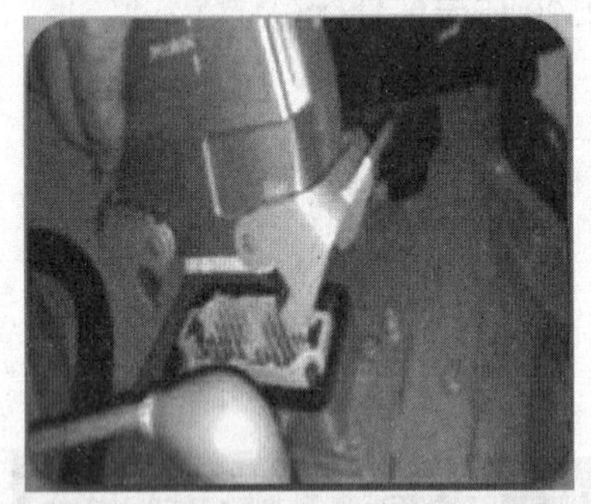

图 2.23　XS1 机器人动力电缆一端连接

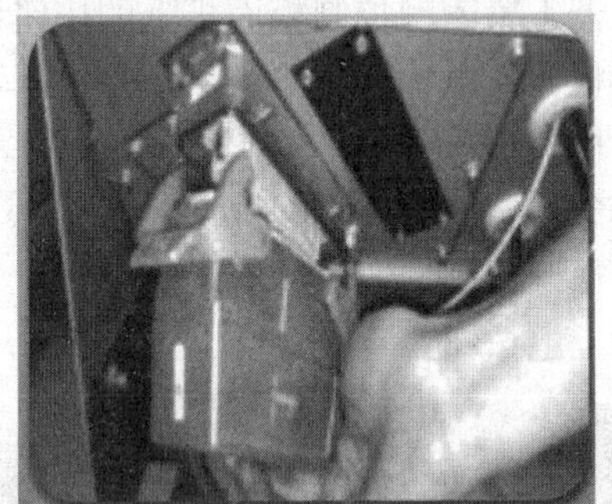

图 2.24　XS1 机器人动力电缆另一端连接

2.4.2　主电源电缆的连接

控制柜门内侧,贴有一张主电源连接指南,如图 2.25 所示。ABB 机器人一般使用 380 V 三相四线制。其中,IRB120 的输入电压可查看对应的电气图。

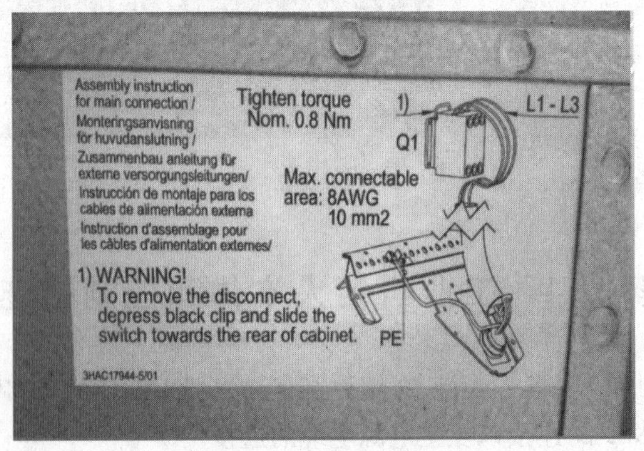

图 2.25　主电源连接指南

①将主电源电缆从控制柜下方接口穿入,如图 2.26 所示。

②主电源电缆中的地线接入控制柜上的接地点 PE 处,如图 2.27 所示。

③在主电源开关上，接入 380 V 三相电线，如图 2.28 所示。

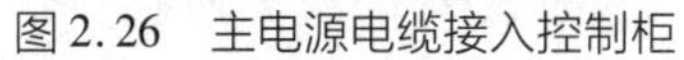

图 2.26　主电源电缆接入控制柜

图 2.27　主电源电缆底线接入

图 2.28　主电源开关

学习评价：

<table>
<tr><td>实操时间</td><td colspan="3"></td><td>实操地点</td><td colspan="3"></td></tr>
<tr><td rowspan="2">实操班级</td><td colspan="2" rowspan="2"></td><td rowspan="2">实操分组</td><td>组别</td><td></td><td>组长</td><td></td></tr>
<tr><td>组员</td><td colspan="3"></td></tr>
<tr><td rowspan="10">项目评价</td><td rowspan="2">序号</td><td colspan="2" rowspan="2">评价内容（总分 100 分）</td><td colspan="4">得　分</td></tr>
<tr><td>自评</td><td>互评</td><td>教评</td><td>总分</td></tr>
<tr><td>1</td><td colspan="2">课堂考勤（5 分）</td><td></td><td></td><td></td><td></td></tr>
<tr><td>2</td><td colspan="2">课堂讨论与发言情况（10 分）</td><td></td><td></td><td></td><td></td></tr>
<tr><td>3</td><td colspan="2">知识点掌握情况（40 分）</td><td></td><td></td><td></td><td></td></tr>
<tr><td rowspan="3">4</td><td rowspan="3">任务完成情况（40 分）</td><td>掌握紧急停止后的恢复操作（10 分）</td><td></td><td></td><td></td><td></td></tr>
<tr><td>掌握连接注意事项，并说出控制柜内部的组成（20 分）</td><td></td><td></td><td></td><td></td></tr>
<tr><td>掌握控制柜与本体的连接（10 分）</td><td></td><td></td><td></td><td></td></tr>
<tr><td>5</td><td colspan="2">互助协作情况（5 分）</td><td></td><td></td><td></td><td></td></tr>
<tr><td colspan="3">合　计</td><td></td><td></td><td></td><td></td></tr>
</table>

注：过程考核占总成绩的 70%，考试（综合设计）成绩占 30%。

知识测评：

填空题

1. 机器人控制系统是机器人________________，是决定机器人功能和性能的主要因素。

2. 机器人技术是具有________和________的高技术领域。

3. ABB 工业机器人控制柜的种类有__________、__________、喷涂控制柜、__________、________________及示教器。

4. 工业机器人控制技术的主要任务就是控制工业机器人在工作空间中的______________

____。

5. 工业机器人控制柜内部由________、________、________、________、________、________、________、________、________及________等组成。

6. 在调试与运行机器人时,要与机器人______________。

7. ESD(静电放电)是电势不同的两个物体间的静电传导,____。

8. 控制柜与机器人本体的连接需要连接________和________接口。

9. 独立控制器有 4 个安全保护机制,分别是________、________、________及________。

项目3

启动和关闭工业机器人

学习目标

知识目标：

1. 熟悉 FlexPendant 设备（示教器）的结构和功能。
2. 学会如何启动和关闭工业机器人。
3. 了解 ABB 工业机器人示教器操作界面及使用方法。

技能目标：

1. 能正确使用 ABB 工业机器人示教器。
2. 能正确启动和关闭工业机器人。

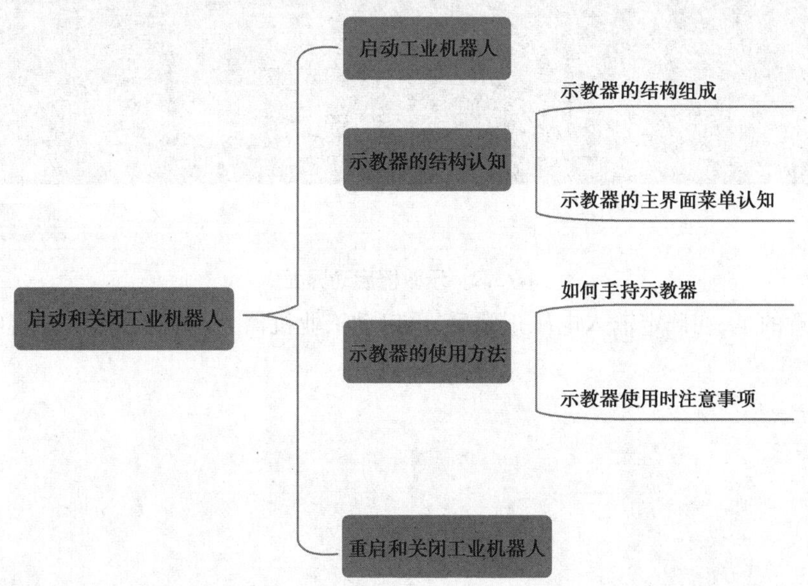

示教器(FlexPendant)又称示教编程器(以下简称“示教器”),是机器人控制系统的核心部件,是进行机器人的手动操纵、程序编写、参数配置以及监控用的手持装置。要想学好ABB机器人的操作,首先就要学会与示教器打交道。

下面学习如何启动机器人、打开示教器。

任务3.1 启动工业机器人

启动工业机器人的步骤如下:

①接通电源后,将机器人控制柜上电源开关由OFF旋至ON位置,如图3.1所示。

图3.1 控制柜电源开关

②机器人开始启动,等待片刻,示教器进入启动界面,机器人开机成功,如图3.2所示。

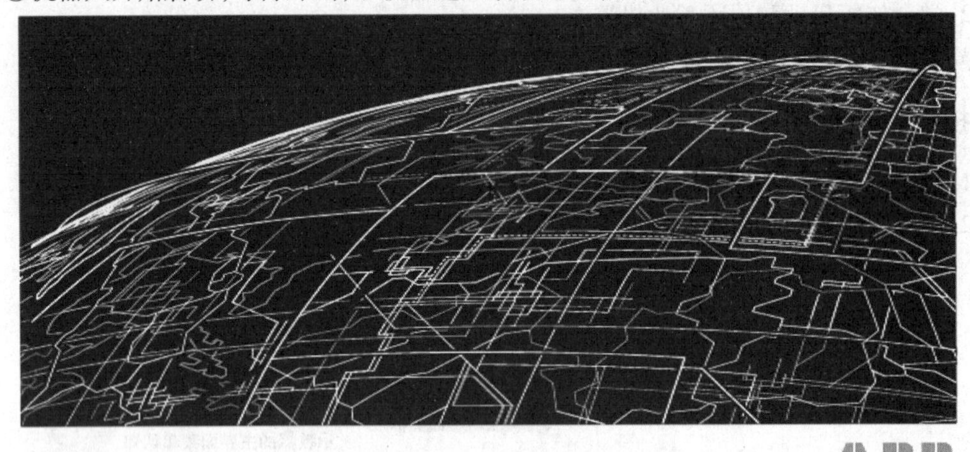

图3.2 示教器启动界面

需要注意的是,在确定输入电压正常后,再启动工业机器人,关机后再次开启电源需要等待2 min。

任务3.2　示教器的结构认知

3.2.1　示教器的结构组成

启动与关闭工业机器人和认识示教器

工业机器人启动完成后，进入示教器开机界面，如图3.3所示。

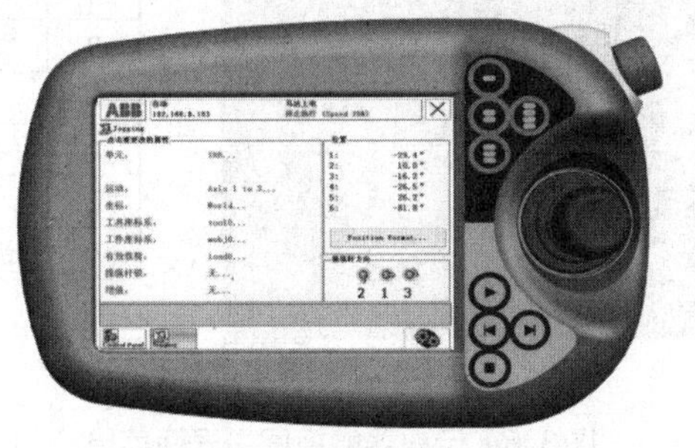

图3.3　ABB机器人示教器

ABB机器人示教器采用三维操纵杆操纵机器人，具有良好的可操作性。彩色触摸屏高度集成实体按键功能，易于清洁，防水、防油、防溅锡，可在恶劣的工业环境下持续运作。机器人示教器在不使用时，应放置示教器支架上。ABB机器人的在线编程都通过示教器来实现。示教器结构如图3.4所示。

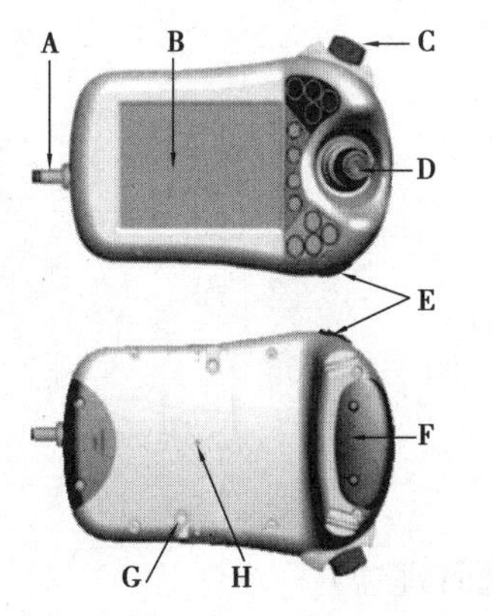

A—连接电缆
B—触摸屏
C—急停开关
D—手动操作摇杆
E—数据备份用USB端口
F—使能器按钮
G—触摸屏用笔
H—示教器复位按钮

图3.4　示教器结构

示教器各按键功能如图3.5所示。

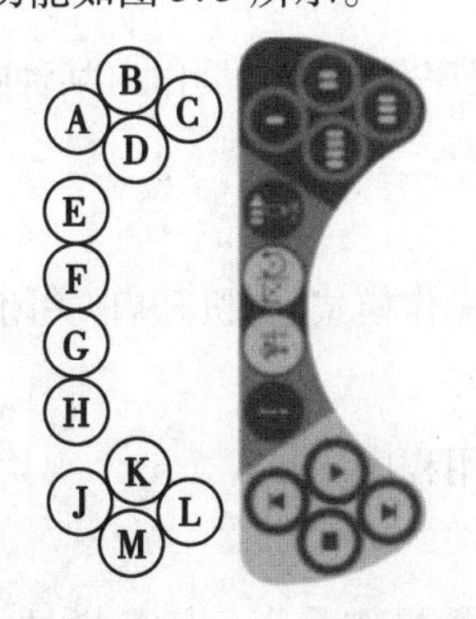

A—D—预设按键
E—选择机械单元
F—切换重定位/线性运动
G—切换轴1—3/轴4—6运动
H—切换增量
J—程序步退按钮
K—程序运行按钮
L—程序步进按钮
M—程序停止按钮

图3.5　示教器按键功能

3.2.2 示教器的主界面菜单认识

ABB 机器人示教器系统模仿 Windows 操作界面风格,界面友好,上手快速,使用简单方便。示教器触摸屏主界面菜单如图 3.6 所示。

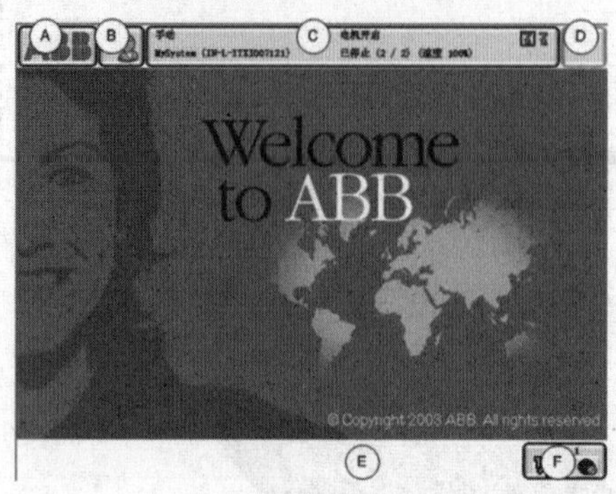

A	ABB菜单
B	操作员窗口
C	状态栏
D	关闭按钮
E	任务栏
F	快速设备菜单

图 3.6　示教器触摸屏主界面菜单

主界面菜单各项功能如下：

1)“ABB 菜单”

“ABB 菜单”类似于“开始”按钮,具体包含以下内容：

- HotEdit
- 输入和输出
- 微动控制
- Production Window(运行时窗口)
- Program Editor(程序编辑器)
- Program Data(程序数据)
- Backup and Restore(备份与恢复)
- Calibration(校准)
- Control Panel(控制面板)
- Event Log(事件日志)
- FlexPendant Explorer(FlexPendant 资源管理器)
- 系统信息

2)操作员窗口

操作员窗口显示来自机器人程序的消息。程序需要操作员作出某种响应,以便继续时会出现。

3)状态栏

状态栏显示与系统状态有关的重要信息,如操作模式、电机开启/关闭、程序状态等。

4)关闭按钮

单击关闭按钮,将关闭当前打开的视图或应用程序。

5)任务栏

通过 ABB 菜单,可打开多个视图,但一次只能操作一个。任务栏显示所有打开的视图,并可用于视图切换(最多只能打开6个视图窗口)。

6)快速设置菜单

快速设置菜单包含对微动控制和程序执行进行的设置。

任务3.3　示教器的使用方法

3.3.1　如何手持示教器

在了解示教器的构造后,现在来看看如何操作示教器。操作示教器时,惯用右手者用左手持设备,右手在触摸屏上执行操作,如图3.7所示。惯用左手者可通过设置将显示器旋转180°,使用右手持设备,如图3.8所示。

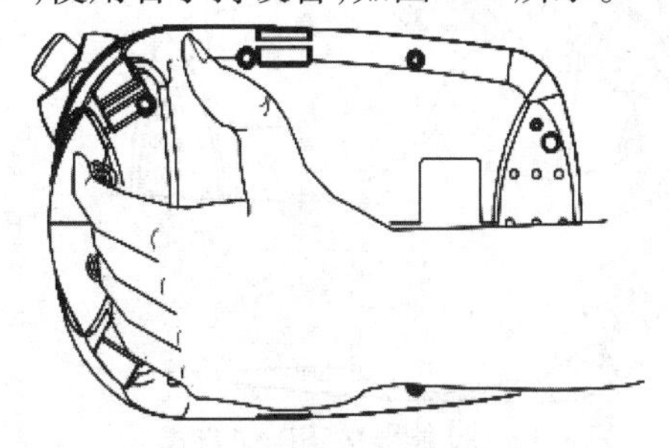

图3.7　惯用右手者用左手持设备

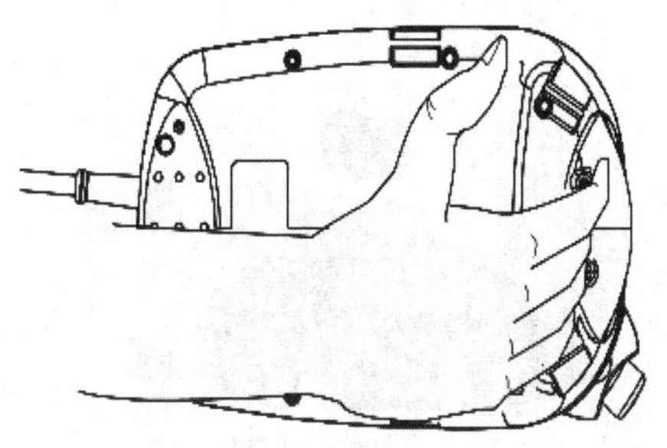

图3.8　惯用左手者用右手持设备

示教器默认为左手持设备,如若需改为右手持设备,可进行以下操作:

①单击“ABB”,打开控制面板界面,如图3.9所示。

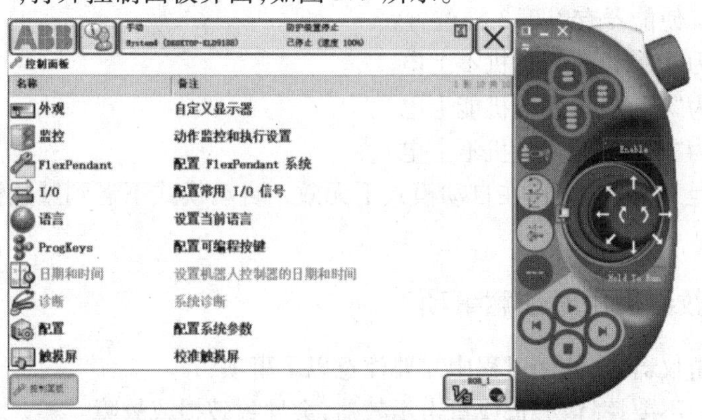

图3.9　打开控制面板界面

②单击“外观”,进入外观设置界面,再单击“向右旋转”,屏幕旋转后,即可用右手持设备,左手进行操作,如图3.10所示。

使能器按钮位于示教器背面、手动操作摇杆的右侧,用四指操作,如图3.11、图3.12所示。使能器按钮是工业机器人为保证操作人员人身安全而设置的,只有在按下使能器按钮,并保持在“电动机开启”的状态,才可对机器人进行手动的操作与程序的调试。当发生危险时,人会本能地将使能器按钮松开或按紧,机器人则会立即停下来,以保证安全。

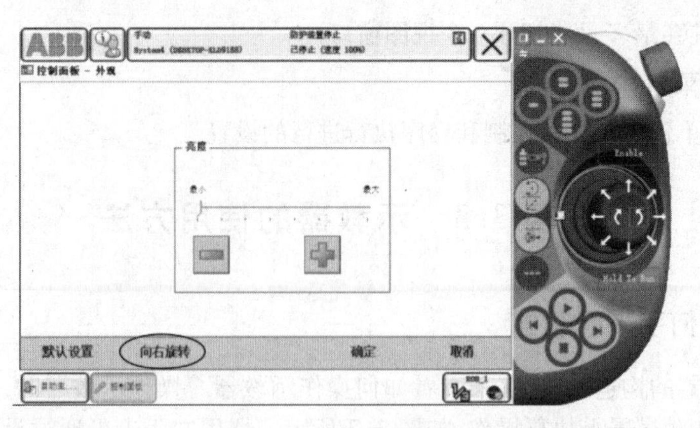

图 3.10　外观设置界面

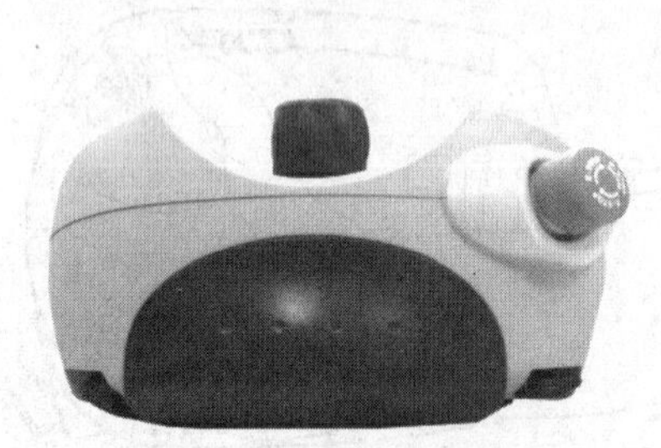

图 3.11　使能器按钮位置

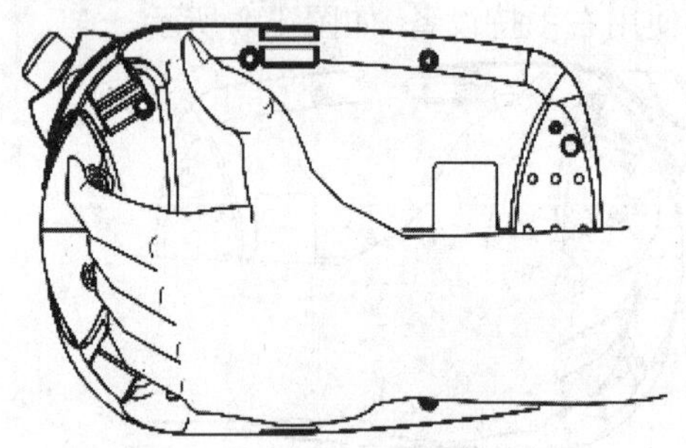

图 3.12　使能器按钮操作方式

在手动模式下，只有半按使能器按钮保持电机启动状态，才可对机器人进行手动操作与调试。当使能器按钮完全按下时，需先松开使能器按钮再半按，电机才能重新上电。

手动模式下，使能器有以下 3 挡位置：

①起始位置为“0”，机器人电机不上电。

②中间位置为“1”，机器人电机能上电。

③最终位置为“0”，机器人电机不上电。

需要注意的是，使能器按钮在自动模式下无效，自动模式下遇到紧急情况需按下“急停开关”。

3.3.2　示教器使用时注意事项

示教器是精密仪器，在使用过程中需要注意以下事项：

①小心操作。不要摔打、抛掷或重击示教器，会导致破损或故障。

②设备不使用时，可将其置于立式壁架上存放，防止意外脱落。

③避免连接示教器的电缆将人绊倒。

④切勿使用锋利的物体（如螺丝刀或笔尖）操作触摸屏。用手指或触摸笔操作触摸屏。

⑤定期清洁触摸屏。灰尘和小颗粒可能会挡住触摸屏造成故障。

⑥切勿使用溶剂、洗涤剂或擦洗海绵清洁触摸屏。可使用软布蘸少量水或中性清洁剂进行清洁。

⑦没有连接 USB 设备时，务必盖上 USB 端口的保护盖，避免端口暴露到灰尘中。

任务3.4 重启和关闭工业机器人

重启和关闭工业机器人的步骤如下：

①在ABB菜单上，单击“重新启动”，如图3.13所示。

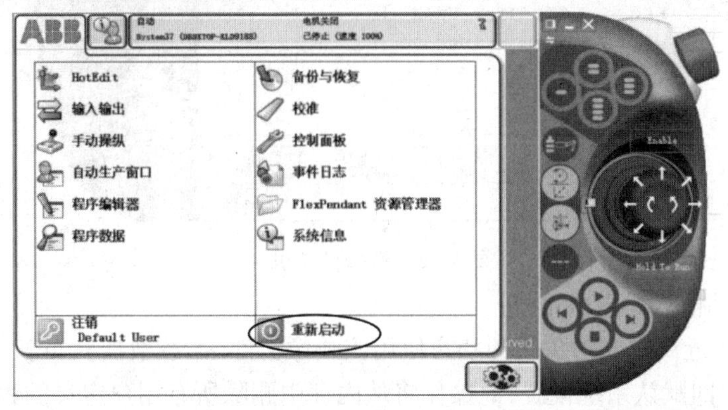

图3.13 选择“重新启动”

②选择“热启动”，即可重新启动系统，如图3.14所示。

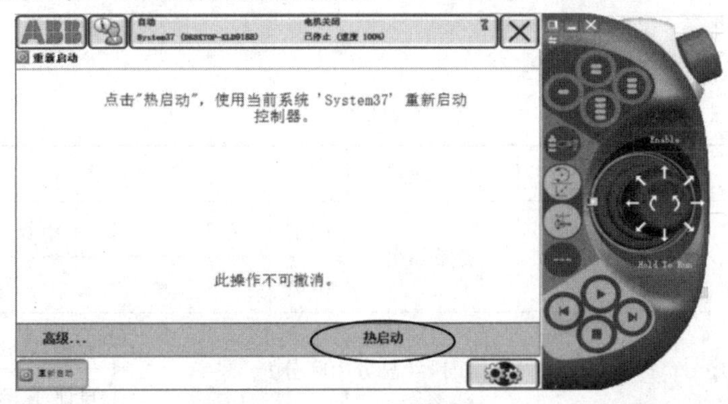

图3.14 选择“热启动”

③若想关闭工业机器人系统，则先选择“高级重启”选项，再选择“关机”即可，如图3.15、图3.16所示。

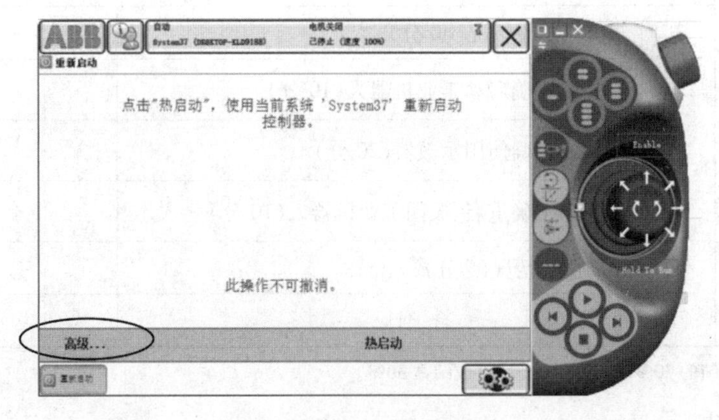

图3.15 选择“高级重启”

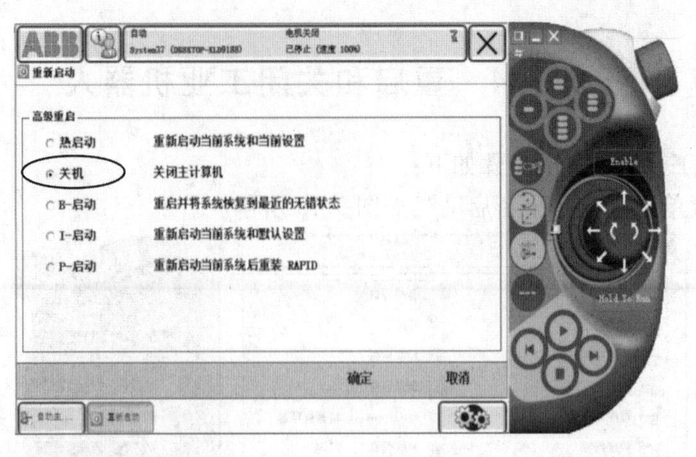

图 3.16　选择“关机”

④也可选择其他方式重启系统：

a. B 启动。从近一次成功关闭的状态使用该映像文件(系统数据)，重新启动当前系统。

b. I 启动。返回默认系统设置，此操作将从内存中删除所有用户定义的程序和配置，并以出厂默认设置重新启动系统。

c. P 启动。重启后，除了手动加载的程序和模块，系统将恢复到先前状态，静态和半静态的任务将会重新执行。

学习评价：

<table>
<tr><td>实操时间</td><td colspan="3"></td><td>实操地点</td><td colspan="4"></td></tr>
<tr><td rowspan="2">实操班级</td><td rowspan="2" colspan="3"></td><td rowspan="2">实操分组</td><td>组别</td><td></td><td>组长</td><td></td></tr>
<tr><td>组员</td><td colspan="3"></td></tr>
</table>

<table>
<tr><td rowspan="9">项目评价</td><td rowspan="2">序号</td><td rowspan="2" colspan="2">评价内容(总分 100 分)</td><td colspan="4">得　分</td></tr>
<tr><td>自评</td><td>互评</td><td>教评</td><td>总分</td></tr>
<tr><td>1</td><td colspan="2">课堂考勤(5 分)</td><td></td><td></td><td></td><td></td></tr>
<tr><td>2</td><td colspan="2">课堂讨论与发言情况(10 分)</td><td></td><td></td><td></td><td></td></tr>
<tr><td>3</td><td colspan="2">知识点掌握情况(40 分)</td><td></td><td></td><td></td><td></td></tr>
<tr><td rowspan="3">4</td><td rowspan="3">任务完成情况(40 分)</td><td>正确启动工业机器人(10 分)</td><td></td><td></td><td></td><td></td></tr>
<tr><td>正确使用示教器(20 分)</td><td></td><td></td><td></td><td></td></tr>
<tr><td>正确重启、关闭工业机器人(10 分)</td><td></td><td></td><td></td><td></td></tr>
<tr><td>5</td><td colspan="2">互助协作情况(5 分)</td><td></td><td></td><td></td><td></td></tr>
<tr><td></td><td colspan="3">合　计</td><td></td><td></td><td></td><td></td></tr>
</table>

注：过程考核占总成绩的 70%，考试(综合设计)成绩占 30%。

知识评测：

一、选择题

1. ABB工业机器人的主电源开关在(　　)位置。
   A. 机器人本体上　　B. 示教器上　　C. 控制柜上
2. 虚拟示教器上，可通过(　　)按键控制机器人在手动状态下电机上电。
   A. Hold To Run　　B. Enable　　C. 启动按钮
3. 机器人示教器在不使用时应放置(　　)。
   A. 示教器支架地上　　B. 地上　　C. 机器人本体
4. 手操器左右手使用需要切换视角，可通过控制面板中(　　)进行设置。
   A. FlexPendant　　B. 外观　　C. 配置
5. 下列物品中，可清洗示教器触摸屏的是(　　)。
   A. 溶剂　　B. 清洗剂　　C. 蘸少量水或中性清洁剂软布

二、问答题

1. 示教器的正确拿握方式是什么？
2. 机器人使能按钮分为几挡？它们各有什么功能？

项目4

示教器操作环境的基本配置

学习目标

知识目标：

了解工业机器人常用信息在示教器的显示位置及含义。

技能目标：

1. 掌握示教器操作界面语言设置的方法。
2. 掌握示教器系统时间设置的方法。
3. 掌握示教器常用信息和事件日志的查看方法。

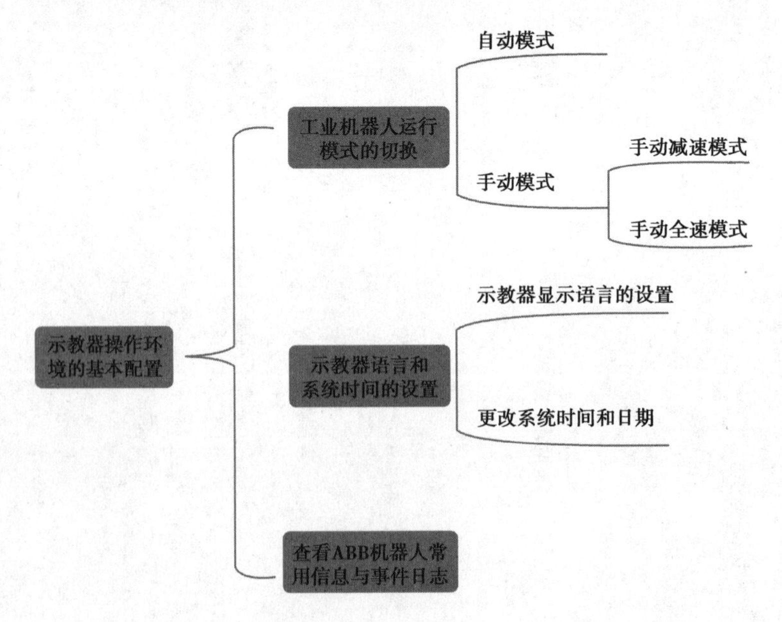

任务4.1　工业机器人运行模式的切换

工业机器人的运行模式可分为手动模式和自动模式。有的机器人手动模式还细分为手动减速模式和手动全速模式。在手动模式下,机器人将按照程序设置的运行速度进行移动。在用示教器操作机器人时,需要将运动模式切换到手动模式,才能进行示教编程。

切换工业机器人运行模式的步骤如下:

①正确连接电源线后,将机器人控制柜上电源开关由 OFF 旋至 ON 位置,如图 4.1 所示。

②本例中,机器人手动模式分为手动减速模式和手动全速模式。将机器人控制柜模式开关切换到手动减速模式,如图 4.2 所示。

图4.1　打开控制柜开关　　图4.2　切换为手动减速模式

在手动减速模式下,即可用示教器操作机器人了。

任务4.2　示教器语言和系统时间的设置

4.2.1　示教器显示语言的设置

示教器语言和系统时间的设置

示教器默认的显示语言为英文,为方便操作,需要将示教器操作界面显示语言改成中文。同时,还需要将机器人的系统时间设为本地时区的时间。下面来学习示教器语言和系统时间设置的方法。

①在示教器的 ABB 菜单上,打开"Control Panel(控制面板)",如图 4.3 所示。

②在 Control Panel(控制面板)界面,选择"Language",如图 4.4 所示。

③在工业机器人手动运行状态下,选择"Chinese",如图 4.5 所示。

④选择"Yes",重启示教器,如图 4.6 所示。

⑤示教器重启后,单击"ABB"就能看到菜单已切换成中文界面,如图 4.7 所示。

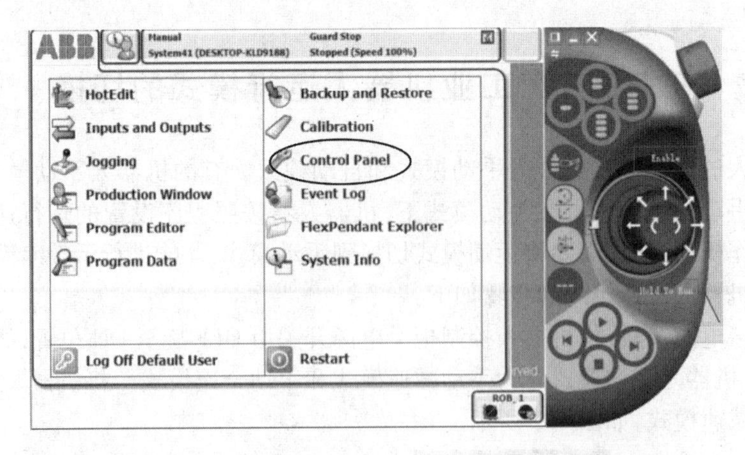

图4.3　打开“Control Panel（控制面板）”

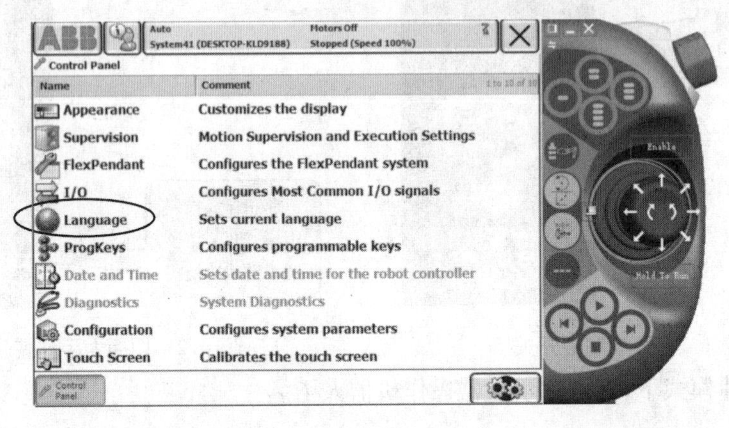

图4.4　选择“Language”

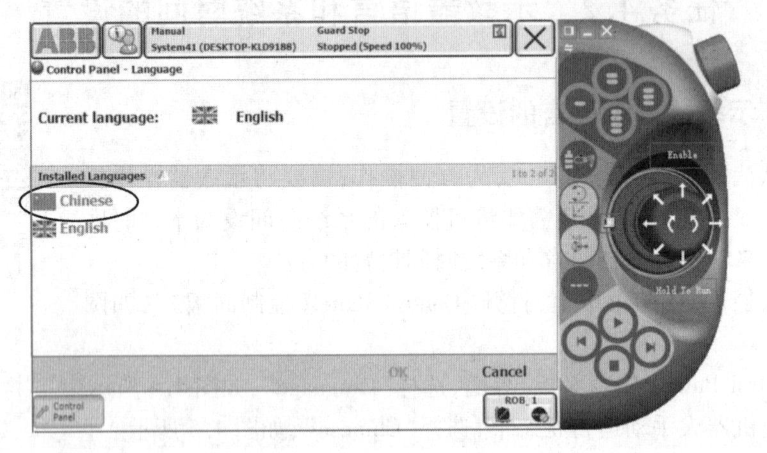

图4.5　选择“Chinese”

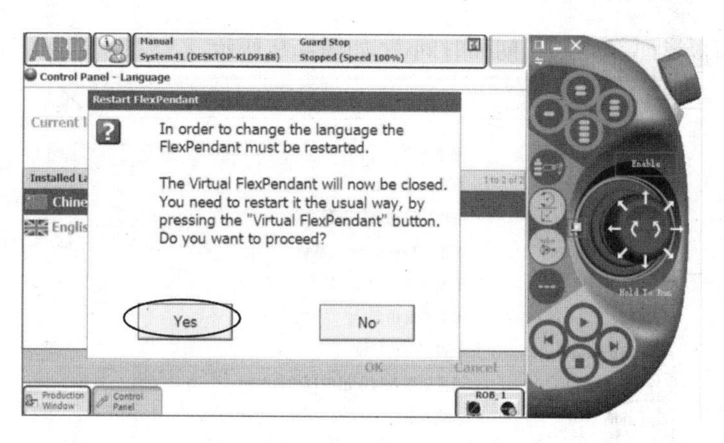

图4.6　选择“Yes”

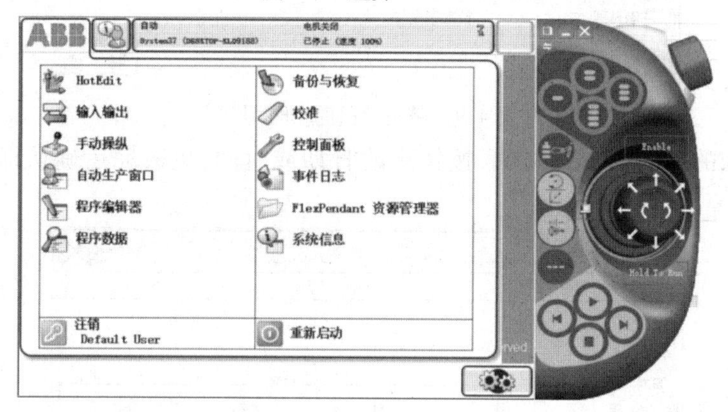

图4.7　切换为中文界面

4.2.2　更改系统时间和日期

①在示教器的ABB菜单上，打开“控制面板”，如图4.8所示。

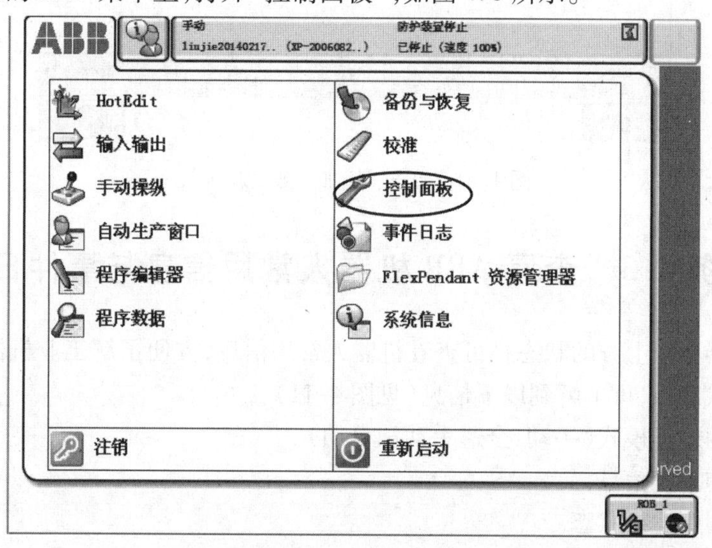

图4.8　打开“控制面板”

②在控制面板界面,单击“日期和时间 ”,如图4.9所示。

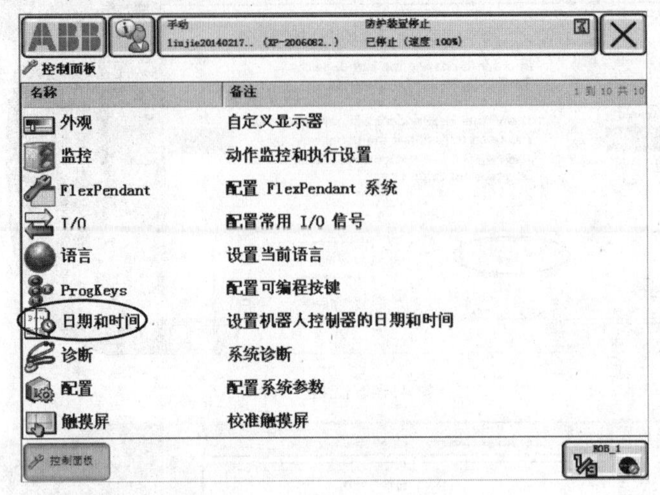

图4.9 单击“日期和时间”

③单击相应的“增加”或“减少”按钮更改日期或时间,更改完后确认即可,如图4.10所示。

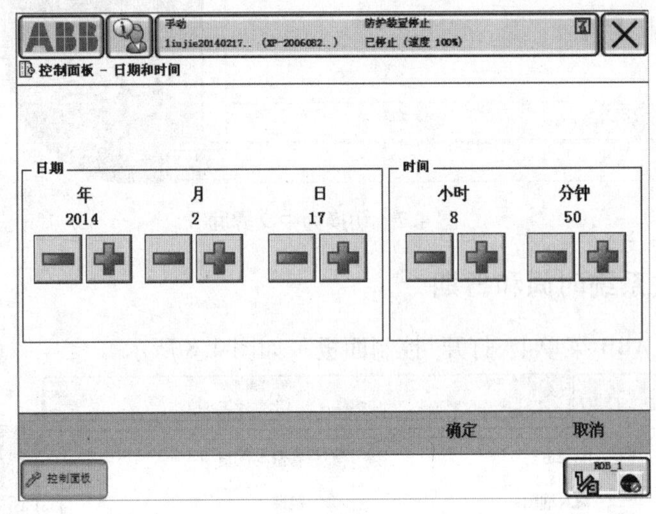

图4.10 单击“增加”或“减少”

任务4.3 查看ABB机器人常用信息与事件日志

通过示教器界面上方的状态栏可查看机器人常用信息,方便了解工业机器人工作时的各种状态。通过状态栏,可了解到以下信息(见图4.11):

①机器人的运行模式(手动、全速手动和自动)。

②机器人的系统信息。

③机器人程序运行状态。

④机器人电动机状态。

⑤当前机器人或外轴的使用状态。

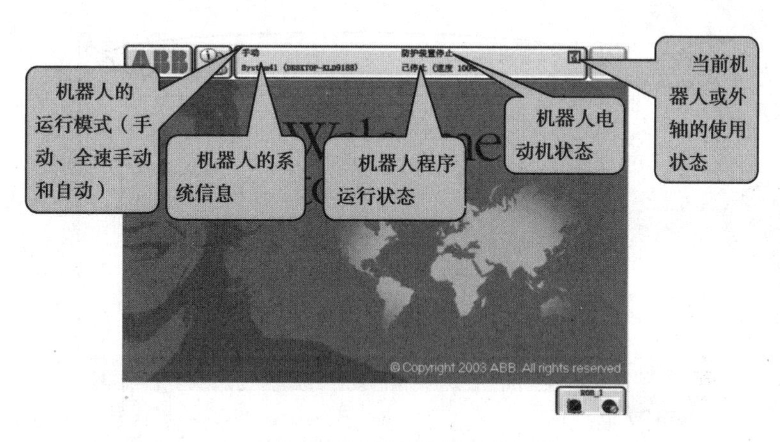

图4.11　示教器状态栏

单击窗口上面的状态栏,就可查看机器人的事件日志,如图4.12所示。

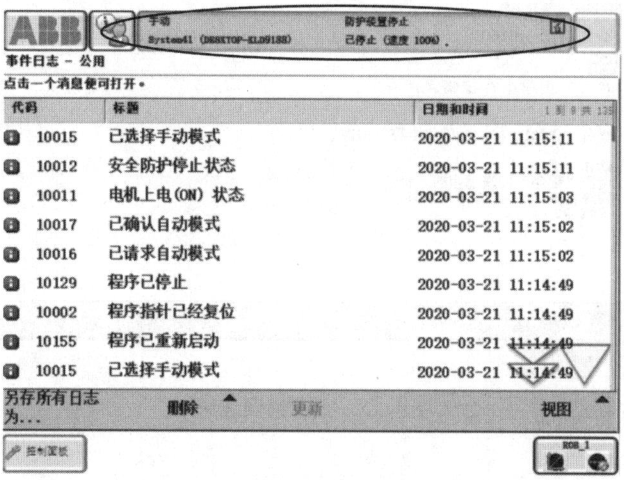

手动　System41 (DESKTOP-KLD9188)　防护装置停止　已停止（速度 100%）

事件日志 - 公用

点击一个消息便可打开。

代码	标题	日期和时间
10015	已选择手动模式	2020-03-21 11:15:11
10012	安全防护停止状态	2020-03-21 11:15:11
10011	电机上电(ON) 状态	2020-03-21 11:15:03
10017	已确认自动模式	2020-03-21 11:15:02
10016	已请求自动模式	2020-03-21 11:15:02
10129	程序已停止	2020-03-21 11:14:49
10002	程序指针已经复位	2020-03-21 11:14:49
10155	程序已重新启动	2020-03-21 11:14:49
10015	已选择手动模式	2020-03-21 11:14:49

另存所有日志为...　删除　更新　视图

控制面板　ROB_1

图4.12　查看机器人的事件日志

也可通过ABB菜单里的“事件日志”查看相关信息,如图4.13所示。

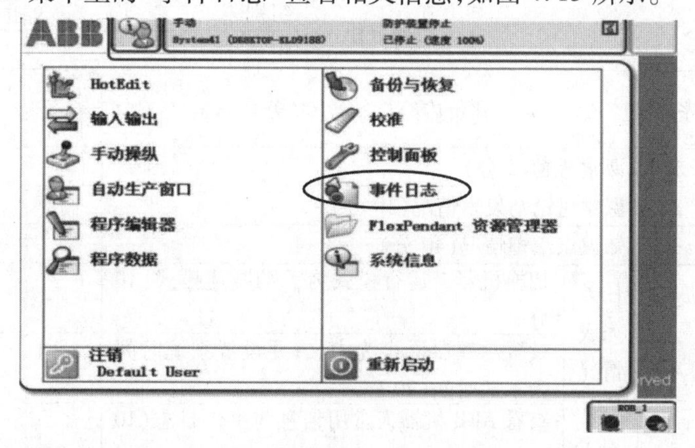

图4.13　ABB菜单“事件日志”

此外,在操作中出现的错误也会在状态栏提示出来,如图4.14所示。单击状态栏就可查看具体的错误信息,如图4.15所示。

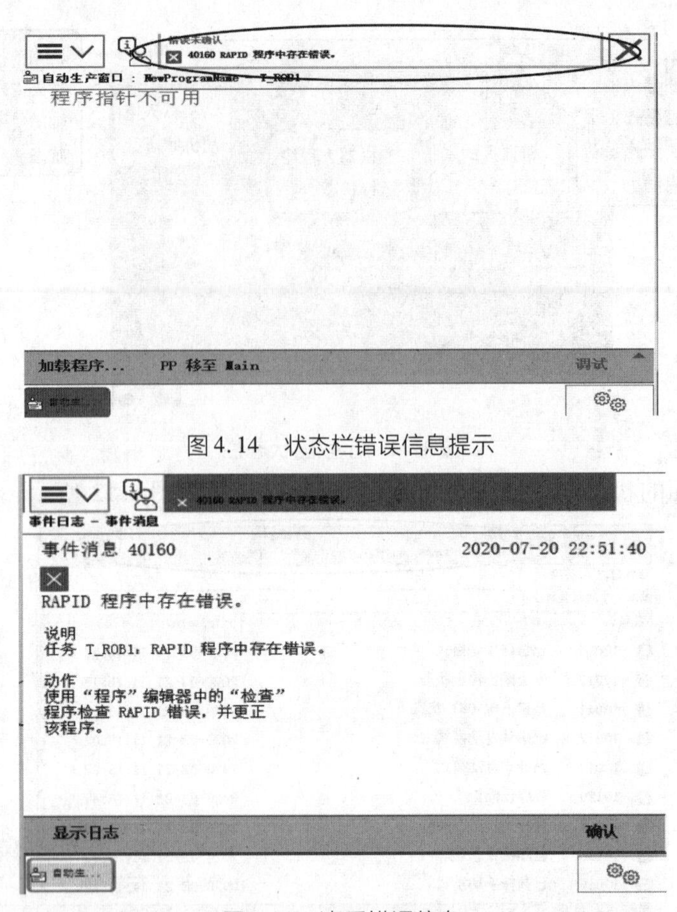

图 4.14　状态栏错误信息提示

图 4.15　查看错误信息

学习评价：

<table>
<tr><td>实操时间</td><td colspan="2"></td><td colspan="2">实操地点</td><td colspan="4"></td></tr>
<tr><td rowspan="2">实操班级</td><td colspan="2" rowspan="2"></td><td colspan="2" rowspan="2">实操分组</td><td>组别</td><td></td><td>组长</td><td></td></tr>
<tr><td>组员</td><td colspan="3"></td></tr>
<tr><td rowspan="10">项
目
评
价</td><td rowspan="2">序号</td><td colspan="3" rowspan="2">评价内容(总分 100 分)</td><td colspan="4">得　分</td></tr>
<tr><td>自评</td><td>互评</td><td>教评</td><td>总分</td></tr>
<tr><td>1</td><td colspan="3">课堂考勤(5 分)</td><td></td><td></td><td></td><td></td></tr>
<tr><td>2</td><td colspan="3">课堂讨论与发言情况(10 分)</td><td></td><td></td><td></td><td></td></tr>
<tr><td>3</td><td colspan="3">知识点掌握情况(40 分)</td><td></td><td></td><td></td><td></td></tr>
<tr><td rowspan="3">4</td><td rowspan="3">任务完成情况(40 分)</td><td colspan="2">切换机器人运行模式为手动减速模式(10 分)</td><td></td><td></td><td></td><td></td></tr>
<tr><td colspan="2">设置示教器语言为中文,并设置系统时间为本地时间(20 分)</td><td></td><td></td><td></td><td></td></tr>
<tr><td colspan="2">查看 ABB 机器人常用信息与事件日志(10 分)</td><td></td><td></td><td></td><td></td></tr>
<tr><td>5</td><td colspan="3">互助协作情况(5 分)</td><td></td><td></td><td></td><td></td></tr>
<tr><td colspan="4">合　计</td><td></td><td></td><td></td><td></td></tr>
</table>

注:过程考核占总成绩的 70%,考试(综合设计)成绩占 30%。

知识测评：

一、判断题

1. 如果需要查看机器人系统常用信息与事件日志，只需单击示教器触摸屏上的信息栏。（　　）

2. 示教器在控制面板中可进行中英文的切换。（　　）

3. 示教器在更改了显示语言后，机器人系统需要重启后才可生效。（　　）

4. 状态钥匙无论切换到哪种状态，都可进行手动操纵。（　　）

5. 机器人手动状态下，将使能按钮的第一挡按下去，电机停止，机器人就会处于防护装置停止状态。（　　）

二、简答题

机器人状态栏包含哪些相关信息？

项目 5

手动控制工业机器人

学习目标

知识目标：

1. 了解 ABB 工业机器人手动运行模式的菜单设置。
2. 理解 ABB 工业机器人的关节轴和坐标系。
3. 理解工具坐标数据、工件坐标数据及有效载荷的定义。
4. 掌握 ABB 工业机器人的程序框架及常用指令。

技能目标：

1. 掌握 ABB 工业机器人单轴运动、线性运动、重定位运动的方法。
2. 掌握 ABB 工业机器人工具坐标数据、工件坐标数据、有效载荷的设置方法。
3. 掌握操纵杆的使用，能使用增量模式调整机器人的步进速度。
4. 学会创建 ABB 工业机器人 RIPID 程序，掌握常用指令的使用。
5. 能建立一个可运行的基本 RIPID 程序。

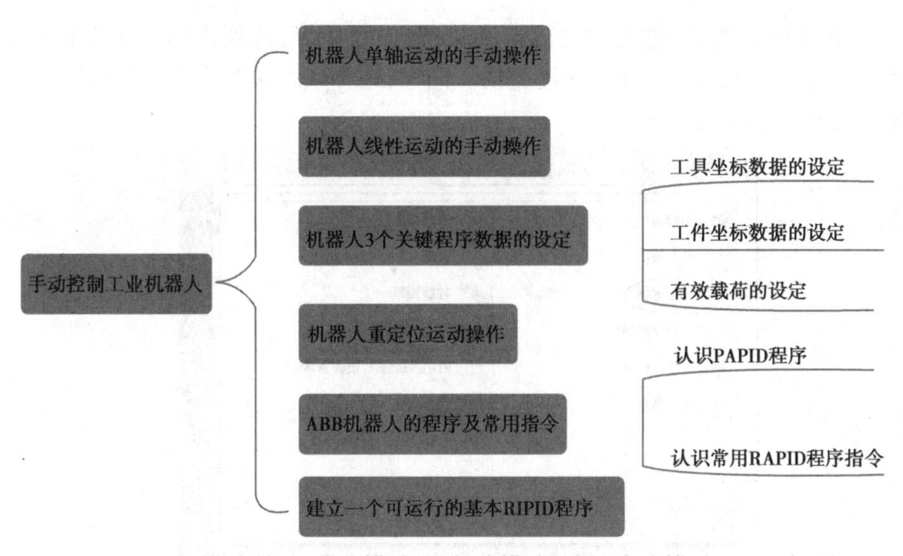

工业机器人的运行模式分为手动模式和自动模式。在手动模式下，可操纵机器人进行单轴运动、线性运动和重定位运动，并可在各种运行模式下设置不同的运行速度。

任务5.1　机器人单轴运动的手动操作

一般ABB六自由度的工业机器人有6个伺服电机分别驱动机器人的6个关节轴，如图5.1所示。每次手动操纵一个关节轴的运动，称为单轴运动。

机器人单轴运动的手动操作

工业机器人单轴运动操作步骤如下：

①接通电源，把机器人状态钥匙切换到中间的手动减速状态，如图5.2所示。

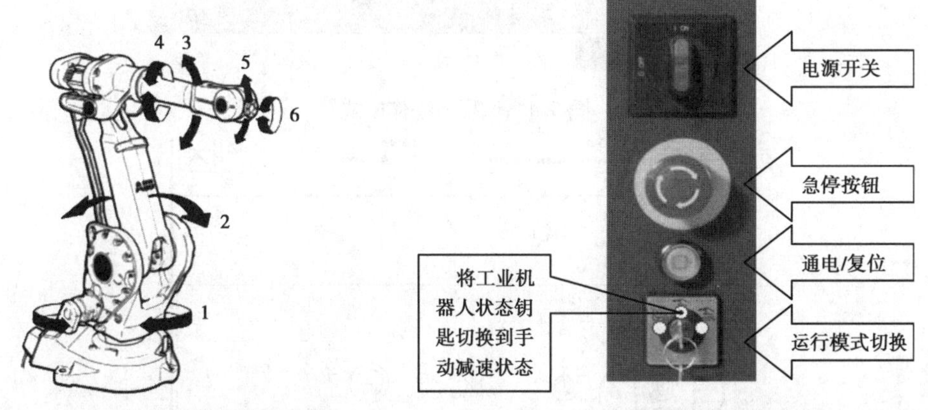

图5.1　工业机器人关节轴示意图　　　　图5.2　切换到手动减速模式

②在确定机器人的状态已切换为手动状态后，单击ABB菜单，选择“手动操纵”，如图5.3所示。

③选择“动作模式”，如图5.4所示。

④选中“轴1-3”，然后单击“确定”按钮，如图5.5所示。

⑤用左手按下使能按钮,进入"电机开启"状态,操作摇杆,机器人的1,2,3轴就会动作,摇杆的操作幅度越大,机器人的动作速度越快。同样,选择"轴4-6"操作摇杆机器人的4,5,6轴就会动作,如图5.6所示。

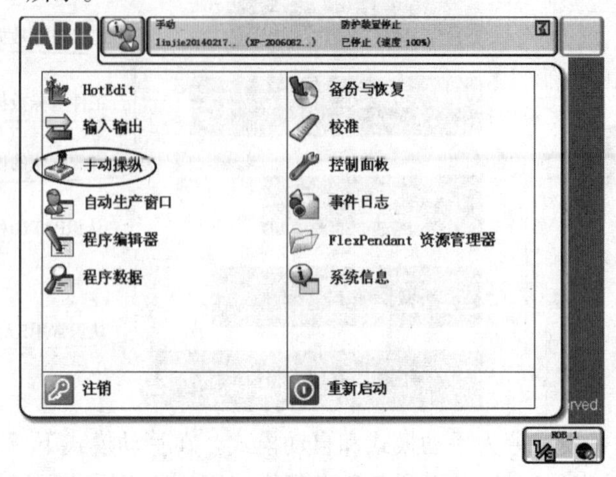

图5.3　选择"手动操纵"

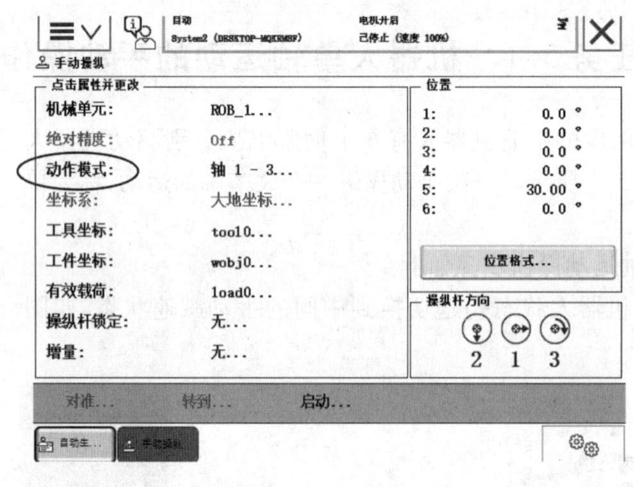

图5.4　选择"动作模式"

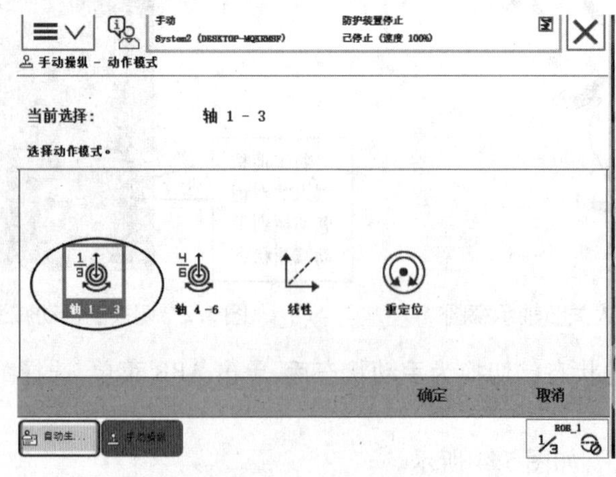

图5.5　选中"轴1-3"

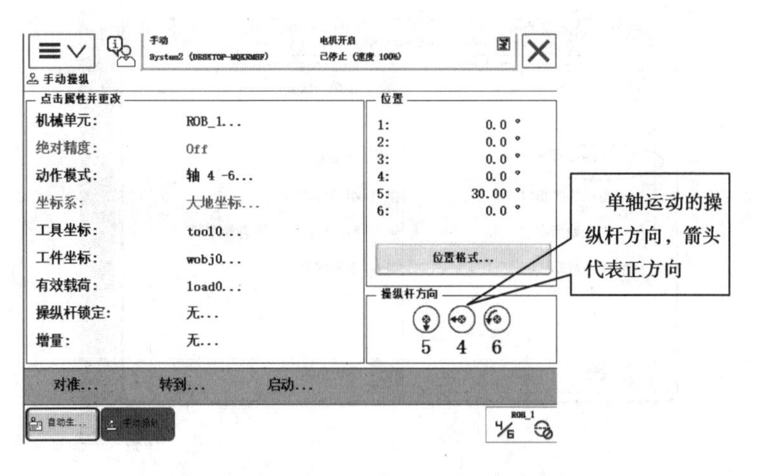

图 5.6　单轴运动的操纵杆方向

操纵杆的使用技巧如下:可将机器人的操纵杆比作汽车的节气门,操纵杆的操作幅度与机器人的运动速度有关。操纵幅度较小,则机器人运动速度较慢;操纵幅度较大,则机器人运动速度较快。因此,在操作时,尽量以小幅度操纵使机器人慢慢运动,即可开始手动操纵学习。

任务 5.2　机器人线性运动的手动操作

工业机器人的线性运动是指安装在机器人 6 轴法兰盘上工具的 TCP 在空间中作线性运动。坐标线性运动时,要指定坐标系、工具坐标和工件坐标。坐标系包括大地坐标、基坐标、工具坐标及工件坐标。工具坐标指定 TCP 点位置;坐标系指定 TCP 点在哪个坐标系中运行;工件坐标指定 TCP 点在哪个工件坐标系中运行。当坐标系选择了工件坐标时,工件坐标才生效。

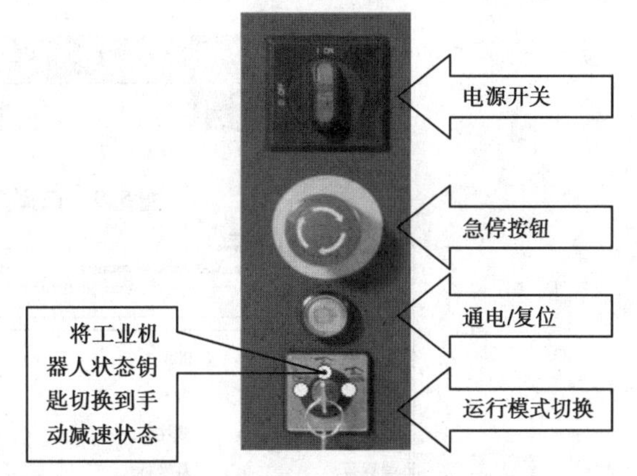

图 5.7　切换到手动减速模式

1)工业机器人线性运动操作步骤

①与单轴运动一样,将机器人状态钥匙切换到中间的手动减速状态,如图 5.7 所示。

②在确定机器人的状态已切换为手动状态后,单击 ABB 菜单,选择“手动操纵”,如图 5.8 所示。

③单击“动作模式”,选择“线性”,单击“确定”按钮,如图 5.9 所示。

④选择工具坐标系,这里选用默认的“tool0”,如图 5.10 所示。

⑤用左手按下使能按钮,进入“电机开启”状态,操作示教器上的操纵杆,工具坐标 TCP 点就会在空间中作线性运动。操作杆方向栏中 X,Y,Z 的箭头方向代表各个坐标轴运动的正方向,如图 5.11 所示。

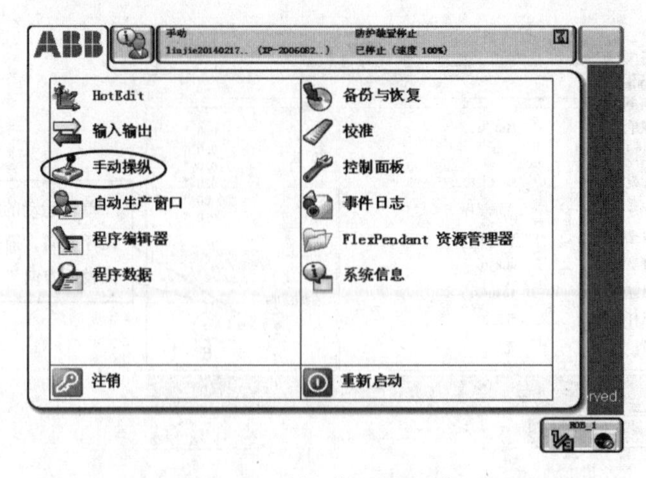

图 5.8　选择“手动操纵”

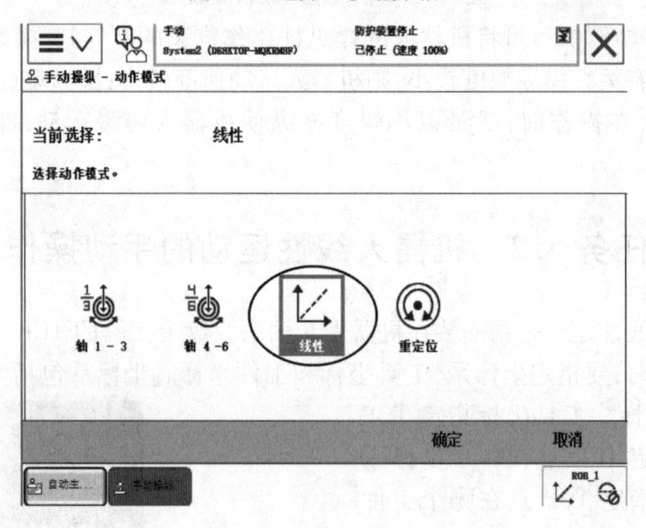

图 5.9　选择“线性”

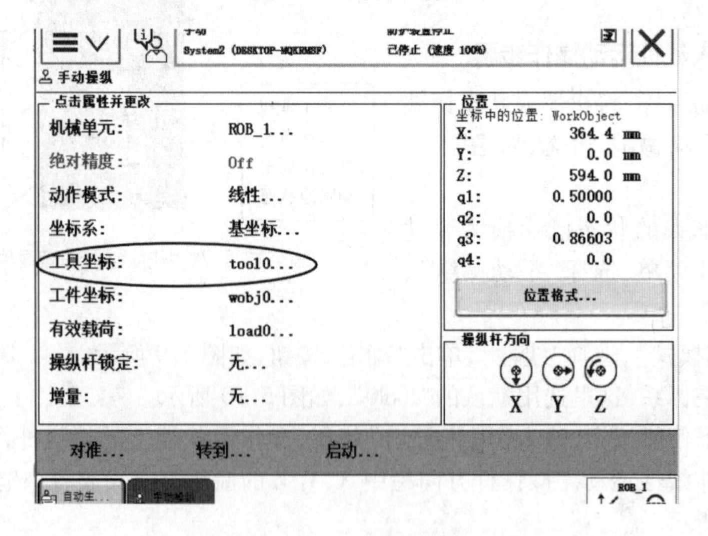

图 5.10　选择“tool0”

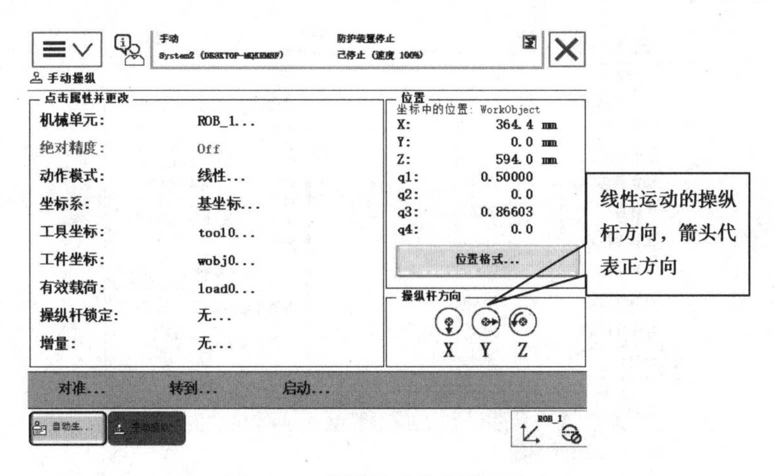

图5.11　线性运动的操纵杆方向

2)增量模式的使用

如果对使用操纵杆通过位移幅度来控制机器人运动的速度不熟练的话,则可使用“增量”模式来控制机器人的运动。

在增量模式下,操纵杆每位移一次,机器人就移动一步。如果操纵杆持续 1 s 或数秒钟,机器人就会持续移动(速率为 10 步/s)。

3)增量模式操作步骤

①单击 ABB 菜单,选择“手动操纵”,如图 5.12 所示。

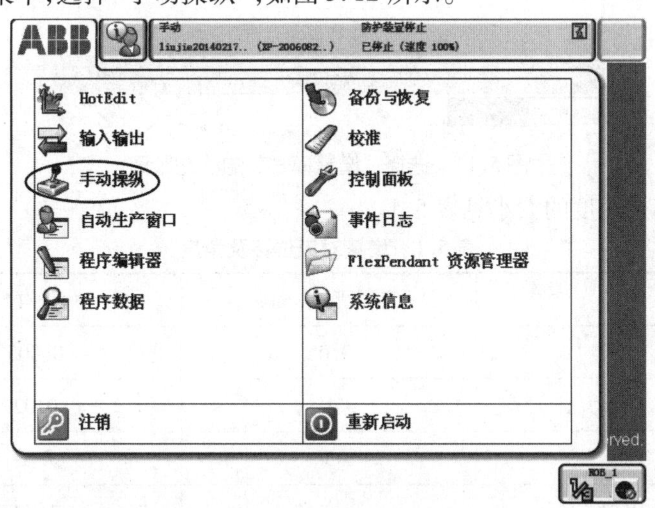

图5.12　选择“手动操纵”

②在手动操纵界面,选择“增量”,如图 5.13 所示。

③根据需要选择增量模式的移动距离,然后单击“确定”按钮,如图 5.14 所示。

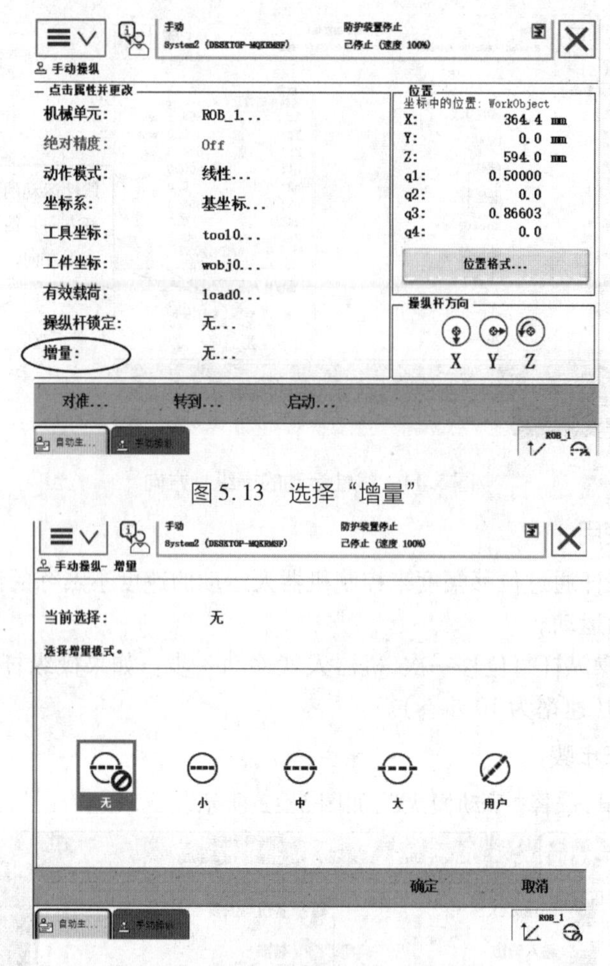

图 5.13 选择“增量”

图 5.14 选择“增量模式”的移动距离

增量对应位移及角度的大小见表 5.1。

表 5.1 增量对应位移及角度

增量	移动距离/mm	角度/(°)
小	0.05	0.005
中	1	0.02
大	5	0.2
用户	自定义	自定义

任务 5.3 机器人 3 个关键程序数据的设定

程序数据是在程序模块或者系统模块中设定的值和定义的一些环境数据。我们在进行正式的编程之前,就需要提前定义好工具数据 tooldata、工件数据 wobjdata、有效载荷数据 loaddata 这 3 个必需的程序数据,从而构建起必要的编程环境。下面分别介绍这 3 个程序数据的设定方法。

5.3.1 工具坐标数据的设定

工具数据 tooldata 用于描述安装在机器人 6 轴上的工具的 TCP、质量、重心等参数数据。

一般不同的机器人应配置不同的工具,如图 5.15 所示。弧焊的机器人使用弧焊枪作为工具,而用于搬运板材的机器就会使用吸盘式的夹具作为工具。

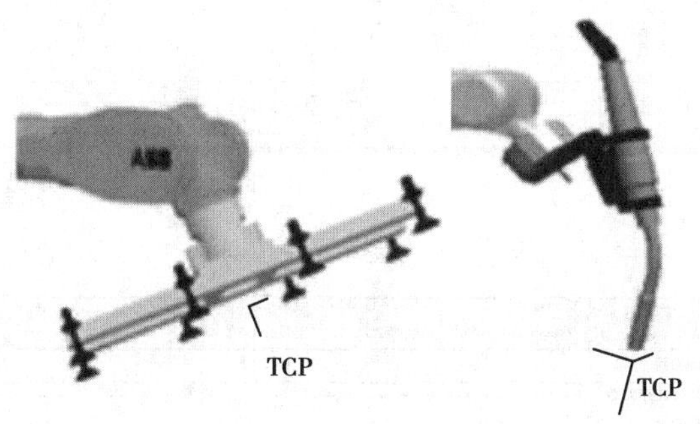

图 5.15 工业机器人配置的工具

默认工具(tool0)的工具中心点(Tool Center Point)位于机器人安装法兰的中心,如图 5.16 所示。

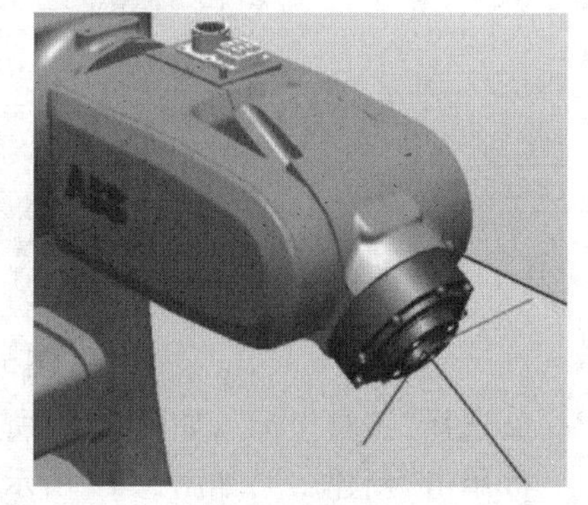

图 5.16 默认工具中心点(tool0)

执行程序时,机器人将 TCP 移至编程位置。这意味着,如果要更改工具以及工具坐标系,机器人的移动将随之更改,以便新的 TCP 到达目标。

所有机器人在手腕处都有一个预定义工具坐标系,该坐标系称为 tool0。这样,就能将一个或多个新工具坐标系定义为 tool0 的偏移值。

1)TCP 的设定原理

①在机器人工作范围内找一个非常精确的固定点作为参考点。

②在工具上确定一个参考点(最好是工具的中心点)。

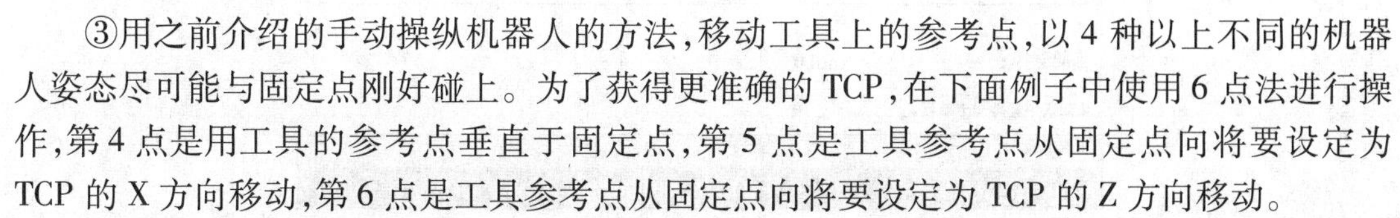

③用之前介绍的手动操纵机器人的方法,移动工具上的参考点,以 4 种以上不同的机器人姿态尽可能与固定点刚好碰上。为了获得更准确的 TCP,在下面例子中使用 6 点法进行操作,第 4 点是用工具的参考点垂直于固定点,第 5 点是工具参考点从固定点向将要设定为 TCP 的 X 方向移动,第 6 点是工具参考点从固定点向将要设定为 TCP 的 Z 方向移动。

④机器人通过这 4 个位置点的位置数据计算求得 TCP 的数据,然后 TCP 的数据就保存在 tooldata 这个程序数据中被程序进行调用。

2)工具数据 tool1 的操作

下面介绍建立一个新的工具数据 tool1 的操作。

①单击“ABB”按钮,选择“手动操纵”,如图 5.17 所示。

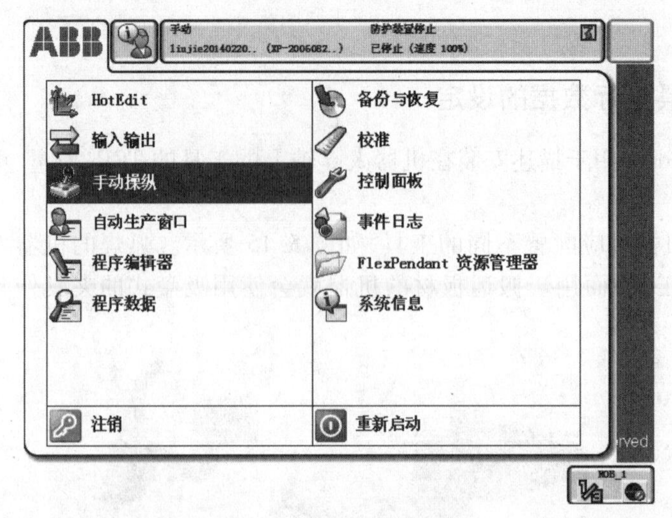

图 5.17　选择“手动操纵”

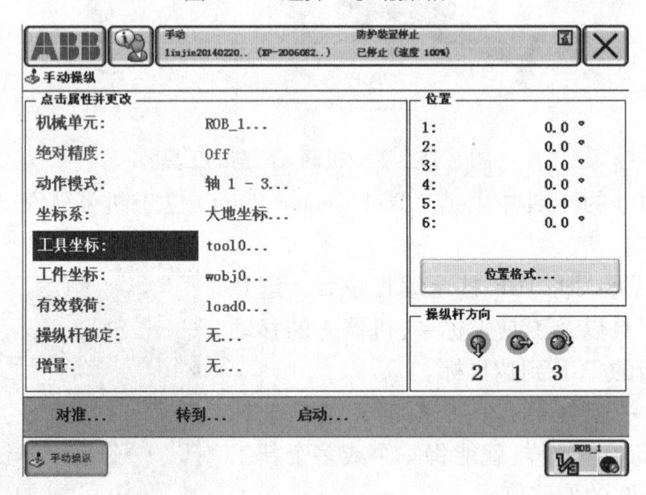

图 5.18　选择“工具坐标”

②选择“工具坐标”，如图 5.18 所示。

③单击“新建...”，如图 5.19 所示。

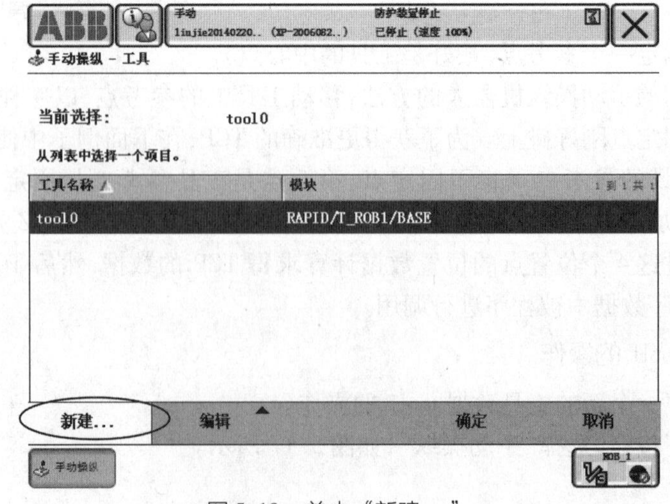

图 5.19　单击“新建...”

④新建工具数据“tool1”,单击“确定”按钮,如图5.20所示。

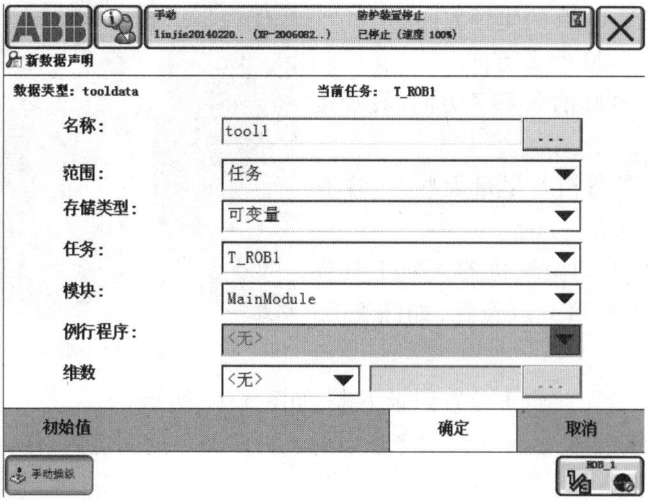

ABB
手动
linjie20140220.. (XP-2006082..)
防护装置停止
已停止 (速度 100%)
新数据声明
数据类型: tooldata
当前任务: T_ROB1
名称:
tool1
范围:
任务
存储类型:
可变量
任务:
T_ROB1
模块:
MainModule
例行程序:
<无>
维数
<无>
初始值
确定
取消
手动操纵
ROB_1

图5.20　新建工具数据“tool1”

⑤选中tool1后,选择“编辑”—“定义”选项,如图5.21所示。

ABB
手动
linjie20140220.. (XP-2006082..)
防护装置停止
已停止 (速度 100%)
手动操纵 - 工具
当前选择:
tool1
从列表中选择一个项目。
工具名称
模块
tool0
RAPID/T_ROB1/BASE
tool1
RAPID/T_ROB1/MainModule
更改声明...
更改值...
删除
定义...
新建...
编辑
确定
取消
手动操纵
ROB_1

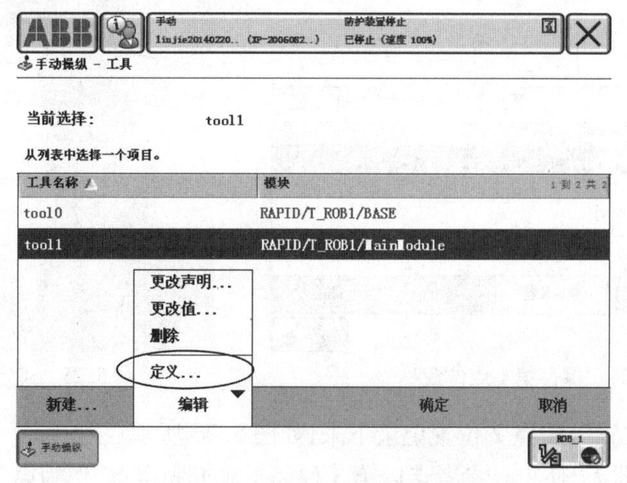

图5.21　定义工具数据“tool1”

⑥选择“TCP和Z,X”,使用6点法定义TCP,如图5.22所示。

ABB
手动
linjie20140220.. (XP-2006082..)
防护装置停止
已停止 (速度 100%)
程序数据 - tooldata - 定义
工具坐标定义
工具坐标:
tool1
选择一种方法，修改位置后点击“确定”。
方法:
TCP (默认方向)
点数:
4
TCP (默认方向)
TCP 和 Z
TCP 和 Z, X
点
点 1
点 2
点 3
点 4
位置
修改位置
确定
取消
手动操纵
ROB_1

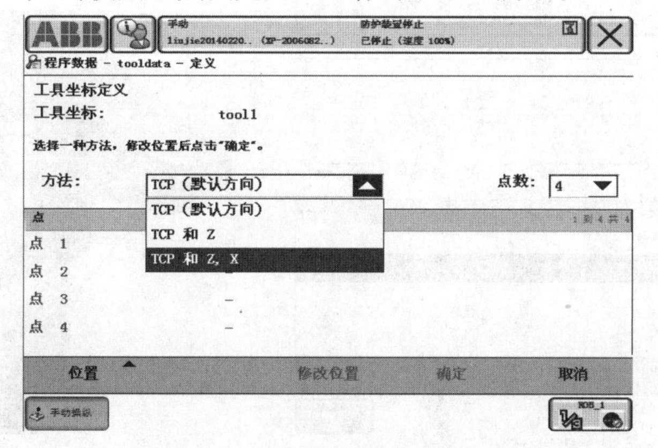

图5.22　选择“TCP和Z, X”

TCP 取点数量的区别如下：

a. 4 点法，不改变 tool0 的坐标方向。

b. 5 点法，改变 tool0 的 Z 方向。

c. 6 点法，改变 tool0 的 X 和 Z 方向(在焊接应用最为常用)。

d. 前 3 个点的姿态相差尽量大些，这样有利于 TCP 精度的提高。

⑦按下使能键，手动操纵机器人使工具参考点靠近固定点，作为第 1 点位置，如图 5.23 所示。

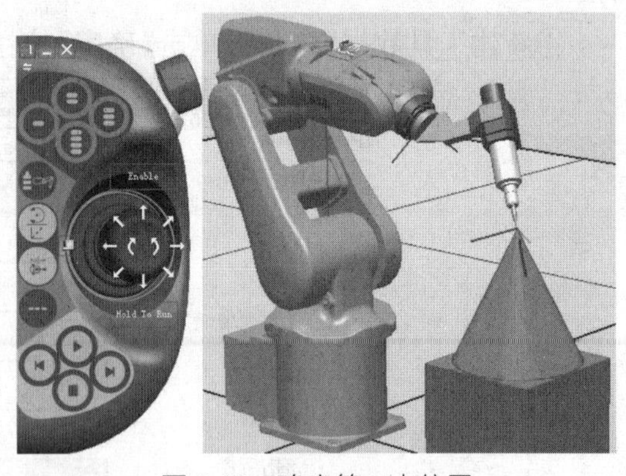

图 5.23　确定第 1 点位置

⑧单击“修改位置”，将点 1 位置记录下来，如图 5.24 所示。

⑨继续手动操纵机器人，使工具参考点以另一种姿态靠近固定点，作为第 2 点位置，如图 5.25 所示。

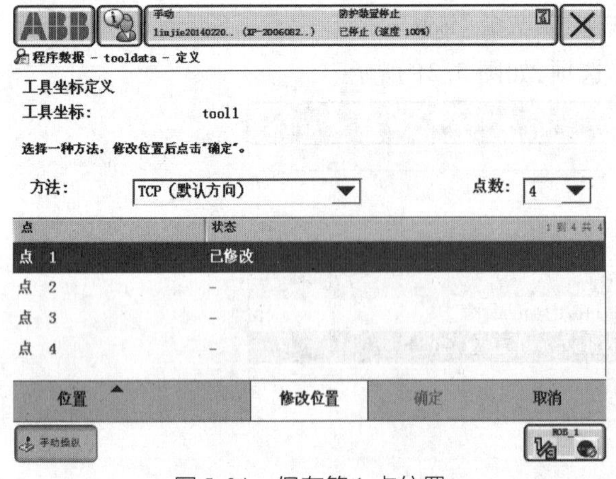

图 5.24　保存第 1 点位置

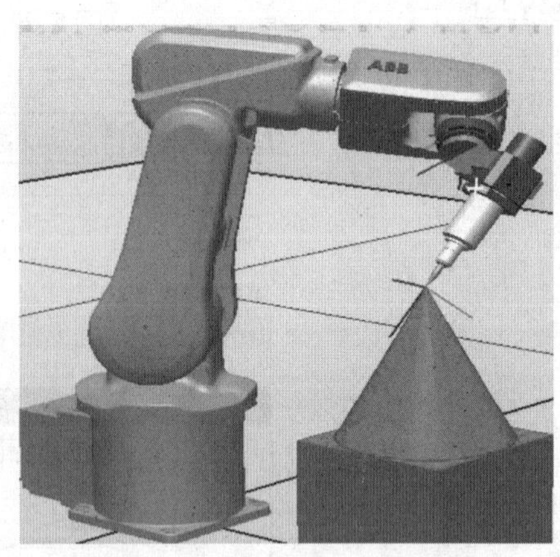

图 5.25　确定第 2 点位置

⑩单击“修改位置”，将点 2 位置记录下来，如图 5.26 所示。

⑪手动操纵机器人，使工具参考点以第 3 种姿态靠近固定点，作为第 3 点位置，如图 5.27 所示。

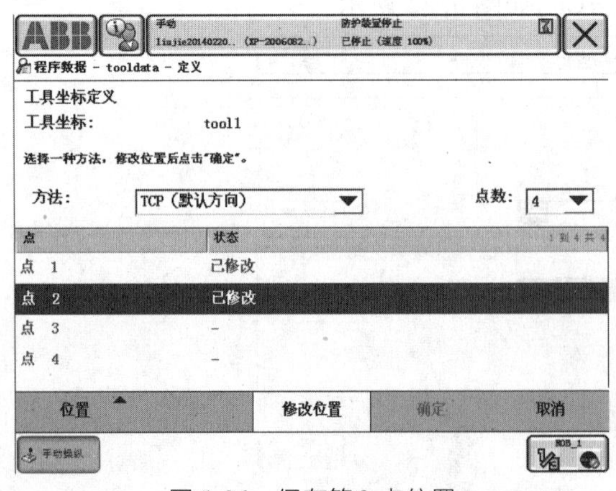

图 5.26　保存第 2 点位置

图 5.27　确定第 3 点位置

⑫单击“修改位置”,将点3位置记录下来,如图5.28所示。

⑬手动操纵机器人,使工具参考点以垂直姿态靠近固定点,作为第4点位置,如图5.29所示。

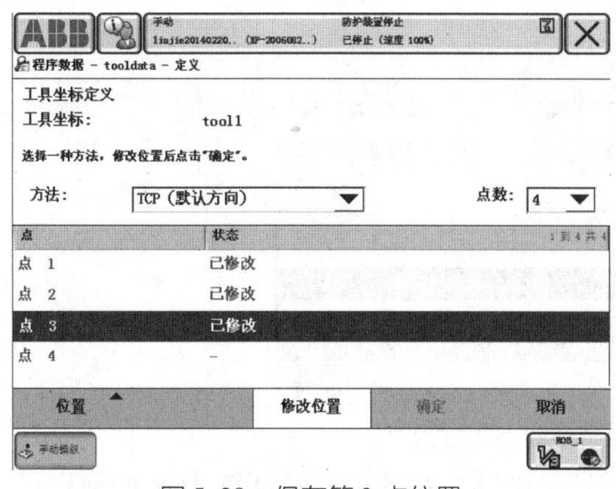

图5.28 保存第3点位置

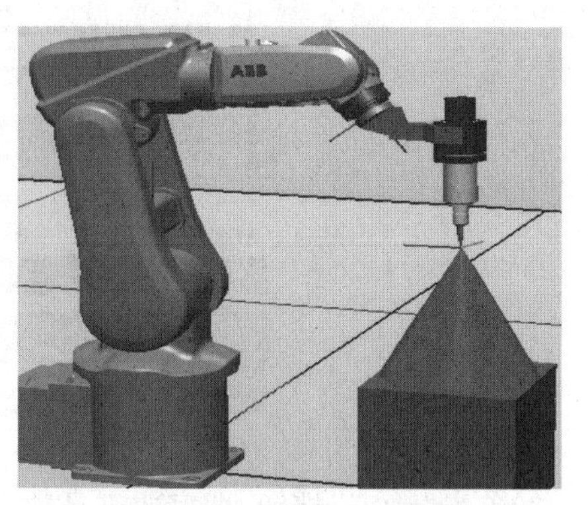

图5.29 确定第4点位置

⑭单击“修改位置”,将点4位置记录下来,如图5.30所示。

⑮工具参考点以点4的姿态从固定点移动到工具TCP的+X方向,如图5.31所示。

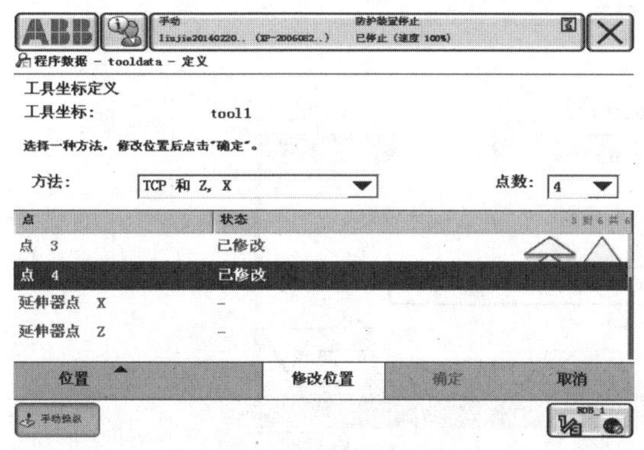

图5.30 保存第4点位置

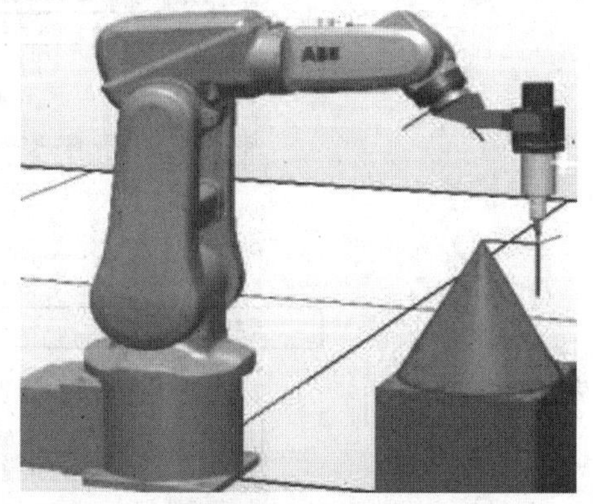

图5.31 确定TCP的+X方向

⑯单击“修改位置”,将延伸器点X位置记录下来,如图5.32所示。

⑰工具参考点以点4的姿态从固定点移动到工具TCP的+Z方向,如图5.33所示。

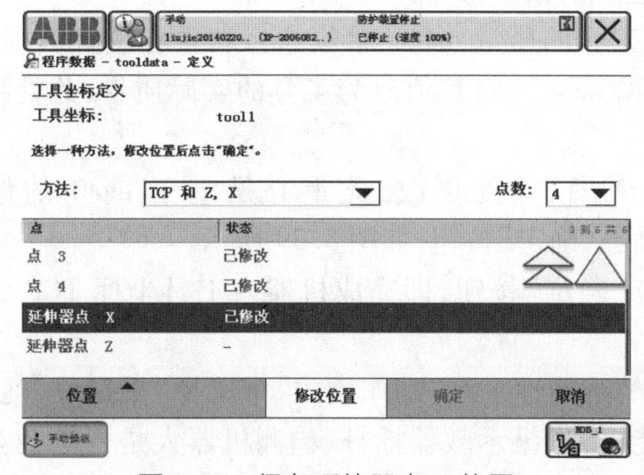

图5.32 保存延伸器点X位置

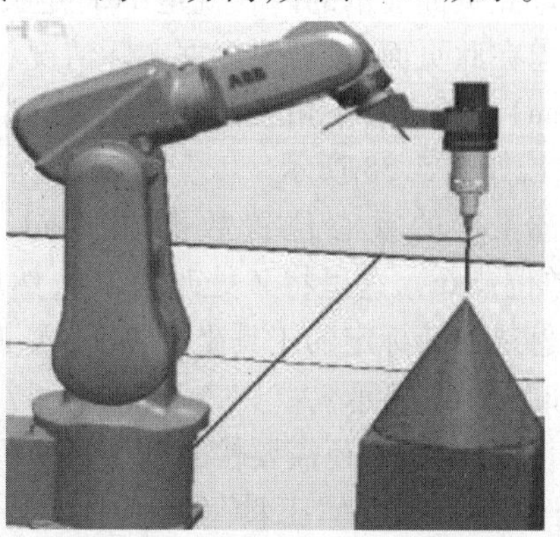

图5.33 确定TCP的+Z方向

⑱单击“修改位置”,将延伸器点 Z 位置记录下来,如图 5.34 所示。

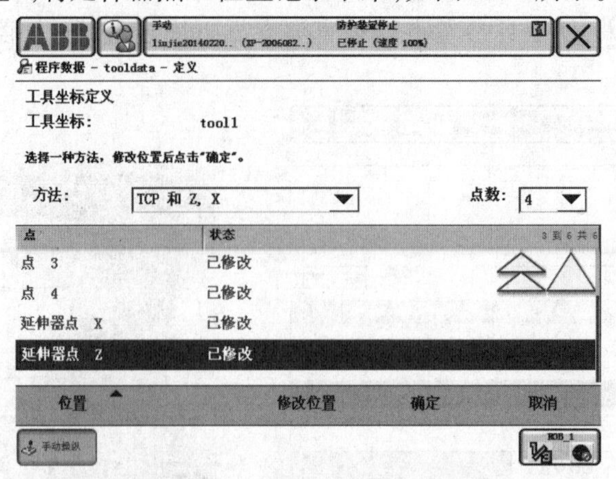

图 5.34　保存延伸器点 Z 位置

⑲单击“确定”按钮,即完成工具数据“tool1”的新建。机器人自动计算 TCP 的标定误差,当平均误差在 0.5 mm 以内时,才可单击“确定”进入下一步,否则需要重新标定 TCP,如图 5.35 所示。

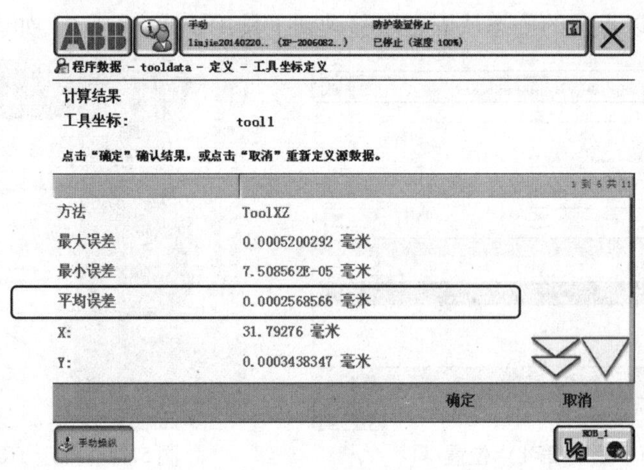

图 5.35　查看 TCP 平均误差

⑳选中 tool1,然后打开编辑菜单选择“更改值”,如图 5.36 所示。

㉑此页面显示的内容就是 TCP 定义时生成的数据,如图 5.37 所示。

㉒在此页面中,需要根据实际情况设定工具的质量 mass(单位:kg)和重心位置数据(单位:mm)。单击右下角三角形按钮,找到名称“mass”,将其值改为工具的实际质量,此处将其改为 1,如图 5.38 所示。

㉓工具的重心位置数据在 tload. cog X, Y, Z 处更改,此重心是基于 tool0 的偏移值(单位:mm),这里将 Z 处改为 100,然后单击“确定”按钮,如图 5.39 所示。

㉔选中新标定的工具坐标“tool1”,单击“确定”按钮,即完成机器人工具坐标 TCP 的设定,如图 5.40 所示。

设定完成后,还需要检测新工具坐标系的准确性。在“动作模式”中选择“重定位”运动,在“坐标系”中选择“工具”坐标系,按下使能键,操纵示教器摇杆,检测机器人是否围绕新标定的 TCP 点运动。如果误差较大,就需要重新标定。

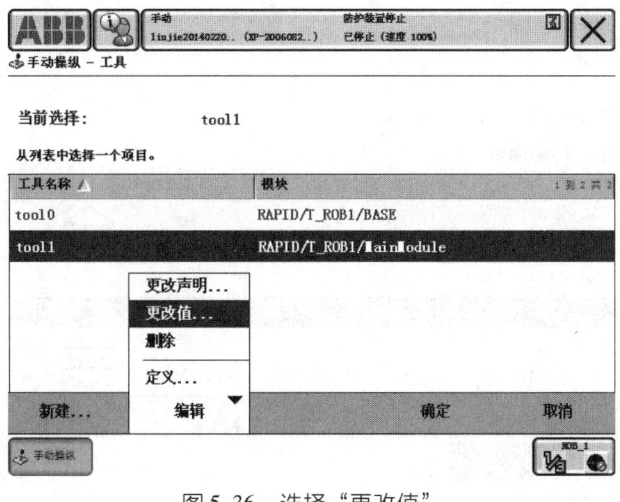

图5.36 选择"更改值"

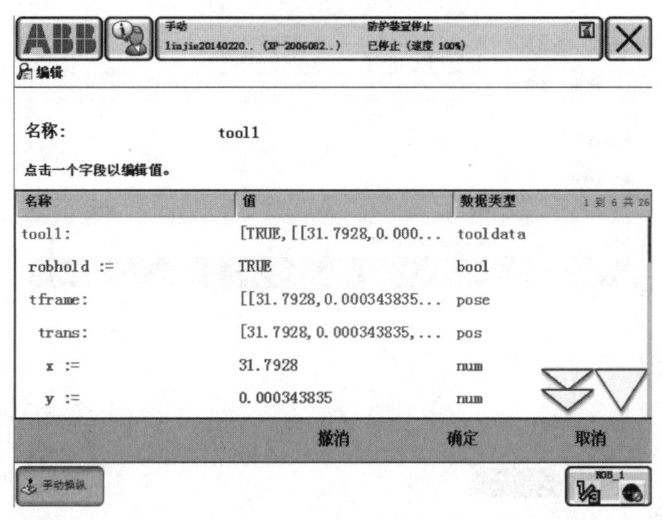

图5.37 TCP数据

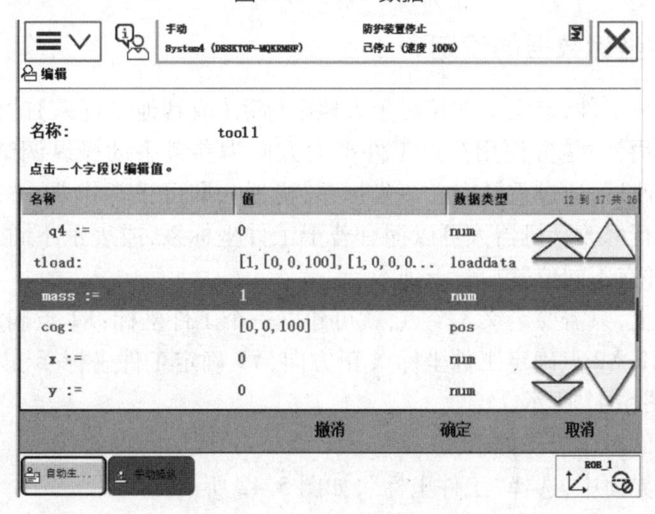

图5.38 更改"mass"值

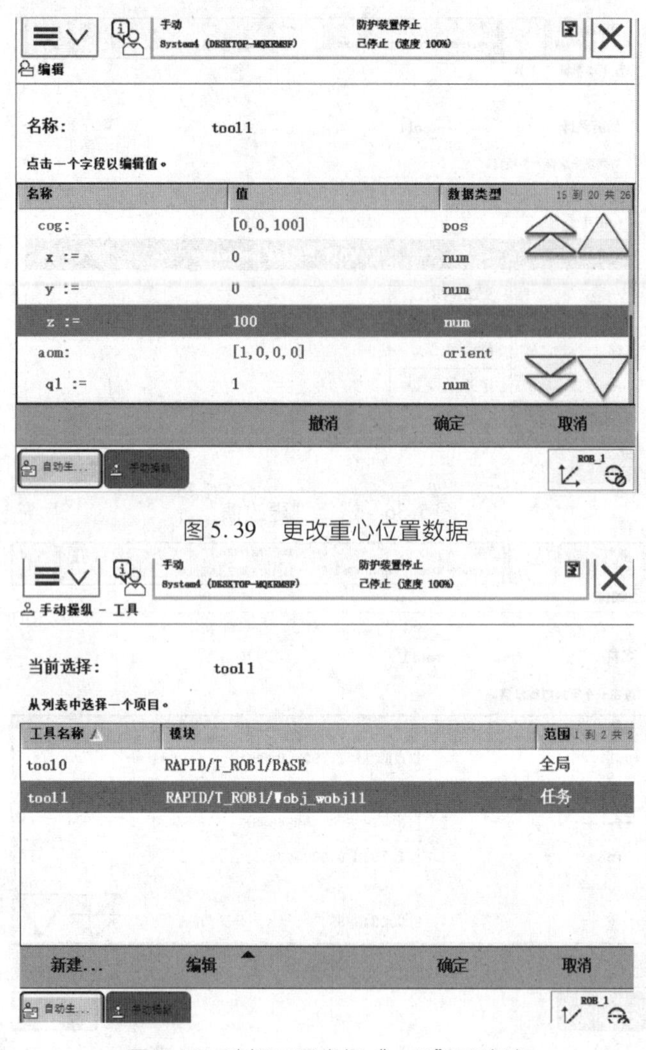

图 5.39　更改重心位置数据

图 5.40　选择工具坐标“tool1”后确认

5.3.2　工件坐标数据的设定

工件坐标
数据的设定

工件坐标系对应工件,定义工件相对于大地坐标系(或其他坐标系)的位置。它具有两个作用:一是方便用户以工件平面方向为参考手动操纵调试;二是当工件位置更改后,通过重新定义该坐标系,机器人即可正常作业,不需要对机器人程序进行修改。机器人可以拥有若干工件坐标系,或表示不同工件,或表示同一工件在不同位置的若干副本。

在对象的平面上,只需要定义 3 个点,就可建立一个工件坐标:X1 点确定工件坐标的原点,X1,X2 点确定工件坐标 X 正方向,Y1 确定工件坐标 Y 正方向,工件坐标等符合右手定则,如图 5.41 所示。

建立工件坐标的操作步骤如下:

①在手动操纵界面中,选择“工件坐标”,如图 5.42 所示。

②单击“新建…”,如图 5.43 所示。

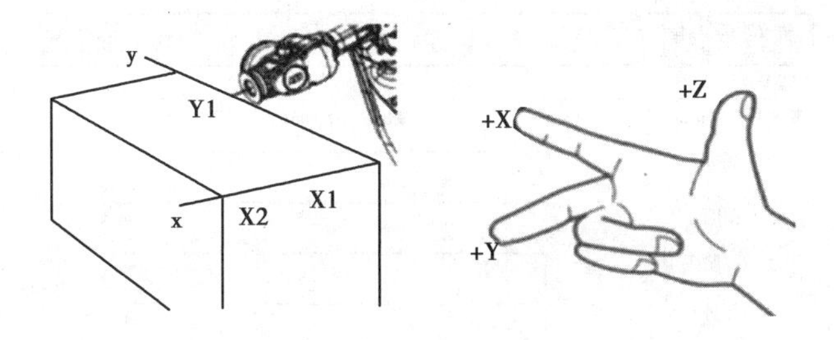

图5.41　工件坐标系

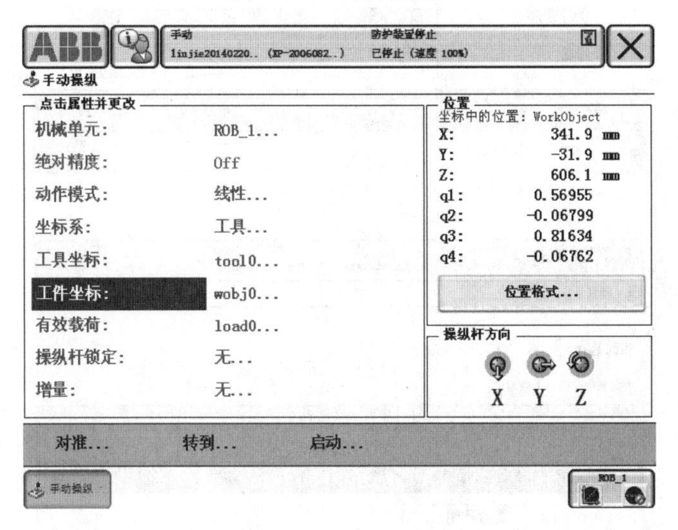

图5.42　选择“工件坐标”

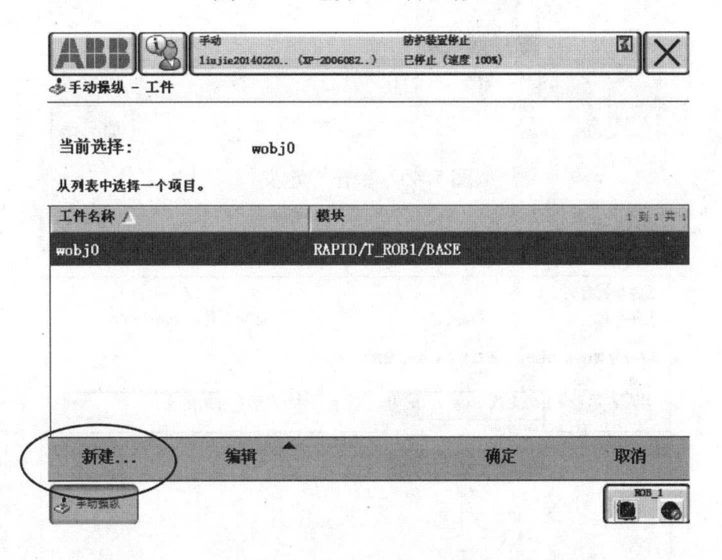

图5.43　单击“新建”

③对工件坐标数据属性进行设定后,单击“确定”按钮,如图5.44所示。

④打开编辑菜单,选择“定义...”,如图5.45所示。

⑤将用户方法设定为“3点”,如图5.46所示。

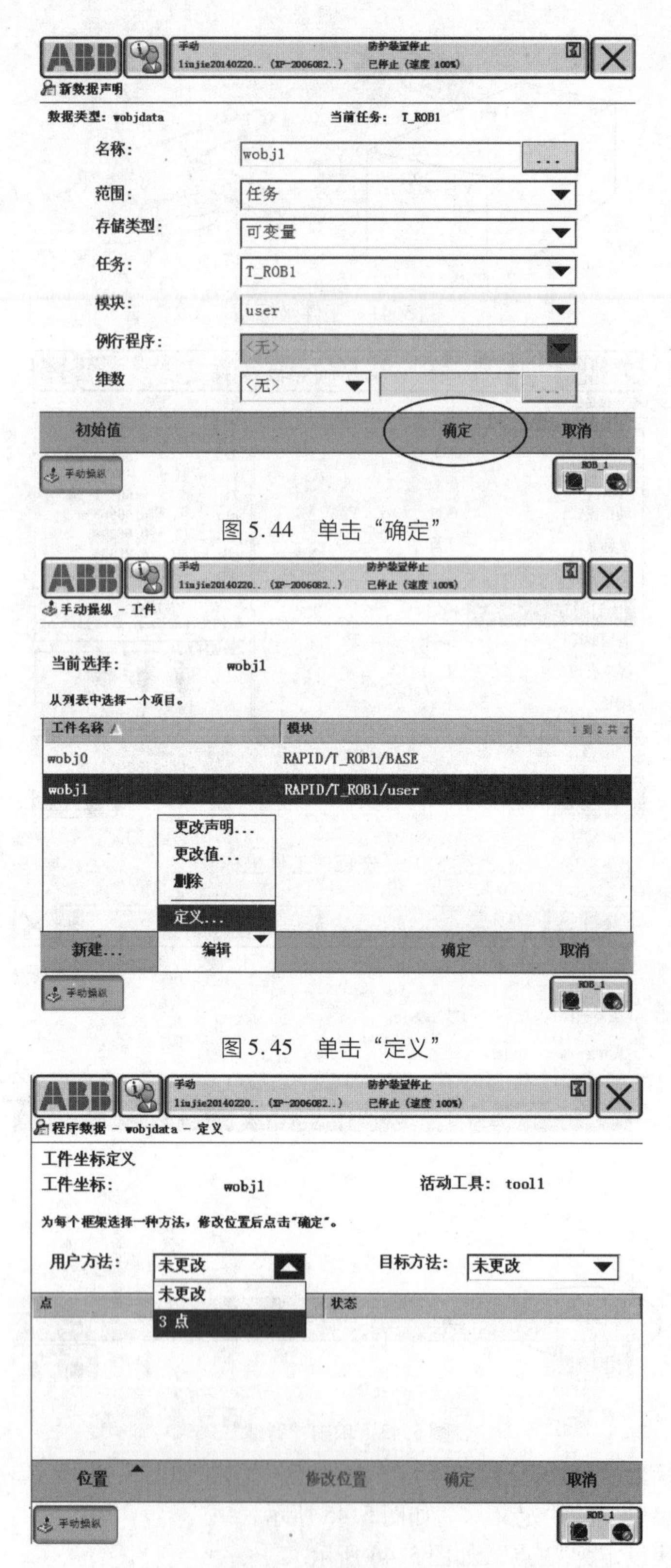

图 5.44 单击“确定”

图 5.45 单击“定义”

图 5.46 选择“3 点”法

⑥确定工件坐标的原点位置 X1。手动操作机器人使其工具参考点靠近定义工件坐标的 X1 点，单击“修改位置”，将 X1 点记录下来，如图 5.47、图 5.48 所示。

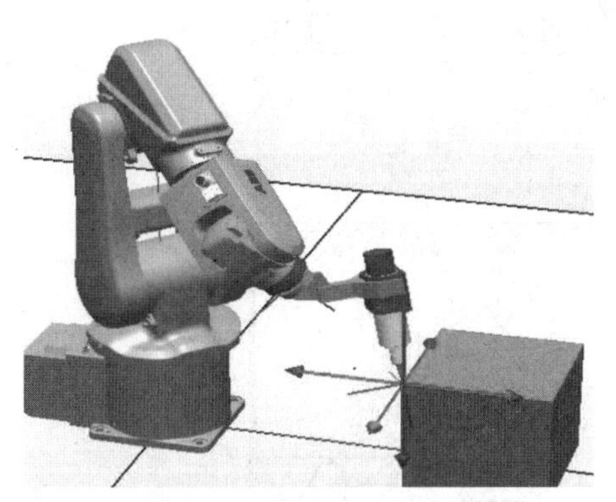

图 5.47　确定 X1 点位置

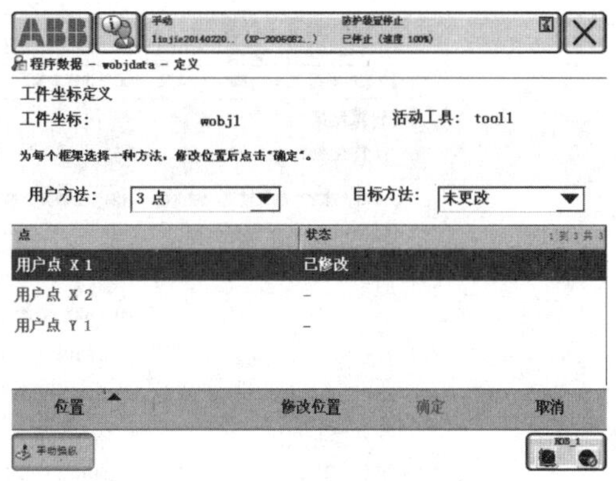

图 5.48　保存 X1 点位置

⑦确定工件坐标的 X 轴正方向。手动操作机器人使其工具参考点靠近定义工件坐标的 X2 点，单击“修改位置”，将 X2 点记录下来，X1 和 X2 就确定了 X 坐标轴正方向，如图 5.49、图 5.50 所示。

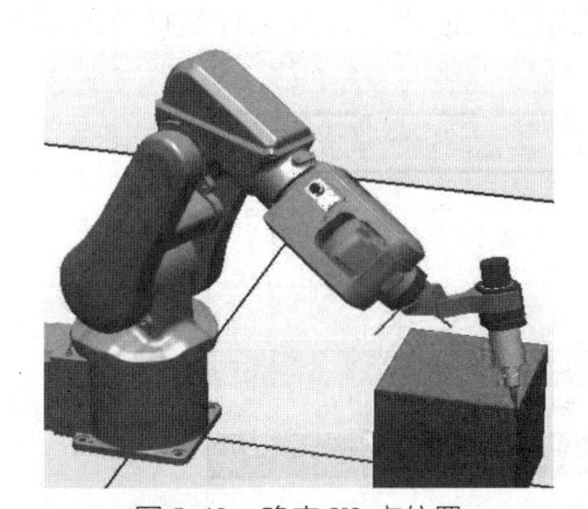

图 5.49　确定 X2 点位置

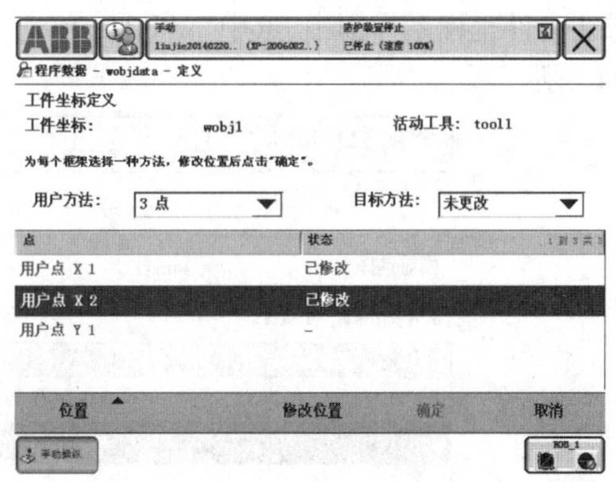

图 5.50　保存 X2 点位置

⑧确定工件坐标的 Y 轴正方向。在 XY 平面上并且 Y 值为正的方向上找一个点 Y1，手动操作机器人使其工具参考点靠近 Y1 点，单击“修改位置”，将 Y1 点记录下来（X1X2 和 X1Y1 连线必须垂直，否则 X1 点就是原点），如图 5.51、图 5.52 所示。

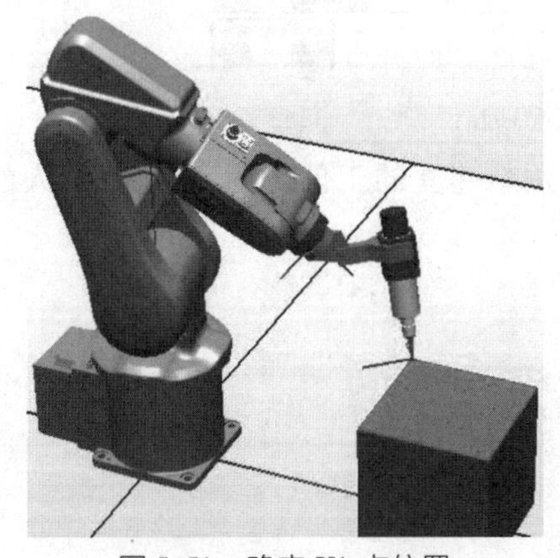

图 5.51　确定 Y1 点位置

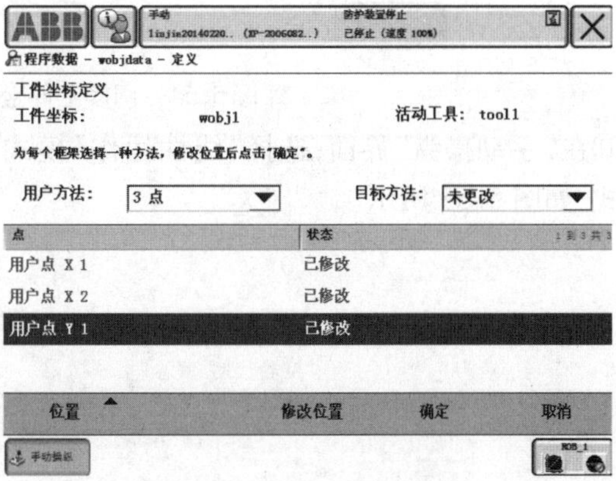

图 5.52　保存 Y1 点位置

⑨ 3 点位置数据设置完成,对自动生成的工件坐标数据进行确认后,单击“确定”按钮,如图 5.53 所示。

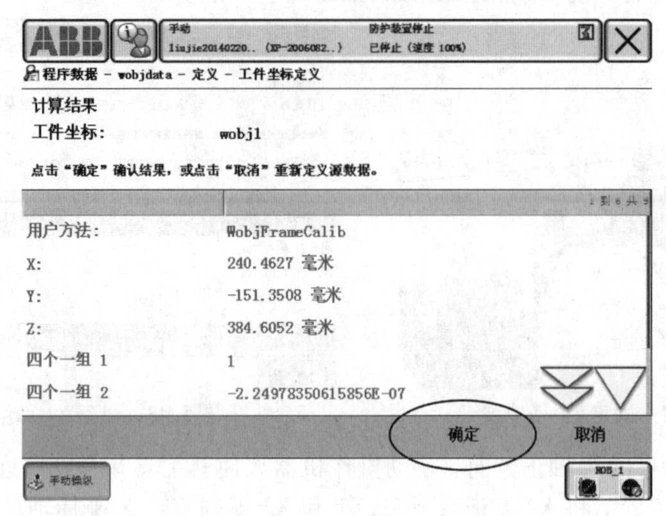

图 5.53　确定工件坐标数据

⑩在工件坐标系界面中,选中“wobj1”,单击“确定”按钮,即可完成工件坐标系的切换,如图 5.54 所示。

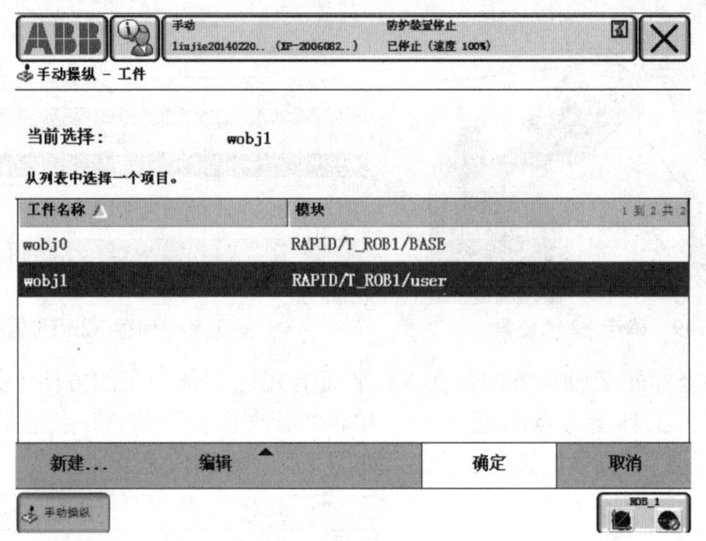

图 5.54　切换工件坐标系“wobj1”

⑪在“手动操纵”界面,选择“线性运作”模式,使用新建立的工件坐标,观察机器人的移动方式,如图 5.55 所示。

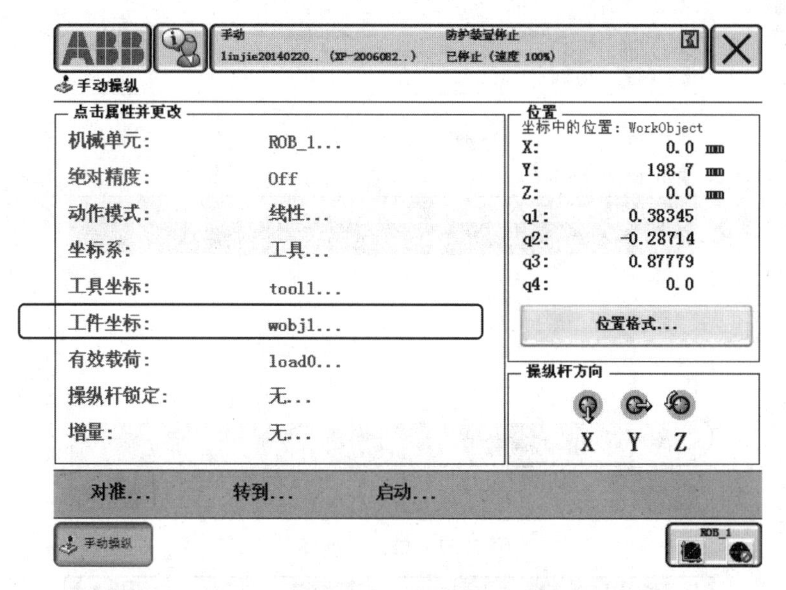

图5.55　使用新建立的工件坐标

5.3.3　有效载荷的设定

对搬运应用的机器人,应正确设定夹具的质量、重心 tooldata 以及搬运对象的质量与重心数据 loaddata。

有效载荷的设定步骤如下:

①在“手动操纵”界面,选择“有效载荷”,如图5.56所示。

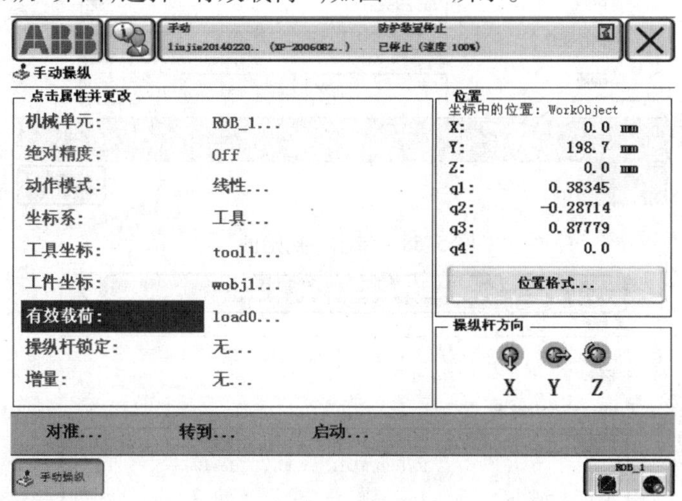

图5.56　选择“有效载荷”

②单击“新建...”,如图5.57所示。

③对有效载荷数据属性进行设定,单击“初始值”,如图5.58所示。

④对有效载荷的数据根据实际的情况进行设定,如图5.59所示。各参数代表的含义见表5.2。

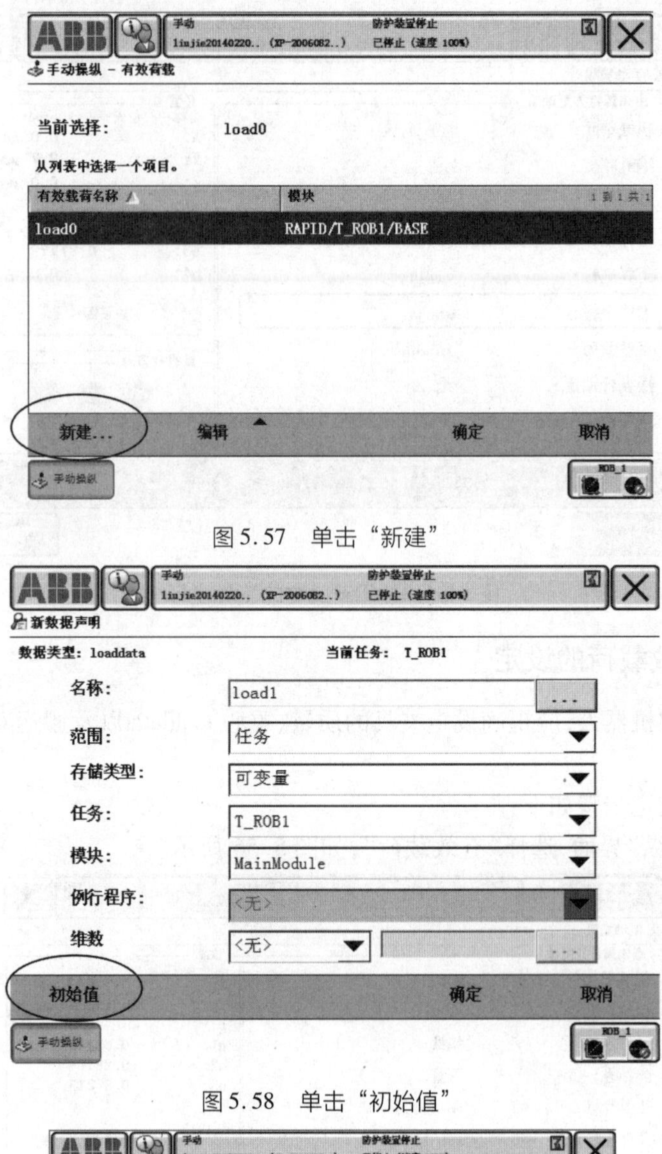

图5.57 单击“新建”

图5.58 单击“初始值”

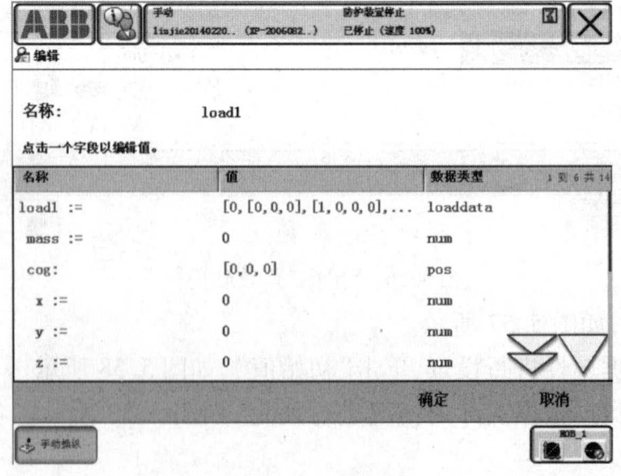

图5.59 设定有效载荷参数

表5.2　有效载荷参数表

名　称	参　数	单位
有效载荷质量	load. mass	kg
有效载荷重心	load. cog. x load. cog. y load. cog. z	mm
力矩轴方向	load. aom. q1 load. aom. q2 load. aom. q3 load. aom. q4	
有效载荷的转动惯量	ix iy iz	kg · m^2

任务5.4　机器人重定位运动操作

机器人的重定位运动是指机器人6轴法兰盘上的工具TCP点在空间绕着坐标轴旋转的运动，也可理解为机器人绕着工具TCP点作姿态调整的运动。手动操纵重定位运动的方法如下：

①在“ABB菜单”中，选择“手动操纵”，如图5.60所示。

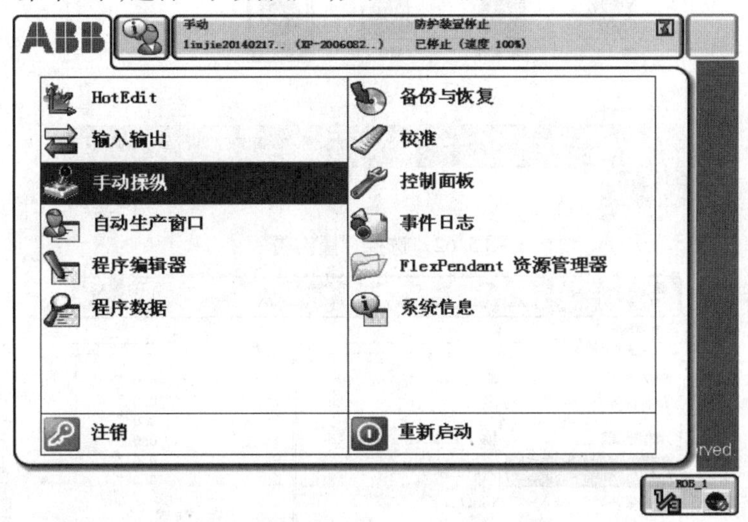

图5.60　选择“手动操纵”

②单击“运作模式”，如图5.61所示。

③选中“重定位”，然后单击“确定”按钮，如图5.62所示。

④选择“坐标系”—“工具坐标系”，如图5.63、图5.64所示。

⑤选中正在使用“tool1”，然后单击“确定”按钮，如图5.65所示。

⑥确认“电动机开启”状态，操纵示教器上的操纵杆，即可看到机器人绕着工具TCP点作姿态调整的运动。

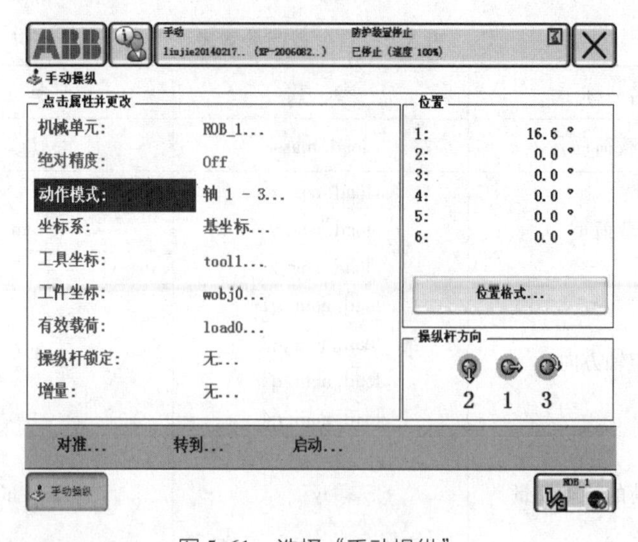

图 5.61　选择“手动操纵”

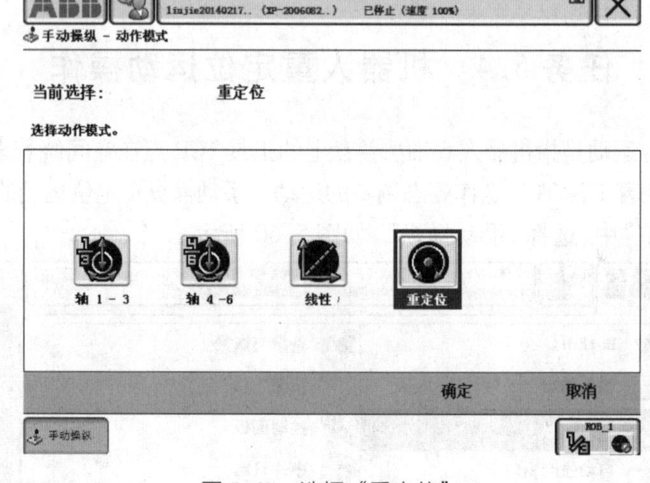

图 5.62　选择“重定位”

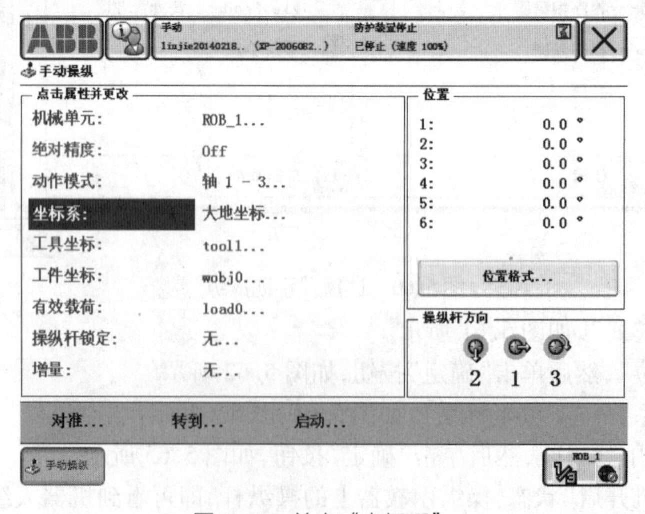

图 5.63　单击“坐标系”

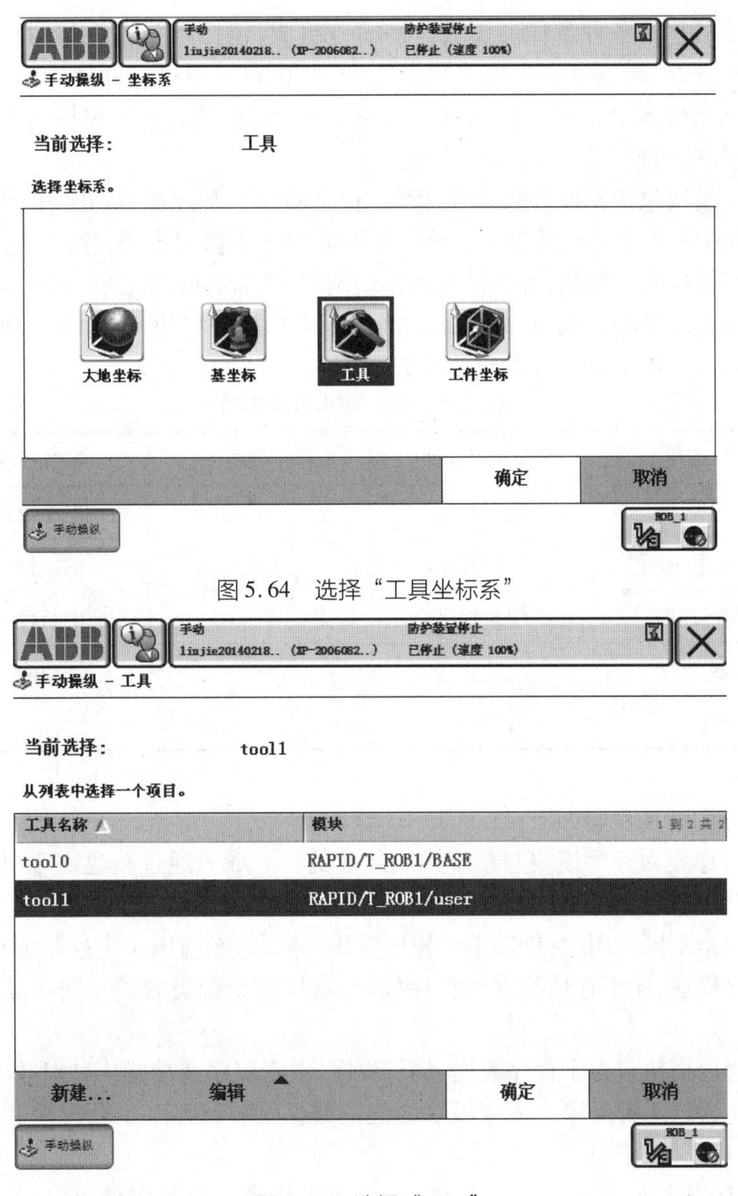

图5.64　选择“工具坐标系”

图5.65　选择“tool1”

任务5.5　ABB机器人的程序及常用指令

5.5.1　认识RAPID程序

认识RAPID程序

在ABB机器人中,对机器人进行逻辑运算、运动控制及I/O控制的编程语言,称为RAPID。RAPID是一种英文编程语言,与计算机编程语言VB,C结构较为相似。所包含的指令可移动机器人、设置端口输出、读取端口输入,还能实现决策、重复其他指令、构造程序以及与机器人操作员交流等。只要有高级计算机高级语言编程的基础,就能快速、熟练地掌握RAPID语言编程。

ABB 机器人程序由各种各样的模块(module)组成,包括系统模块和用户自行建立的模块。编写程序时,通过新建模块来构建机器人程序,用户可根据实际使用情况,建立多个模块。ABB 机器人自带两个系统模块:USER 模块和 BASE 模块。系统模块用于机器人系统的控制。一般情况下,用户无须更改系统模块。

用户建立的模块包括4 种对象:例行程序(procedure)、程序数据(data)、函数(function)、中断(trap)。通常需要建立不同的模块来分类管理不同用途的例行程序和数据。所有例行程序与数据无论存放在哪个模块,都可被其他模块调用,其命名必须是唯一的。在所有模块中,只能有一个例行程序被命名为 main。main 例行程序存放的模块,称为主模块。主模块是机器人程序的主入口。RAPID 程序的组成见表 5.3。

表 5.3　RAPID 程序基本架构

程序模块 1	程序模块 2	程序模块 N	系统模块
程序数据	程序数据	…	程序数据
主程序 main	例行程序	…	例行程序
例行程序	中断程序	…	中断程序
中断程序	功能	…	功能
功能			

RAPID 程序的结构说明如下:

①RAPID 程序是由程序模块与系统模块组成的。一般只通过新建程序模块来构建机器人程序,而系统模块多用于系统方面的控制。

②用户可根据不同的用途,创建多个程序模块。例如,专门用于主控制的程序模块,用于位置计算的程序模块,用于存放数据的程序模块,这样便于归类管理不同用途的例行程序与数据。

③每一个程序模块包含了程序数据、例行程序、中断程序及功能 4 种对象。但是,不一定在每个模块都包含这 4 种对象。程序模块之间的数据、例行程序、中断程序和功能是可以互相调用的。

④在 RAPID 程序中,只有一个主程序 main,存在任意一个程序模块中,并且是作为整个 RAPID 程序执行的起点,其他例行程序都可被主程序 main 调用。

下面通过示教器来创建程序模块和例行程序。

1)建立程序模块

①单击“程序编辑器”,打开程序编辑器界面,如图 5.66 所示。

②单击“取消”按钮,进入模块列表界面,如图 5.67 所示。

③选择“文件”—“新建模块...”,如图 5.68 所示。

④在弹出的提示界面中,单击“是”按钮,如图 5.69 所示。

⑤单击“ABC...”按钮,进行模块名称的设定,然后单击“确定”按钮,如图 5.70 所示。

⑥单击选择模块“Module1”,然后单击“显示模块”选项,就进入了模块“Module1”的编程界面,如图 5.71 所示。

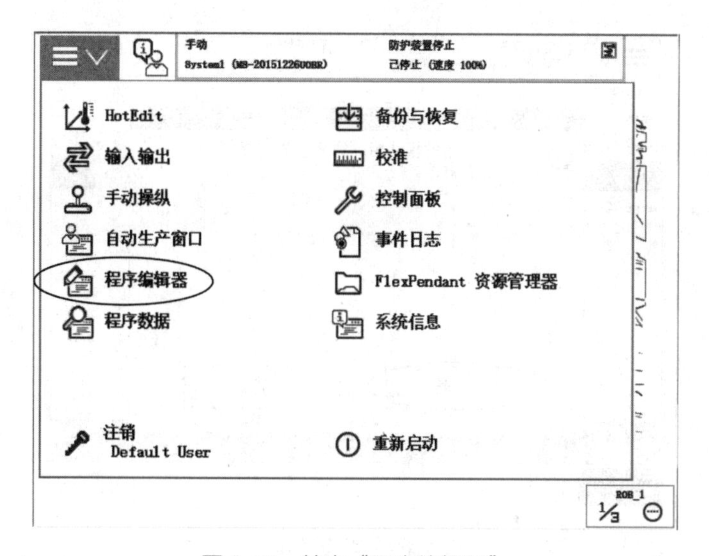

图5.66　单击“程序编辑器”

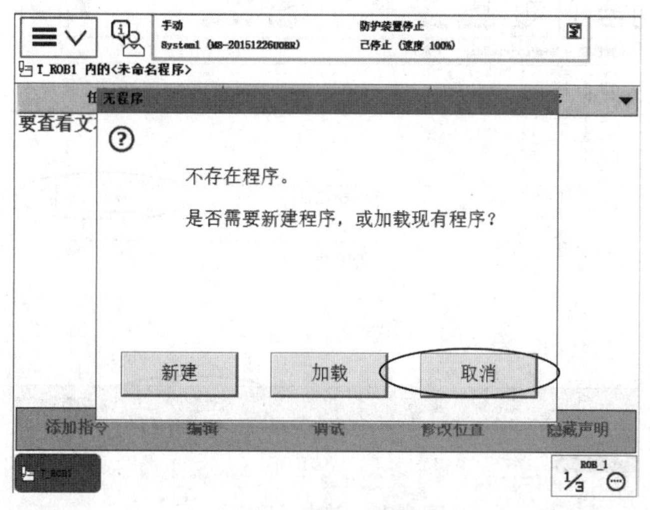

图5.67　单击“取消”

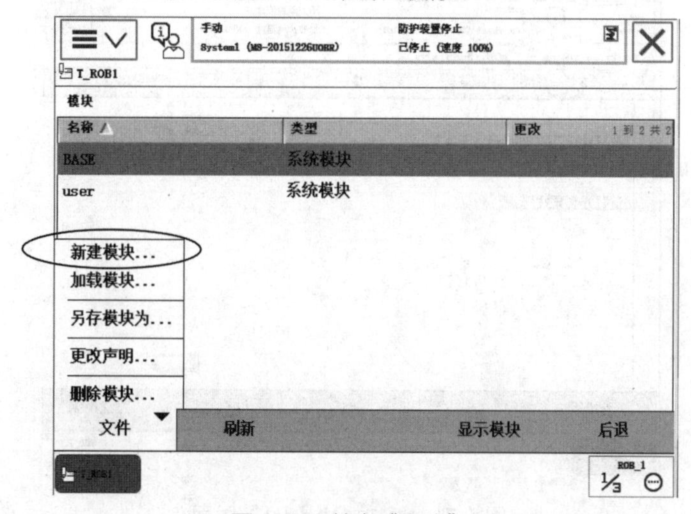

图5.68　单击“取消”

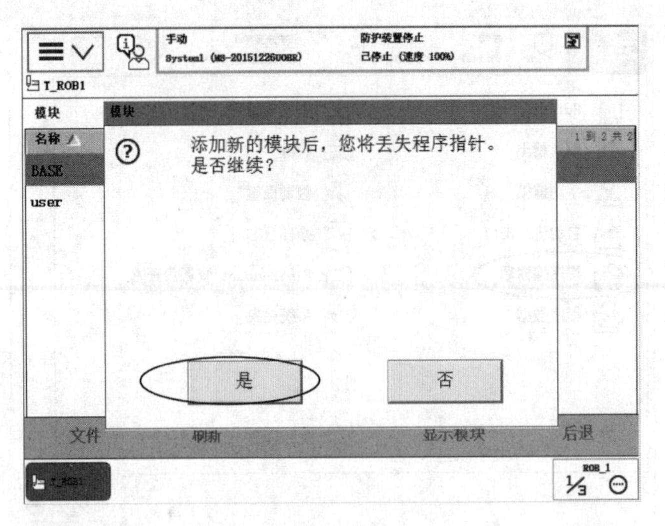

图5.69　单击“是”

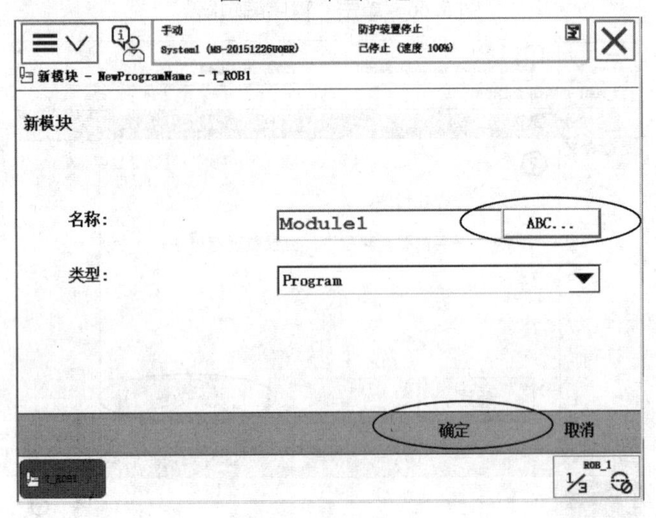

图5.70　单击“确定”

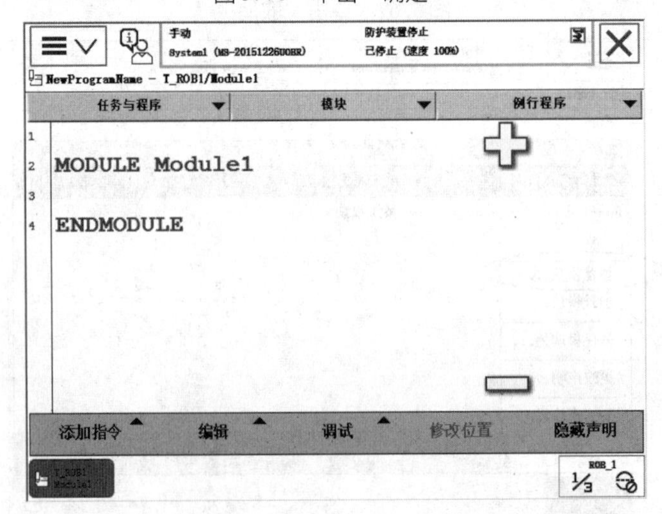

图5.71　模块“Module1”界面

2）建立例行程序

①在模块“Module1”编程界面上，选择“文件”菜单，然后选择“新建例行程序...”选项，如图5.72所示。

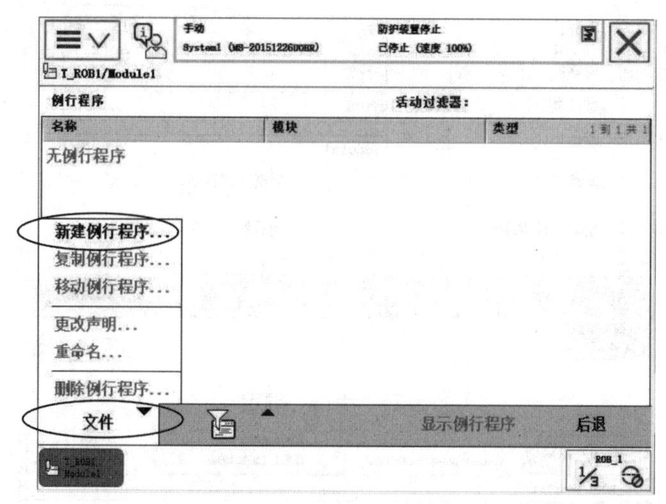

图5.72　新建例行程序

②首先建立一个主程序，单击“ABC...”按钮，将程序名称设定为“main”，如图5.73所示。

图5.73　建立主程序“main”

③用户可根据实际情况需要，建立其他例行程序，主要用于被main程序调用或与其他例行程序互相调用，例行程序的建立步骤和主程序的建立步骤相同。单击“ABC...”按钮，可设定例行程序名称，单击“确定”按钮，完成例行程序的创建，如图5.74所示。

④单击选中主程序或其他例行程序，然后单击“显示例行程序”，即可进行编程操作，如图5.75所示。

认识常用
RAPID 程序指令

5.5.2　认识常用RAPID程序指令

ABB机器人的RAPID编程提供了丰富的指令完成各种简单与复杂的编程应用。下面从最常用的指令开始学习RAPID编程，领略RAPID丰富的

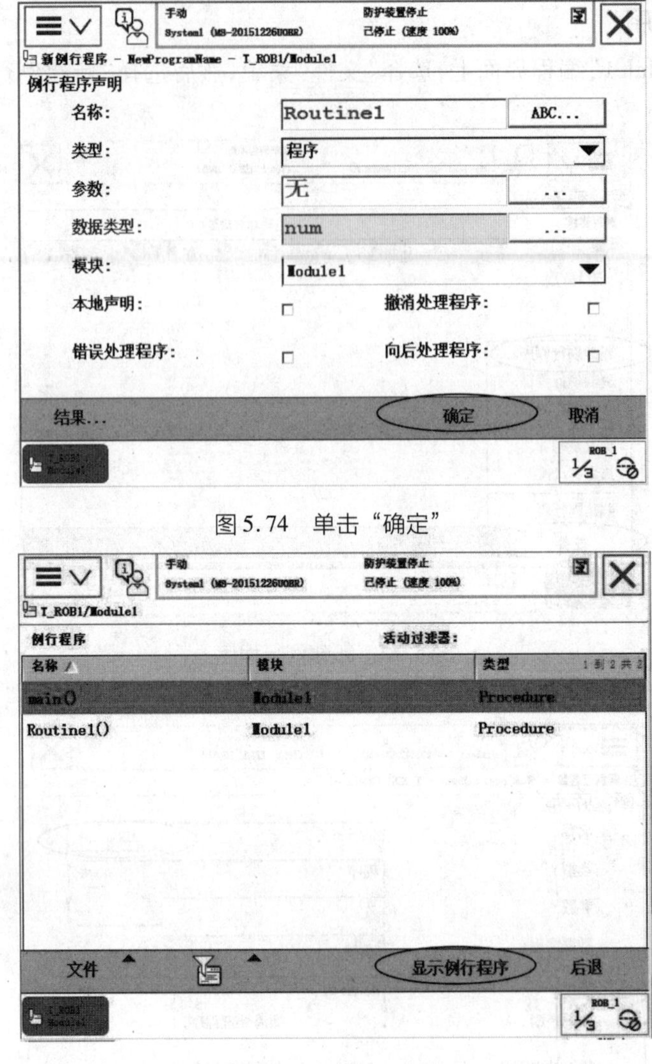

图 5.74　单击“确定”

图 5.75　单击“显示例行程序”

指令集提供的编程便利性。

1)运动指令

(1)关节运动指令 MoveJ

机器人以最快捷的方式运动至目标点,运动状态不完全可控,但运动路径保持唯一,常用于机器人在空间大范围进行移动,不容易在运动过程中出现关节轴进入机械死点的问题。关节运动指令用于对路径精度要求不高的场合,机器人的 TCP 从一个位置移动到另一个位置,两个位置之间的路径不一定是直线。关节运动指令的示意图如图 5.76 所示。

指令示例:

MoveJ p10,v1000,z50,tool1\Wobj:=wobj1;

MoveJ 指令中各参数含义见表 5.4。

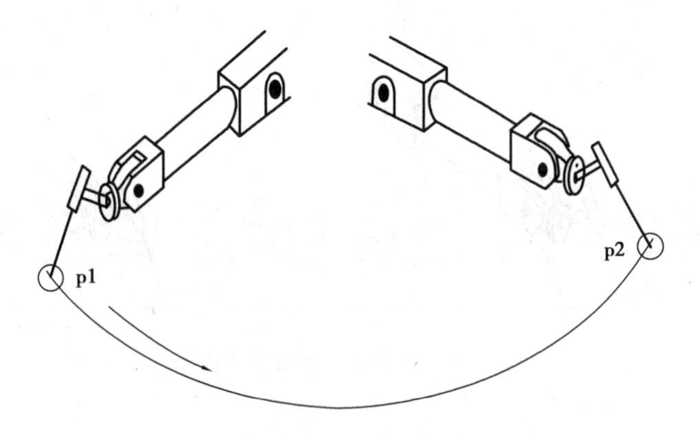

图5.76　MoveJ关节运动示意图

表5.4　MoveJ指令解析

参数	含　义
MoveJ	关节运动指令
p10	目标点位置数据
v1000	运动速度数据
z50	转弯区数据
tool1	工具坐标数据
wobj1	工件坐标数据

各类数据的详细说明如下:

①目标点位置数据

定义了机器人TCP运动的目标点,用户可在示教器中单击“修改位置”进行修改。

②运动速度数据

定义机器人运动速度,单位为mm/s。

③转弯区数据

定义转弯区的半径大小,单位为mm。当此数据设为“fine”时,表明机器人TCP到达目标点,在目标点速度将为零。机器人动作停顿后再往下运动。如果目标点是路径运动的最后一个点,一定设为fine。

④工具坐标数据

定义机器人当前指令使用的工具。

⑤工件坐标数据

定义机器人当前指令使用的工件坐标。

(2)线性运动指令MoveL

线性运动指令MoveL是指机器人TCP从当前点以线性方式运动到目标点,当前点与目标点始终保持一条直线。此时,机器人的运动状态可控,运动路径是保持唯一的。机器人在运动过程中可能出现死点,常用于机器人在工作状态下的移动。一般如焊接、涂胶等应用对路径要求高的场合使用该指令。线性运动示意图如图5.77所示。

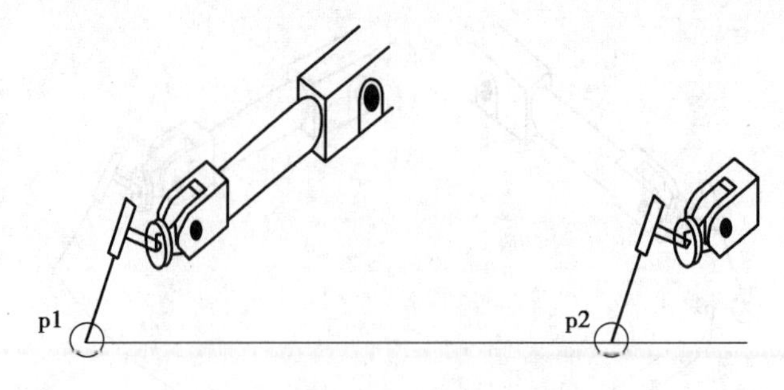

图 5.77 MoveL 线性运动示意图

指令示例:

MoveL p10,v1000,z50,tool1\Wobj:=wobj1;

MoveL 指令中涉及的各个参数,其含义和 MoveJ 指令相同。

(3)圆弧运动指令 MoveC

圆弧运动指令 MoveC 是指机器人 TCP 以圆弧的方式从当前点开始,经过一个中间点,最终运动到目标点位置,当前点、中间点、目标点 3 点决定一段圆弧。圆弧运动时,机器人的运动状态是可控的,运动路径保持唯一。它常用于机器人在工作状态下移动。圆弧运动指令的示意图如图 5.78 所示。

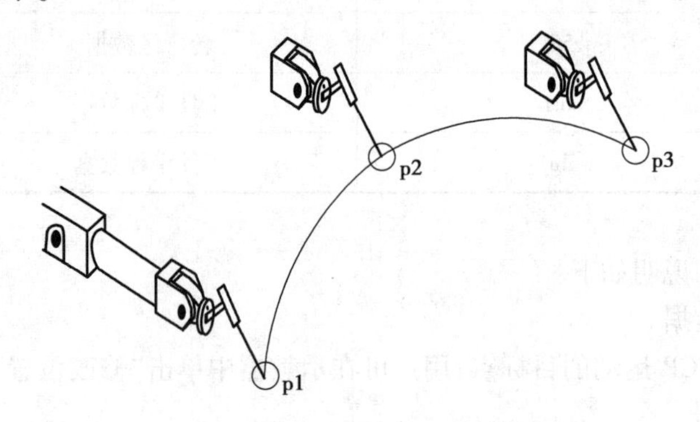

图 5.78 MoveC 圆弧运动示意图

指令示例:

MoveL p10,v1000,fine,tool1\Wobj:=wobj1;

MoveC p20,p30,v1000,z1,tool1\Wobj:=wobj1;

其线性运动指令、圆弧运动指令解析见表 5.5。

表 5.5 MoveC 指令解析

参数	含 义
MoveL	线性运动指令
MoveC	圆弧运动指令
p10	圆弧第一个点(当前点)
p20	圆弧第二个点(中间点)
p30	圆弧第三个点(目标点)

续表

参数	含　义
v1000	运动速度数据
z1	转弯区数据
tool1	工具坐标数据
wobj1	工件坐标数据

(4)绝对位置运动指令 MoveAbsJ

绝对位置运动指令 MoveAbsJ 是指机器人以单轴的运动方式运动至目标点,在运动过程中,绝对不存在死点,运动状态完全不可控。MoveAbsJ 指令常用于机器人 6 个轴回到机械零点位置,应避免在生产过程中使用该指令。绝对位置运动指令是机器人的运动使用 6 个轴和外轴的角度值来定义目标位置数据。

添加 MoveAbsJ 指令步骤如下:

①在主菜单界面下,单击“手动操纵”选项,如图 5.79 所示。

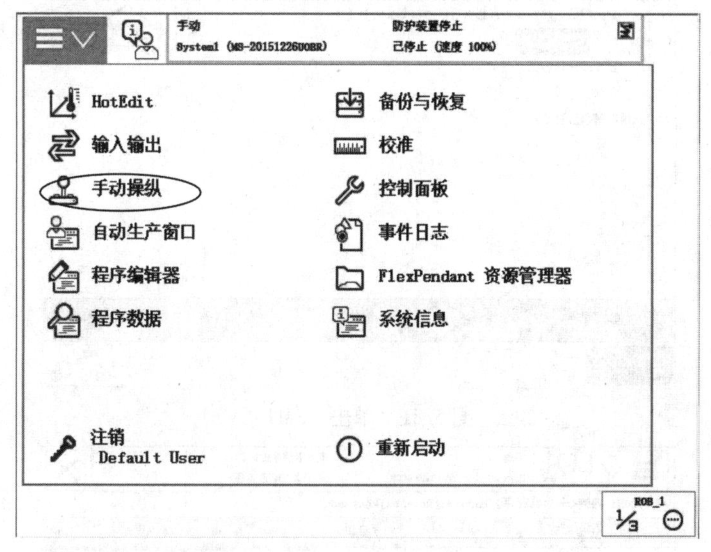

图 5.79　单击“手动操纵”

②确定已选定工具坐标和工件坐标(提示:在添加或修改机器人的运动指令之前,一定要确认所使用的工具坐标与工件坐标),如图 5.80 所示。

③在例行程序中,单击“〈SMT〉”选项,如图 5.81 所示。

④单击“添加指令”选项,打开“添加指令”菜单界面,如图 5.82 所示。

⑤单击“MoveAbsJ”指令,完成添加“MoveAbsJ”指令,如图 5.83 所示。

其中,指令“MoveAbsJ ＊\NoEOffs,v1000,z50,tool1\Wobj:=wobj1;”解析见表 5.6。

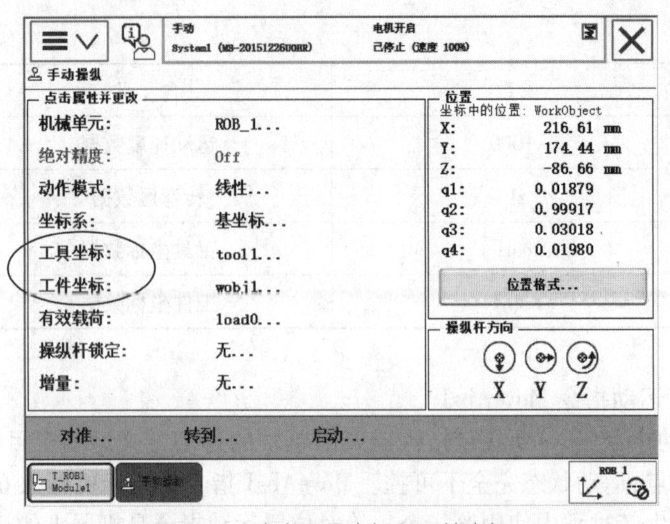

图 5.80　确定工具坐标和工件坐标

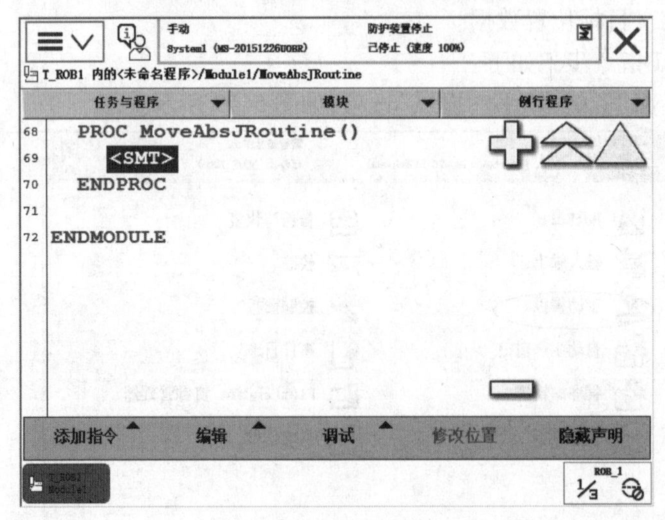

图 5.81　单击“SMT”

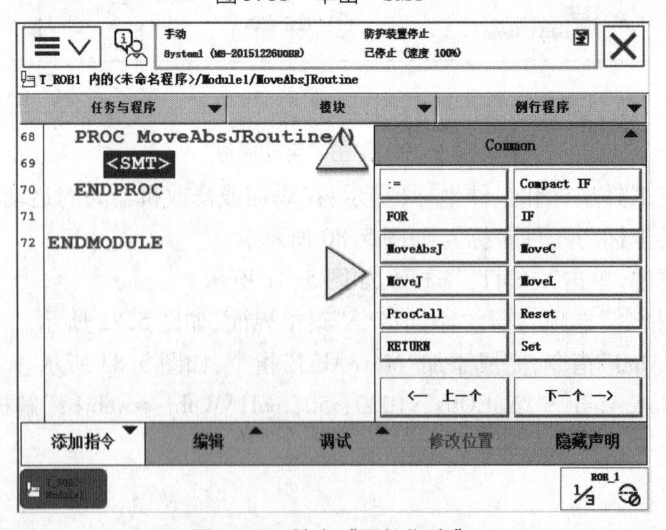

图 5.82　单击“添加指令”

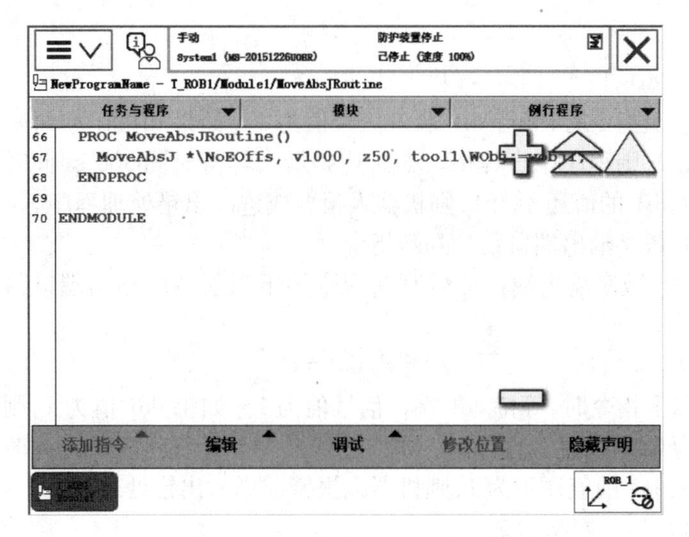

图5.83　单击"MoveAbsJ"指令

表5.6　MoveAbsJ 指令解析

参数	含　义
*	目标点位置数据
\NoEOffs	外轴不带偏移数据
v1000	运动速度数据 1 000 mm/s
z50	转弯区数据
tool1	工具坐标数据
wobj1	工件坐标数据

2)I/O 控制指令

I/O 控制指令主要用于读取机器人的输入端口信号或对输出端口进行输出信号,以达到与机器人周边设备进行通信的目的。下面介绍基本的 I/O 控制指令。

(1)"Set"输出端口信号置位指令

功能:"Set"输出端口信号置位指令用于将数字输出端口置位为"1"。

例如:Set do1;　　　　　　　　　! 设置 do1=1

如果在"Set"指令前有运动指令 MoveL,MoveJ,MoveC,MoveAbsJ 的转弯区数据,必须使用 fine 才可准确地输出 I/O 信号状态的变化。

(2)"Reset"数字输出信号复位指令

功能:"Reset"数字输出信号复位指令用于将数字输出端口信号置位为"0"。

例如:Reset do1;　　　　　　　　! 设置 do1=0

如果在"Reset"指令前有运动指令 MoveL,MoveJ,MoveC,MoveAbsJ 的转弯区数据,必须使用 fine 才可准确地输出 I/O 信号状态的变化。

(3)"WaitDI"数字输入端口信号判断指令

功能:"WaitDI"数字输入端口信号判断指令用于当前数字输入端口信号的值是否与目标

值一致。

例如：WaitDI　di1,1；　　　　　！等待 di1 = 1

当程序执行以上指令时，等待 di1 端口信号值为 1。如果 di1 值为 1，则程序继续往下执行。如果 di1 值为 0，则程序一直等待。如果达到最大等待时间 300 s（此时间可根据实际在参数中设定）以后，di1 的值还不为 1，则机器人报警或进入出错处理程序。

（4）“WaitDO”数字输出端口信号判断指令

功能：“WaitDO”数字输出端口信号判断指令用于当前数字输出端口信号的值是否与目标值一致。

例如：WaitDO　do1,1；　　　　　！等待 do1 = 1

当程序执行以上指令时，等待 do1 端口信号值为 1。如果 do1 值为 1，则程序继续往下执行。如果 do1 值为 0，则程序一直等待。如果达到最大等待时间 300 s（此时间可根据实际在参数中设定）以后，do1 的值还不为 1，则机器人报警或进入出错处理程序。

（5）“WaitUntil”信号判断指令

功能：“WaitUntil”信号判断指令用于布尔量、数字量和 I/O 信号值当前数字输出端口信号的值是否与目标值一致。

例如：WaitUntil flag1 = true；　　　　！等待 flag1 为真

当程序执行以上指令时，等待 flag1 变量状态。如果 flag1 值为真，则程序继续往下执行。如果 flag1 值为假，则程序一直等待。如果达到最大等待时间 300 s（此时间可根据实际在参数中设定）以后，flag1 的值还不为真，则机器人报警或进入出错处理程序。

3）逻辑指令

同 C 语言程序类似，ABB 机器人的条件逻辑判断指令用于对条件判断后，执行相应的操作，是 RAPID 程序中的重要组成部分。

（1）“IF 条件判断指令”

“IF 条件判断指令”主要用于根据不同的条件执行不同的指令，如图 5.84 所示。

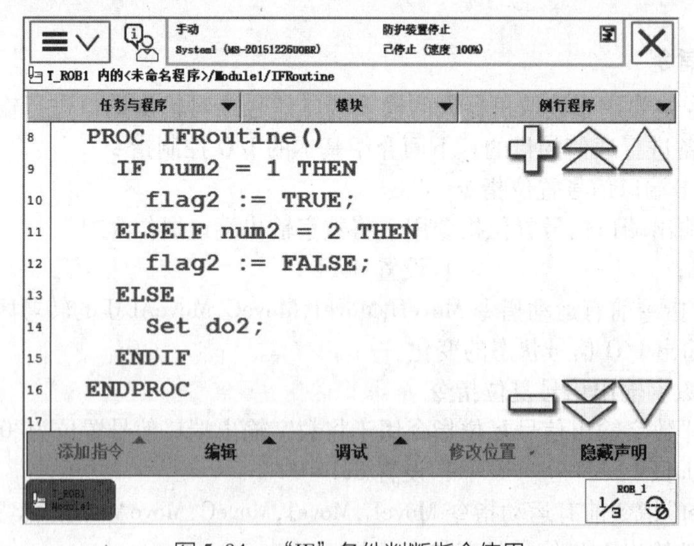

图 5.84　“IF”条件判断指令使用

当 num2 为 1 时，则 flag2 会被赋值为 TRUE；当 num2 为 2 时，则 flag2 会被赋值为 FALSE。如果以上两种条件都不满足，程序则执行 ELSE 部分，将 do2 置位为 1。

条件判定的条件数量可根据实际应用的情况进行增减。

(2)“FOR”重复执行判断指令

功能:“FOR”重复执行判断指令根据循环变量在指定范围内递增或递减而重复执行语句块,主要用于一个或多个指令需要重复执行数次(执行次数确定)的情况。

FOR<循环变量>FROM<初始值>TO<终止值>[STEP<步长>]DO

<语句块>

ENDFOR

循环开始时,循环变量从初始值开始,如果未指定 STEP 步长值,则默认 STEP 值为 1,如果是递减的情况,STEP 值设定为-1。每次循环时,都要重新计算循环变量,只要变量不在循环范围内,循环将结束,程序继续执行后续的语句。如图 5.85 所示,例行程序 CompactIFRoutine 将重复执行 20 次。

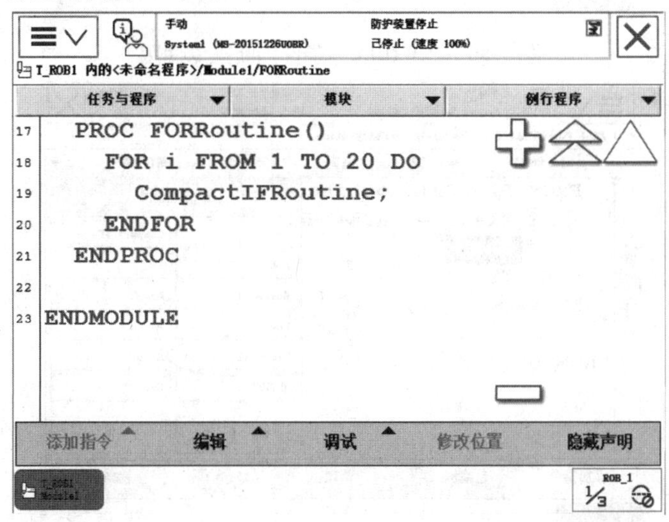

图 5.85 “FOR”重复执行判断指令使用

(3)“WHILE”条件判断指令

功能:“WHILE”条件判断指令主要用于在给定条件满足(条件表达式为真)的情况下,程序会一直重复执行对应的指令(语句块)。一旦条件不满足(表达式求值为假),就不会执行语句块指令,循环结束,继续执行循环后续指令。

WHILE<条件表达式>DO

<语句块>

ENDWHILE

如图 5.86 所示,在“num3>num4”条件满足的情况下,程序就会一直执行“num2:=num2+1”的操作。

4)其他常用指令

(1)“ProcCall”调用例行程序指令

功能:与 C 语言函数调用功能类似,“ProcCall”调用例行程序指令用于在指定位置调用例行程序。其操作步骤如下:

①打开一个例行程序,选择“<SMT>”即为要调用例行程序的位置,并在“添加指令”列表中选择“ProcCall”指令,如图 5.87 所示。

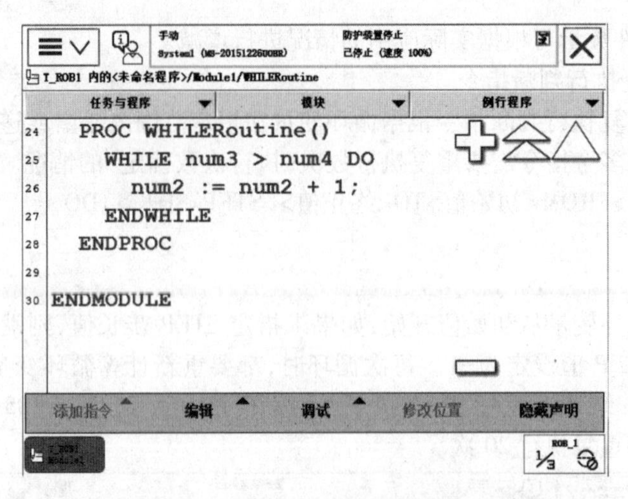

图 5.86　“WHILE”条件判断指令使用

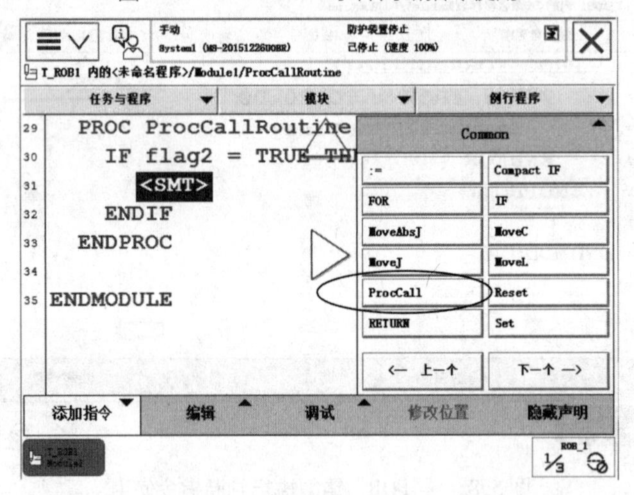

图 5.87　选择“ProcCall”指令

②在例行程序页面，选择要调用的例行程序，然后单击“确定”按钮，如图 5.88 所示。

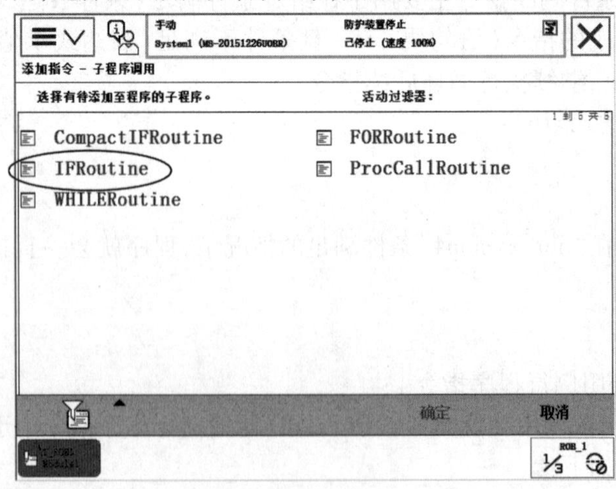

图 5.88　选择要调用的例行程序

③例行程序调用成功,如图5.89所示。

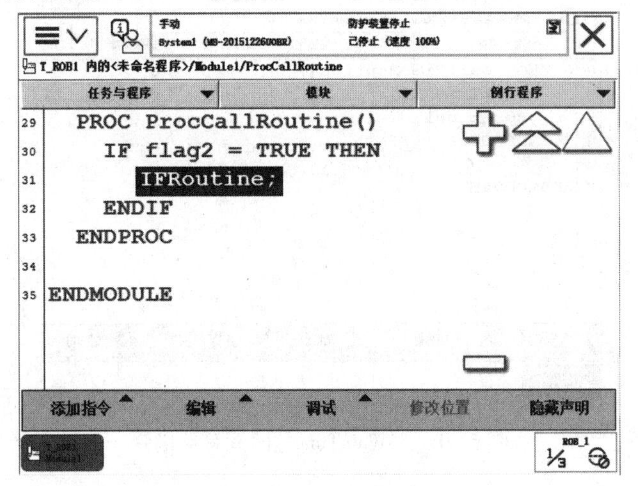

图5.89　调用例行程序

(2)“RETURN”返回例行程序指令(见图5.90)

功能:与C语言“Return”调用功能类似,“RETURN”返回例行程序指令被执行时,则立刻结束本例行程序的执行,返回程序指针到调用此例行程序的位置。

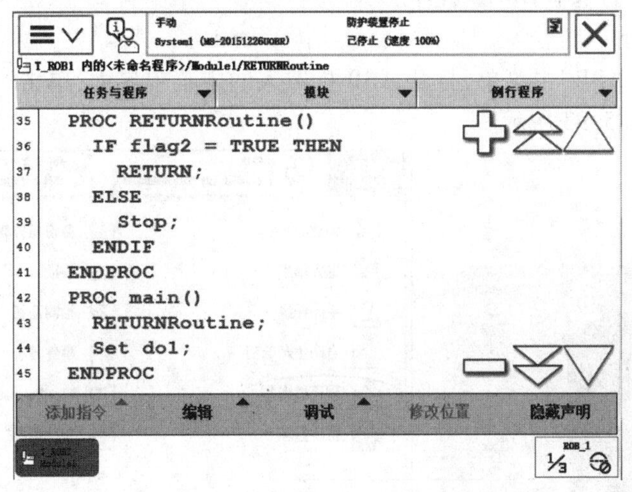

图5.90　“RETURN”返回例行程序指令

当di2=1时,接下来将执行“RETURN”指令,程序指针返回至调用“rMoveRoutine2”的位置,并将继续向下执行“Set do2”这个指令,如图5.91所示。

(3)“WainTime”时间等待指令(见图5.91)

功能:与C语言的“delay”延时指令类似,“WainTime”时间等待指令主要用于程序在等待一个指定的之间后,再继续往下执行。

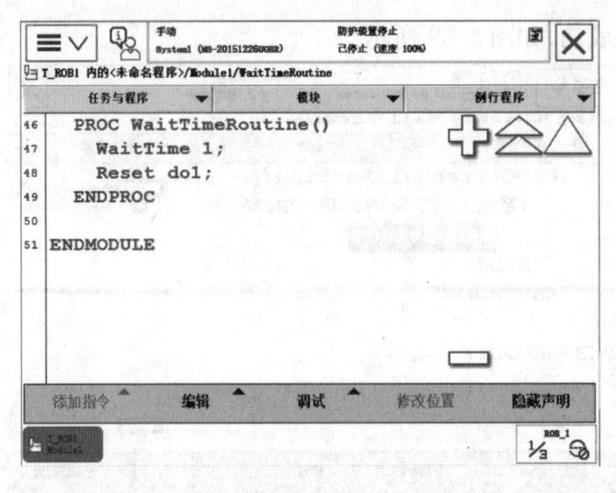

图 5.91 "WainTime"时间等待指令

任务 5.6 建立一个可运行的基本 RIPID 程序

建立一个可以运行的基本 PAPID 程序

以如图 5.92 所示的物体为例,让机器人沿着物体的边缘画一段轨迹,建立一个可运行的基本 RIPID 程序。

其操作步骤如下:

①单击左上角"ABB"主菜单,打开 ABB 机器人的主菜单界面,单击"程序编辑器",如图 5.93 所示。

图 5.92 对象工件

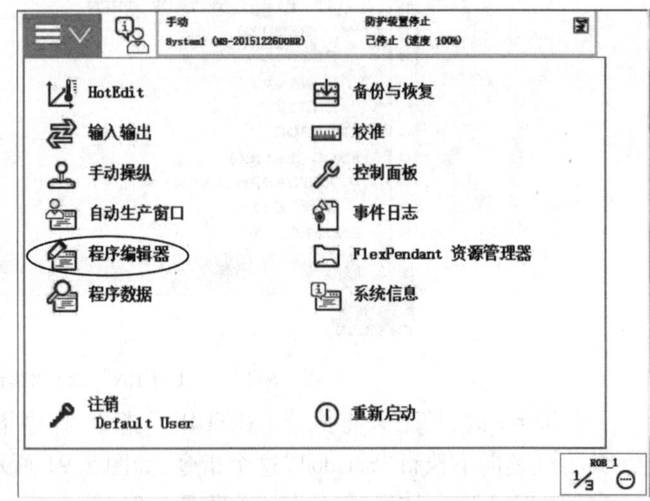

图 5.93 单击"程序编辑器"

②在弹出的对话框中,单击"取消"按钮,如图 5.94 所示。

③选择"文件"菜单,然后在弹出的菜单中单击"新建模块...",如图 5.95 所示。

④在弹出的对话框中,单击"是"按钮,如图 5.96 所示。

⑤在"名称"一栏中,单击"ABC..."按钮进行模块名称的设定,然后单击"确定"按钮,如图 5.97 所示。

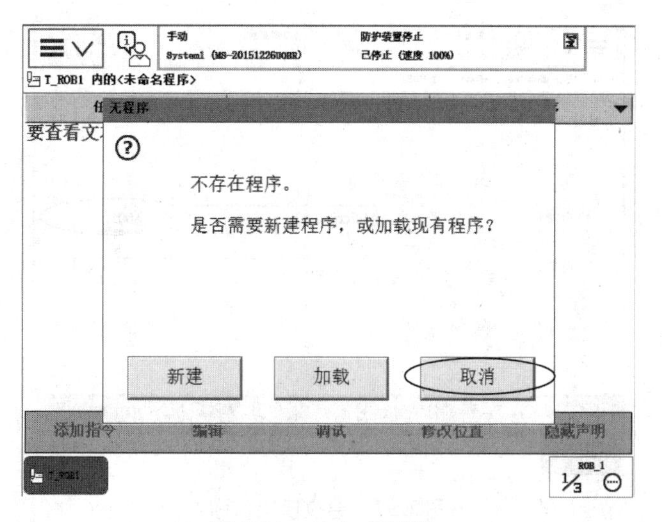

图5.94　单击“取消”

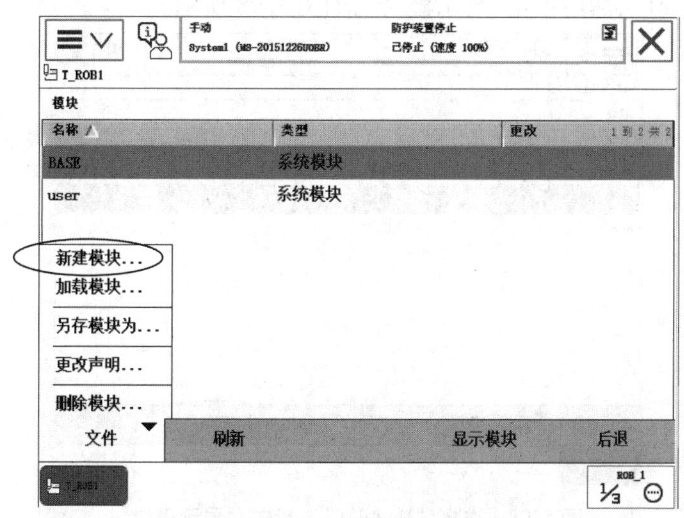

图5.95　单击“新建模块”

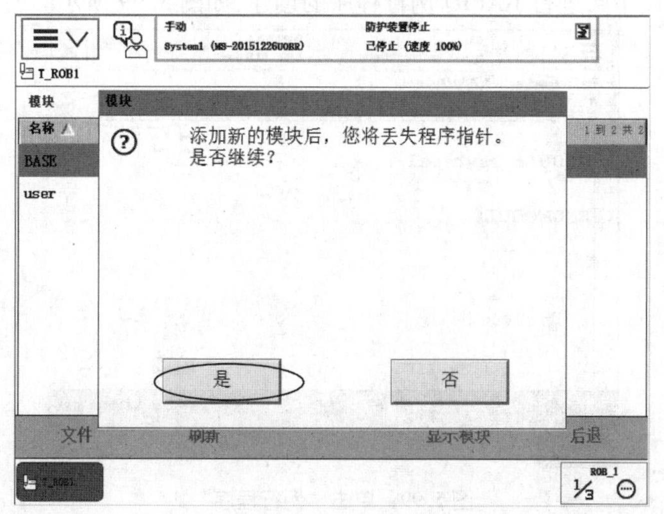

图5.96　单击“是”按钮

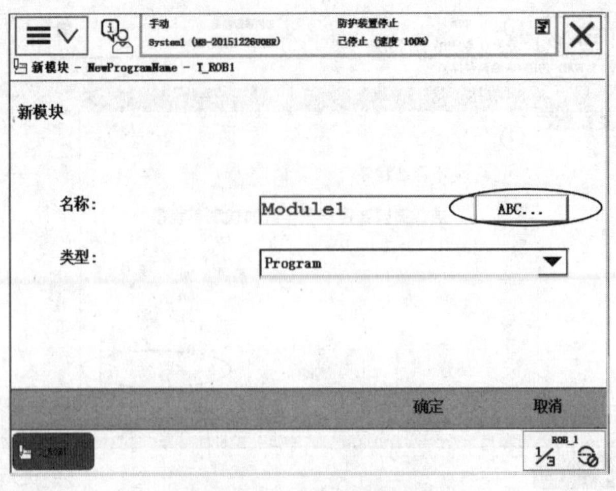

图 5.97　更改模块名称

⑥选择“Module1”,然后单击“显示模块”,如图 5.98 所示。

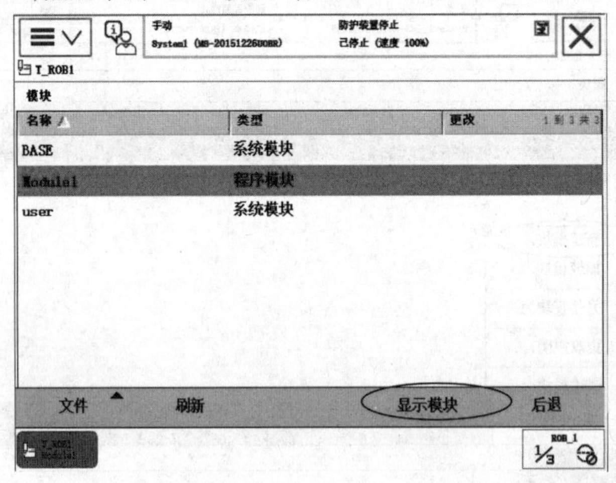

图 5.98　选择“Module1”，单击“显示模块”

⑦单击“例行程序”,进行 RAPID 例行程序的创建,如图 5.99 所示。

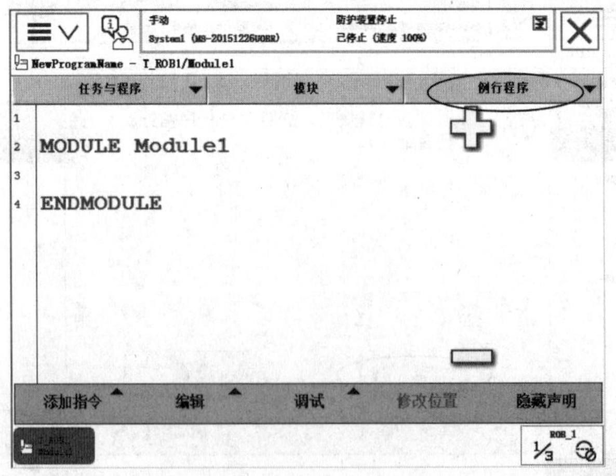

图 5.99　单击“例行程序”

⑧在 Module1 模块界面，选择“文件”菜单，然后单击“新建例行程序…”，如图 5.100 所示。

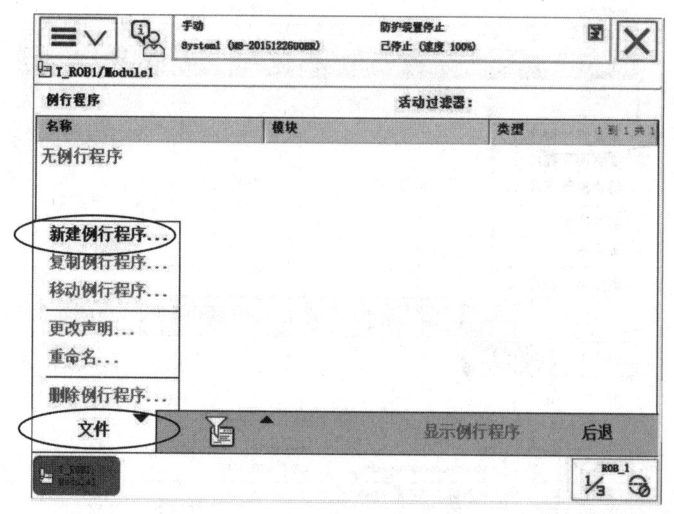

图 5.100 单击“新建例行程序”

⑨首先创建一个主程序，并将其命名为“main”，然后单击“确定”按钮，如图 5.101 所示。

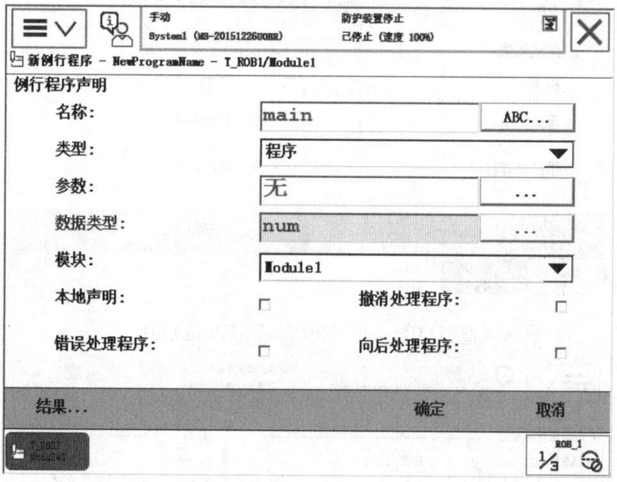

图 5.101 创建主程序“main”

⑩在完成 main 主程序创建后，选择“文件”菜单，创建例行程序 Routine1，如图 5.102、图 5.103 所示。

⑪返回 ABB 主菜单，单击进入“手动操纵”界面，确认已选择要使用的工具坐标系和工件坐标系，如图 5.104 所示。

⑫回到程序编辑器界面，单击“显示例行程序”，然后单击“Routine1”例行程序，如图 5.105 所示。

⑬在例行程序编程界面，单击“添加指令”菜单，在窗口右边打开指令列表，如图 5.106 所示。

⑭在指令列表中，选择“MoveJ”指令，如图 5.107 所示。

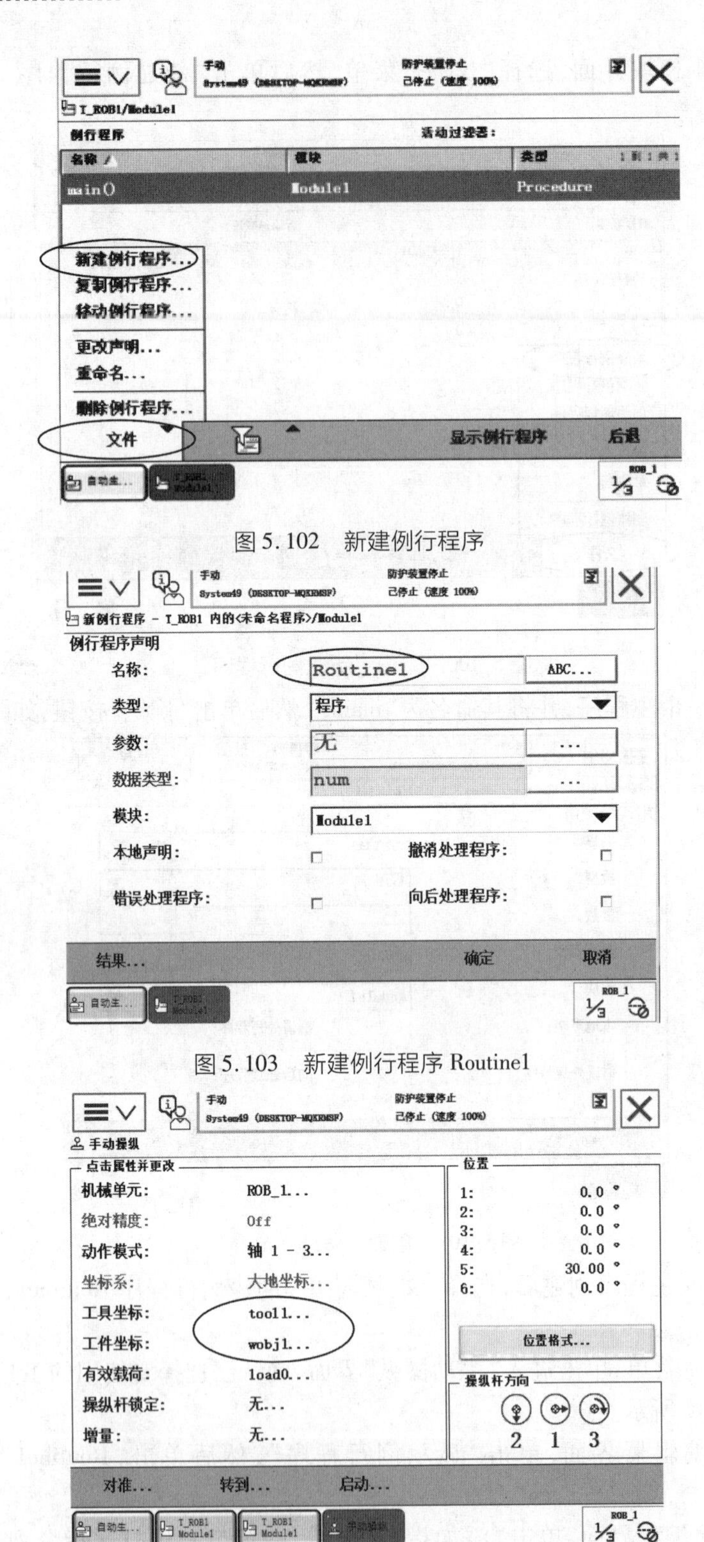

图 5.102　新建例行程序

图 5.103　新建例行程序 Routine1

图 5.104　确认工具坐标系和工件坐标系

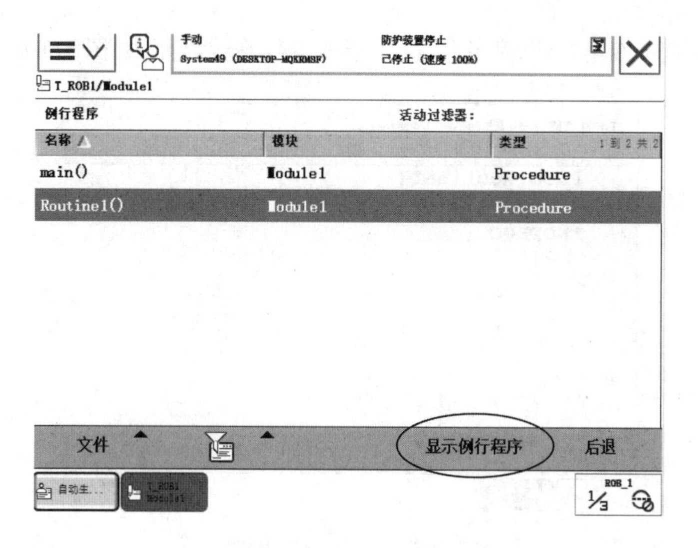

图 5.105　显示“Routine1”例行程序

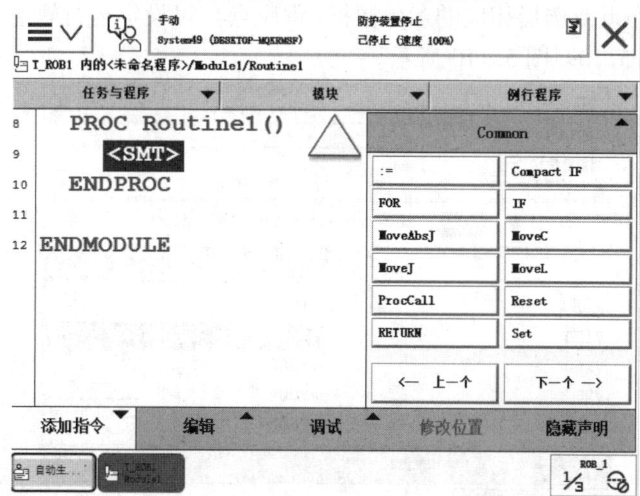

图 5.106　单击“添加指令”

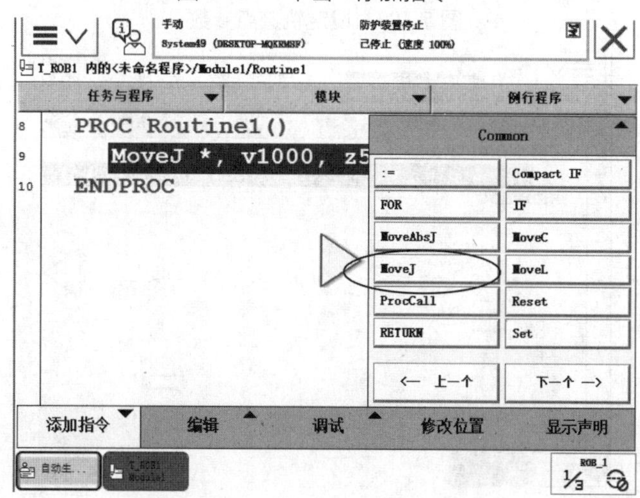

图 5.107　添加“MoveJ”指令

⑮关闭指令列表，双击“ * ”程序点，进入指令参数修改界面，如图 5.108 所示。

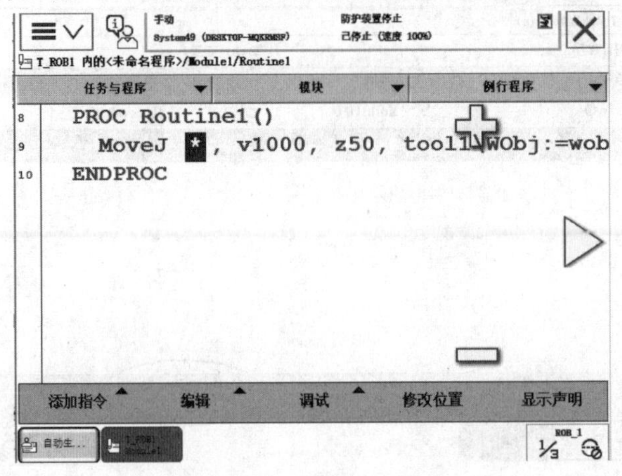

图 5.108　双击“ * ”程序点

⑯通过新建程序点或选择相应的参数数据（程序点），可设定运行轨迹点的名称、速度、转弯半径等数据，如图 5.109、图 5.110 所示。

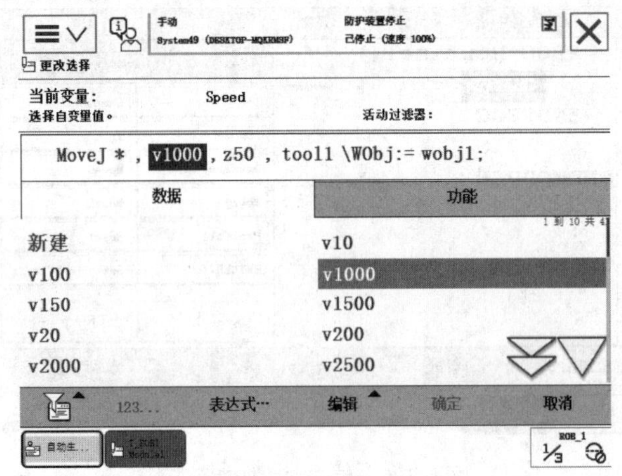

图 5.109　设定轨迹点参数

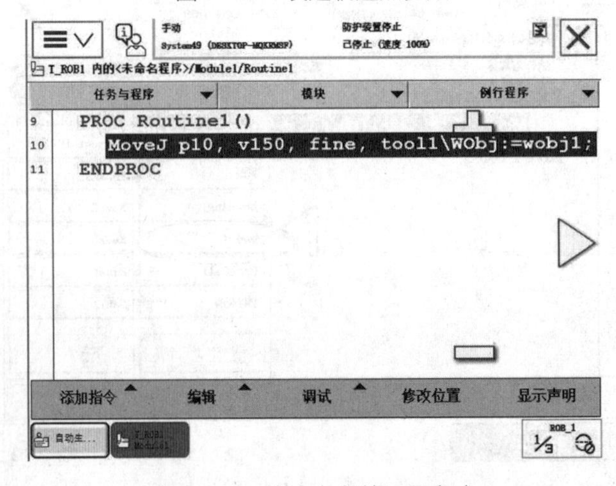

图 5.110　轨迹点参数设置完成

⑰选择合适的动作模式，将机器人移至如图5.111所示位置，作为机器人的空闲等待点p10。

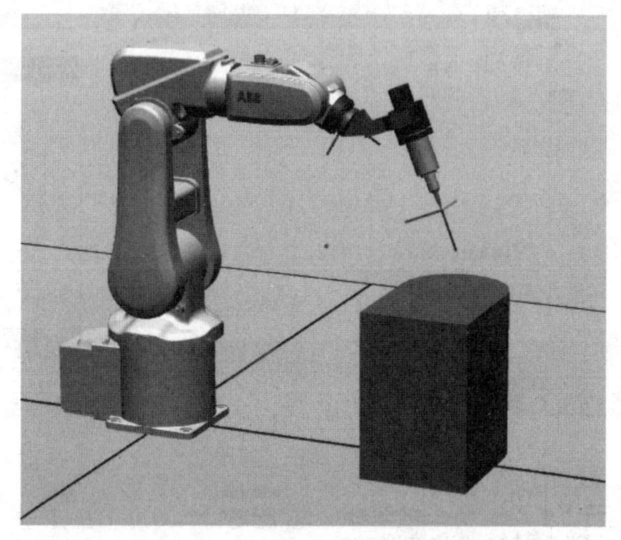

图5.111　机器人移至空闲等待点

⑱选中p10点，单击“修改位置”，将机器人当前位置记录到p10点，p10点即机器人的空闲等待点，如图5.112所示。

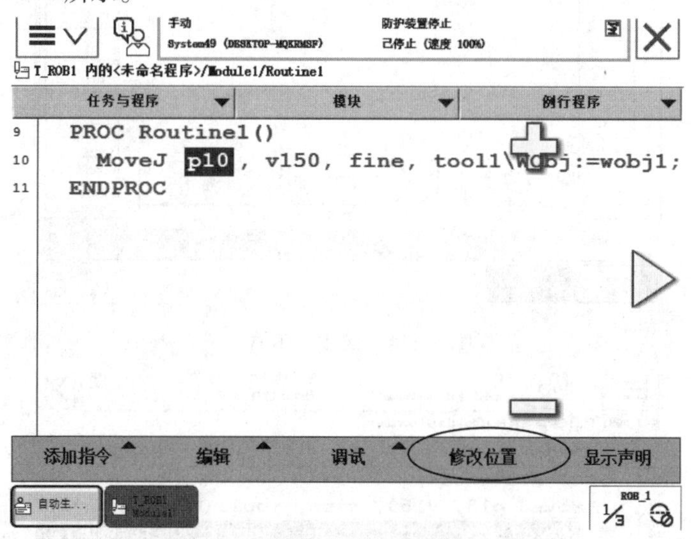

图5.112　选中p10，单击“修改位置”

⑲单击“修改”按钮进行位置确认，如图5.113所示。

⑳添加第二条指令“MoveJ”，选择在下方插入，并将程序的各部分参数值设置为合适的参数值，如图5.114、图5.115所示。

㉑手动操纵机器人，将机器人移至如图5.116所示的位置，作为机器人的轨迹起点p20。

㉒选中p20点，单击“修改位置”。在随后弹出的界面中，单击“修改”按钮，将机器人当前位置记录到p20中，如图5.117、图5.118所示。

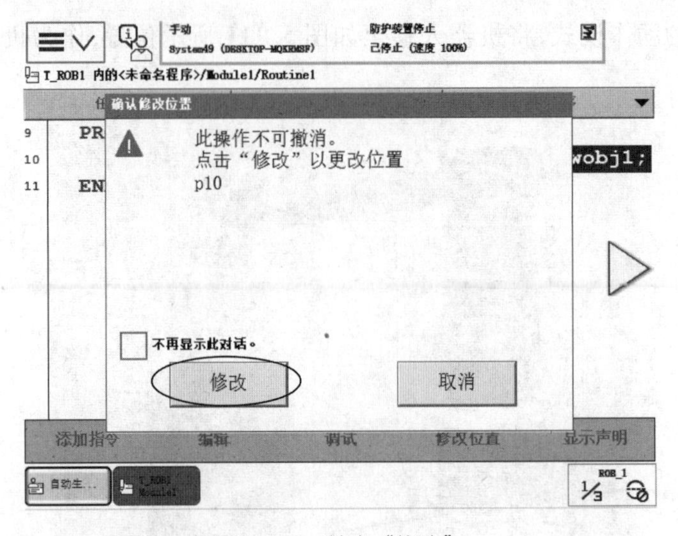

图 5.113　单击“修改”

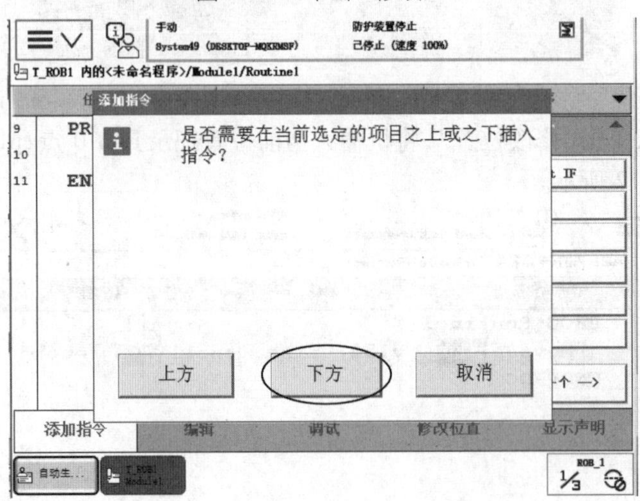

图 5.114　单击“下方”

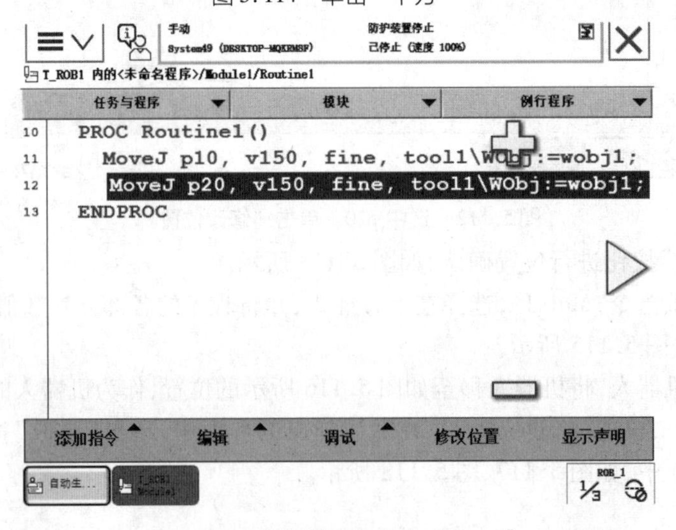

图 5.115　添加第二条指令“MoveJ”

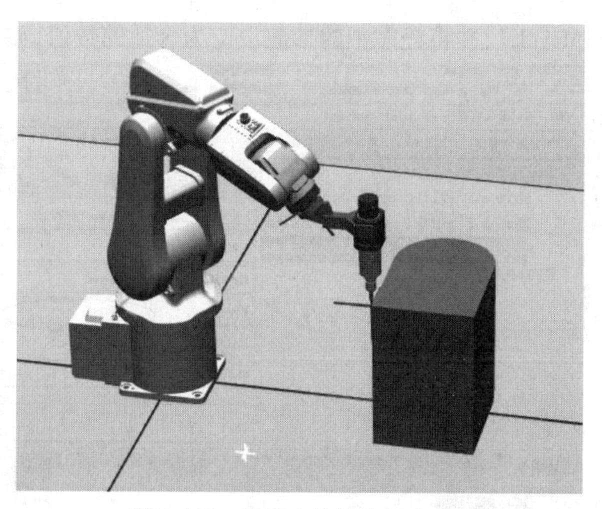

图5.116　机器人的轨迹起点p20

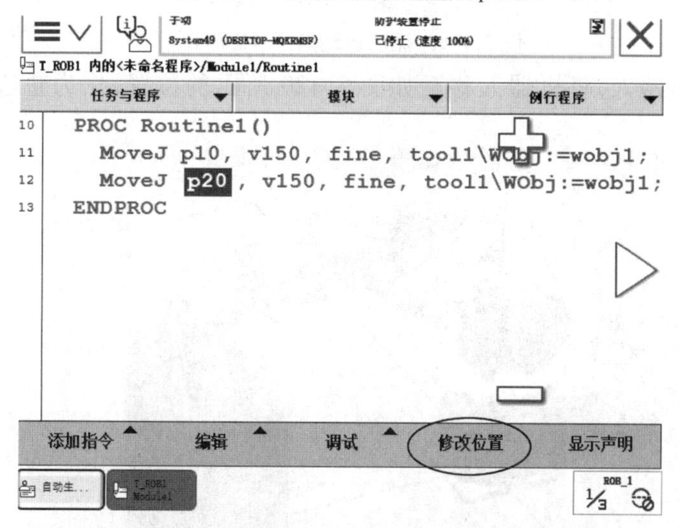

图5.117　选中p20点，单击“修改位置”

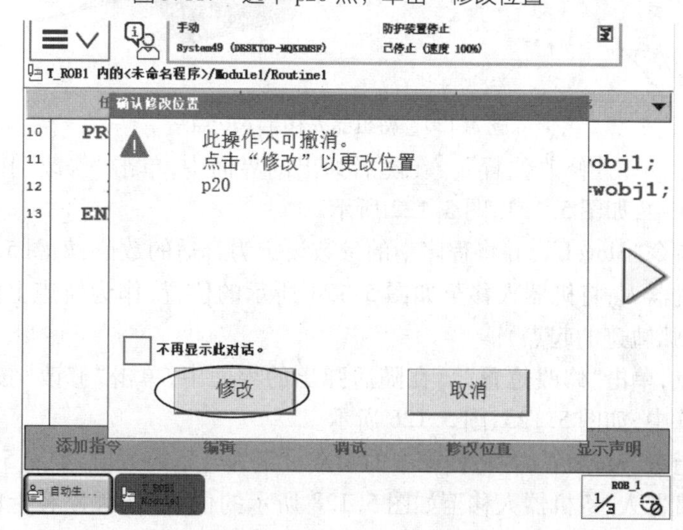

图5.118　单击“修改”

㉓添加运动指令“MoveL”,并将程序中的参数设定为合适的数值,如图 5.119 所示。

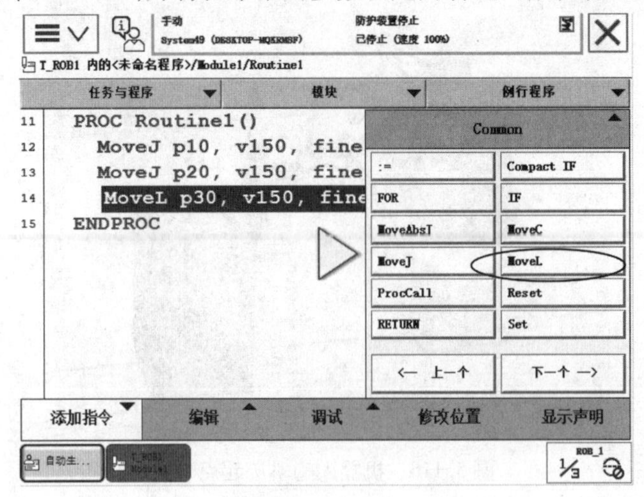

图 5.119　添加运动指令“MoveL”

㉔手动操纵机器人,将机器人移至如图 5.120 所示的位置,作为轨迹上的第二个点,p30 点。

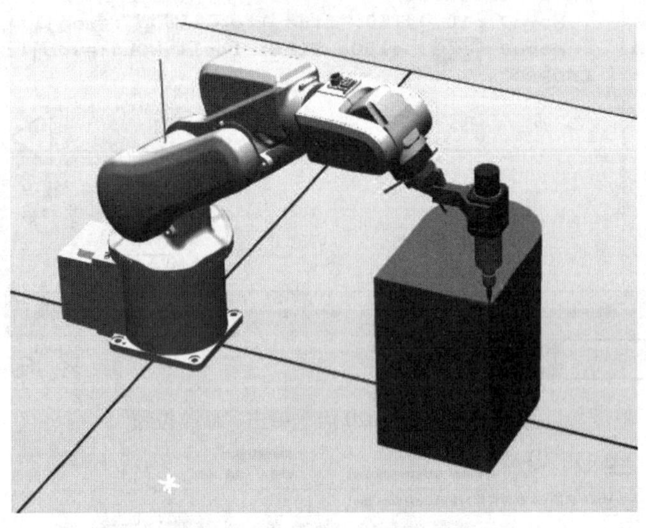

图 5.120　将机器人移至 p30 点

㉕选中 p30 点,单击“修改位置”。在随后弹出的界面中,单击“修改”按钮,将机器人当前位置记录到 p30 中,如图 5.121、图 5.122 所示。

㉖添加运动指令“MoveL”,并将程序中的参数设定为合适的数值,如图 5.123 所示。

㉗手动操纵机器人,将机器人移至如图 5.124 所示的位置,作为轨迹上的第三个点,p40 点(此点也作为圆弧轨迹的起点)。

㉘选中 p40 点,单击“修改位置”。在随后弹出的界面中,单击“修改”按钮,将机器人当前位置记录到 p40 中,如图 5.125、图 5.126 所示。

㉙添加运动指令“MoveC”,并将程序中的参数设定为合适的数值,如图 5.127 所示。

㉚手动操纵机器人,将机器人移至如图 5.128 所示的位置(圆弧路径上的一个点),作为轨迹上的第 4 个点,即 p50 点。

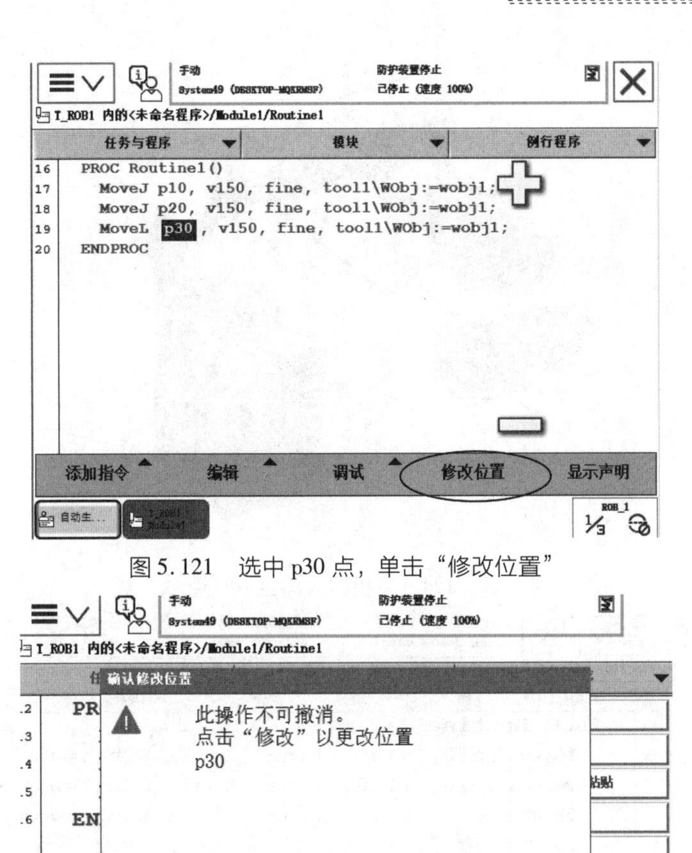

图 5.121　选中 p30 点，单击“修改位置”

图 5.122　单击“修改”

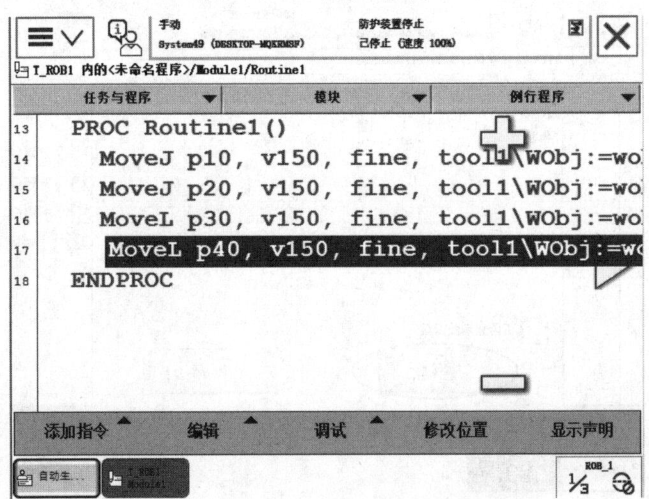

图 5.123　添加运动指令“MoveL”

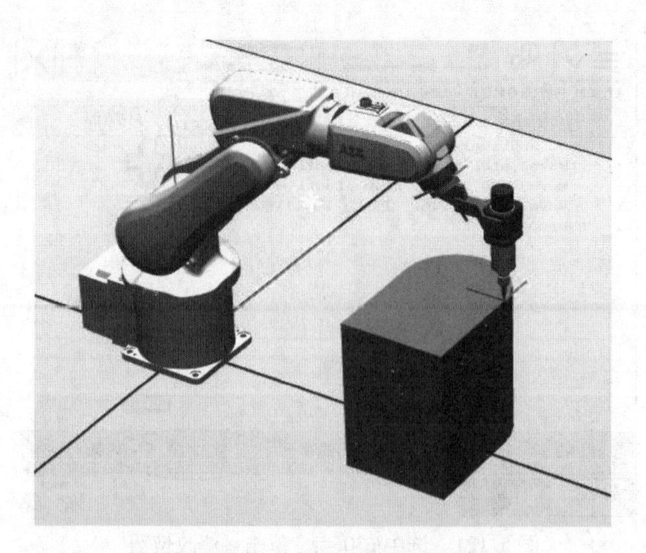

图 5.124　将机器人移至 p40 点

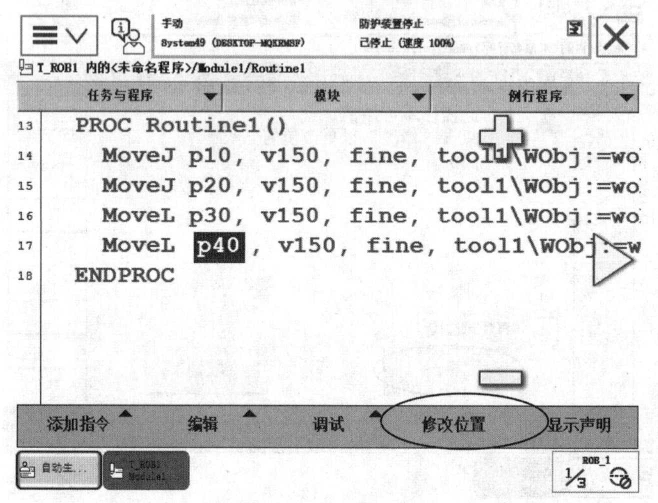

图 5.125　选中 p40 点，单击“修改位置”

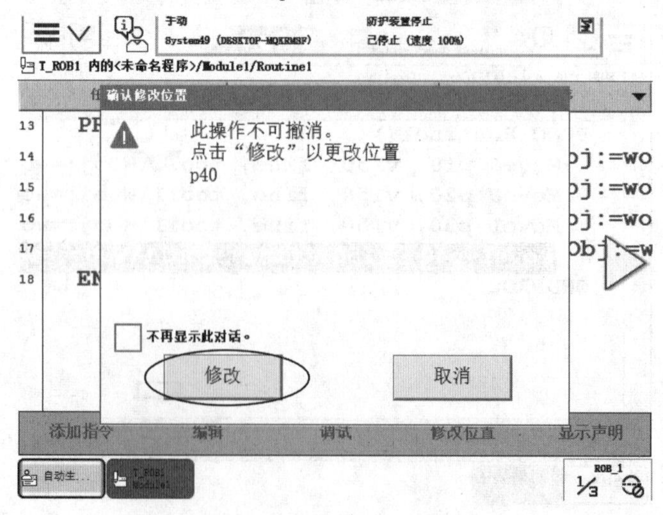

图 5.126　单击“修改”

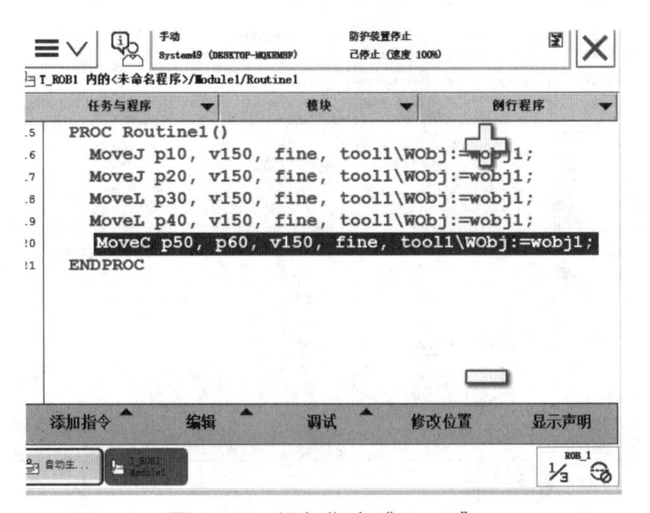

图 5.127　添加指令“MoveC”

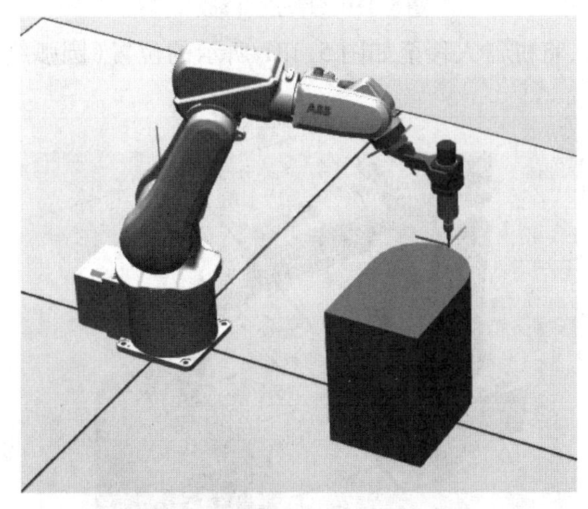

图 5.128　将机器人移至 p50 点

㉛选中 p50 点，单击“修改位置”。在随后弹出的界面中，单击“修改”按钮，将机器人当前位置记录到 p50 中，如图 5.129、图 5.130 所示。

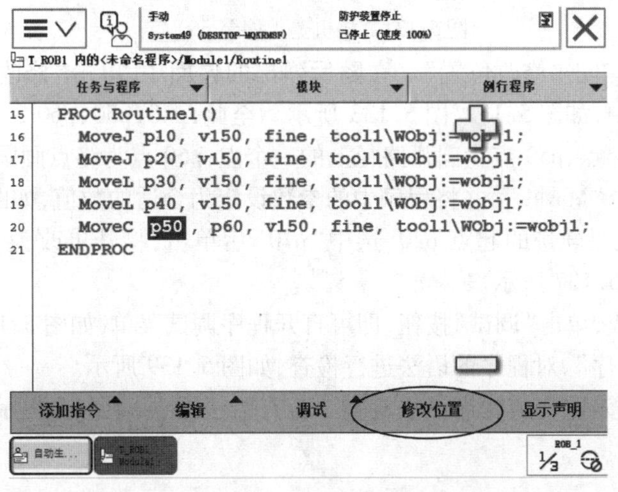

图 5.129　选中 p50 点，单击“修改位置”

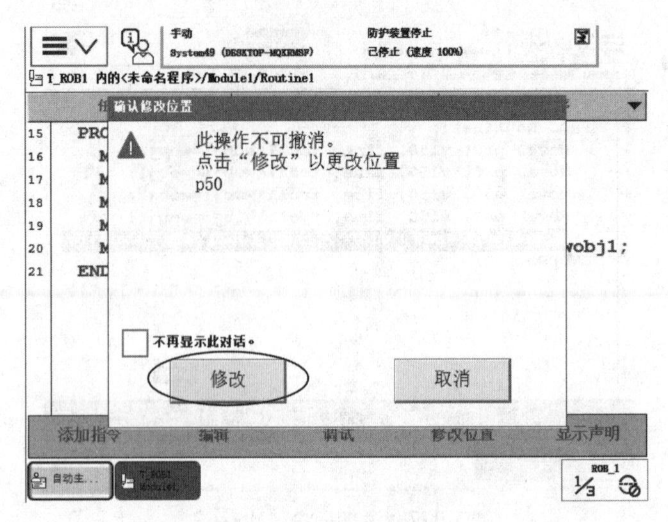

图5.130　单击“修改”

㉜手动操纵机器人，将机器人移至如图5.131所示的位置（圆弧终点），作为轨迹上的第5个点，即p60点。

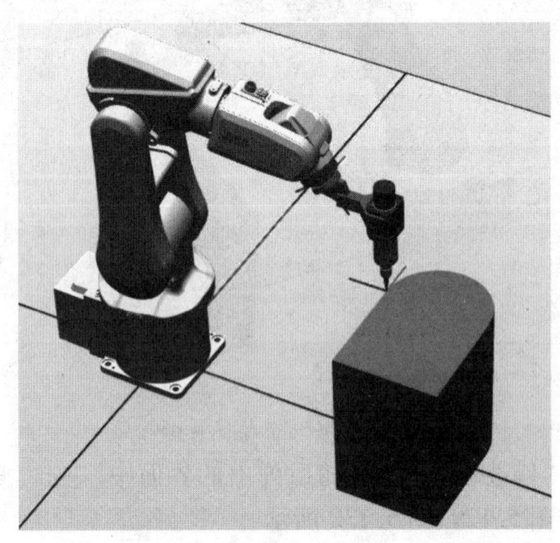

图5.131　将机器人移至p60点

㉝选中p60点，单击“修改位置”。在随后弹出的界面中，单击“修改”按钮，将机器人当前位置记录到p60中，如图5.132、图5.133所示。至此，p40，p50，p60 3点确定一段圆弧，机器人将以p40点为起点，p50点为圆弧路径上的一个点，p60点为终点画圆。

㉞添加运动指令“MoveL”，并将程序中的参数设定为合适的数值，如图5.134所示。

㉟p70点位置也是轨迹的起点p20，选中“p70”后单击，将其更改为p20，单点“确定”按钮，如图5.135—图5.137所示。

㊱程序编写完成，单击“调试”按钮，即可打开程序调试菜单，如图5.138所示。

㊲单击“检查程序”，对程序的语法进行检查，如图5.139所示。

㊳单击“确定”按钮，完成程序语法检查。若有语法错误，系统会提示出错位置与建议操作，如图5.140所示。

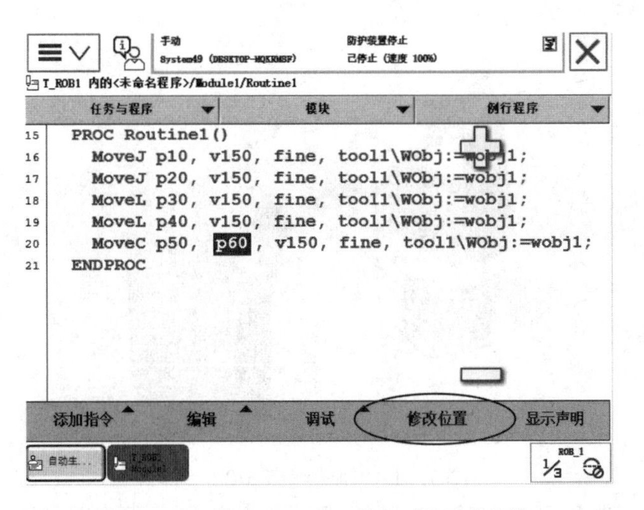

图 5.132 选中 p60 点，单击“修改位置”

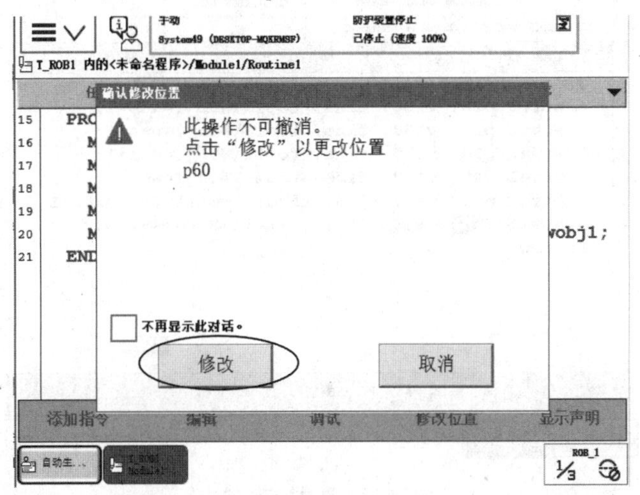

图 5.133 单击“修改”

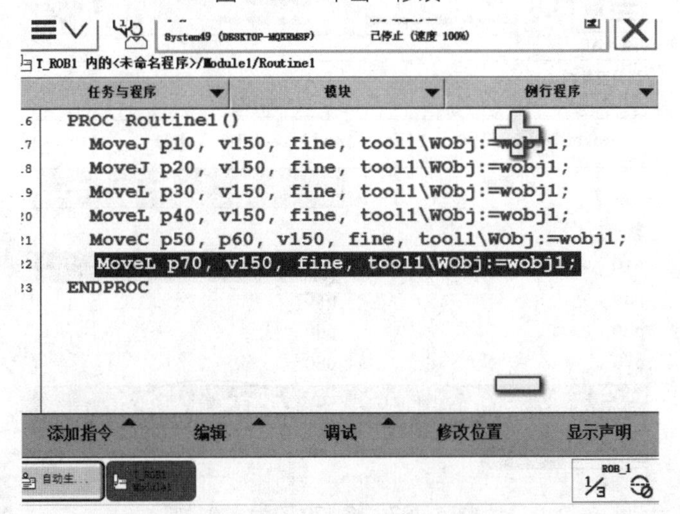

图 5.134 添加运动指令“MoveL”

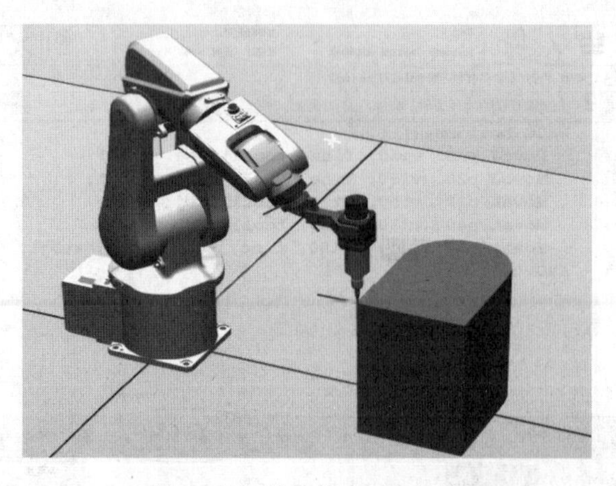

图 5.135　轨迹终点 p70 位置

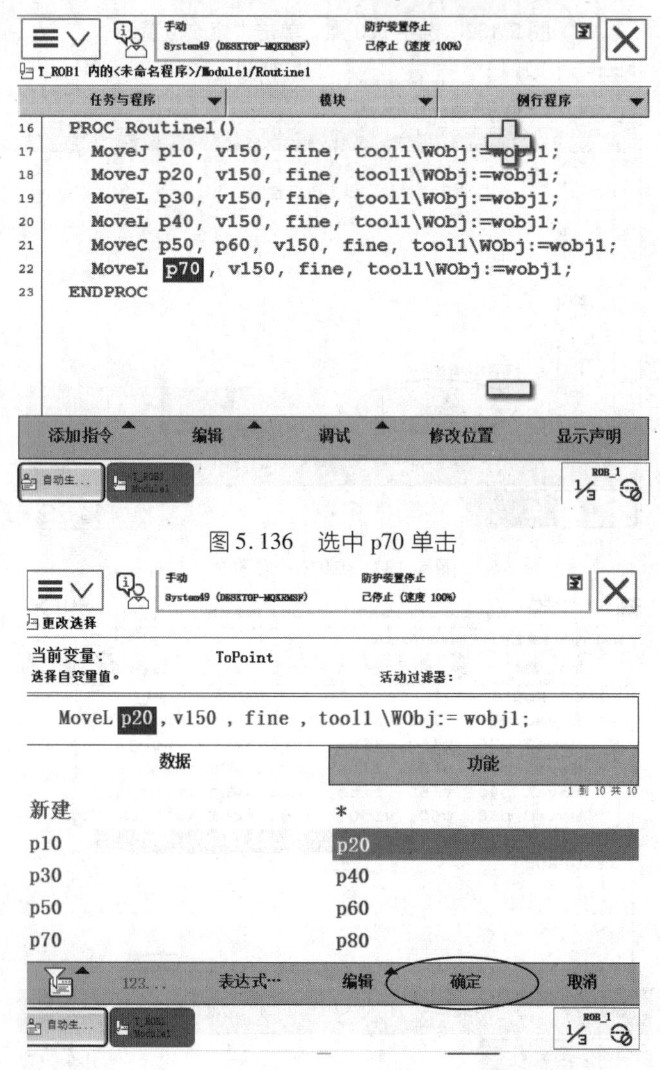

图 5.136　选中 p70 单击

图 5.137　将 p70 改为 p20

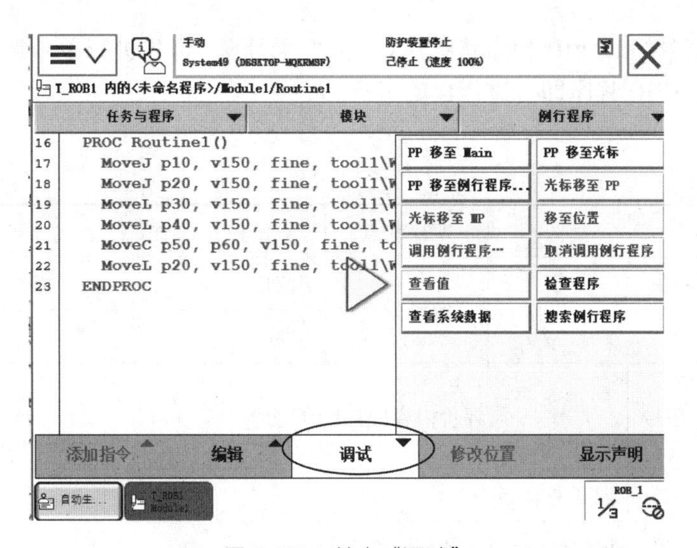

图5.138　单击“调试”

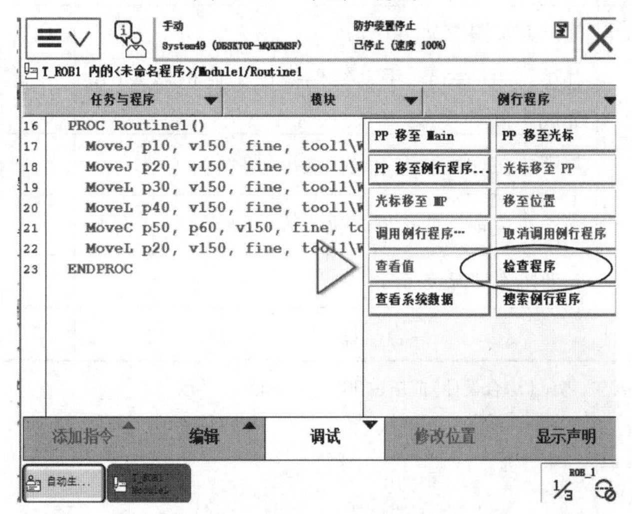

图5.139　单击“检查程序”

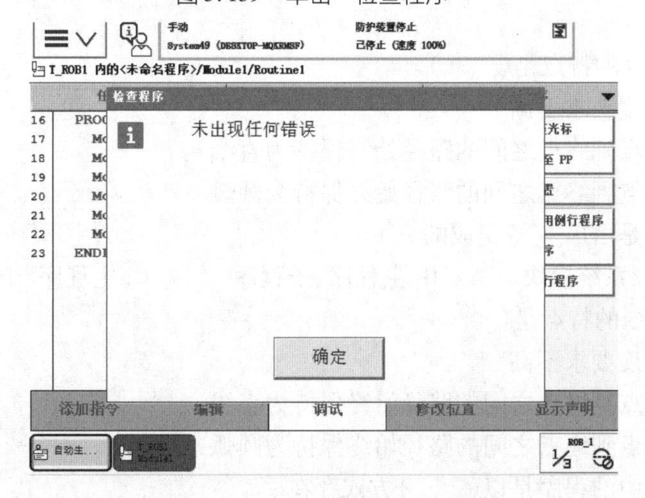

图5.140　语法检查

至此,一个简单的 RAPID 程序就已建立完成。接下来,可先进行单步调试运行程序。如果没有问题,该 PAPID 程序即可进行自动运行。

学习评价:

<table>
<tr><td>实操时间</td><td></td><td>实操地点</td><td colspan="4"></td></tr>
<tr><td rowspan="2">实操班级</td><td rowspan="2"></td><td rowspan="2">实操分组</td><td>组别</td><td></td><td>组长</td><td></td></tr>
<tr><td>组员</td><td colspan="3"></td></tr>
</table>

<table>
<tr><td rowspan="10">项目评价</td><td rowspan="2">序号</td><td colspan="2" rowspan="2">评价内容(总分100分)</td><td colspan="4">得　分</td></tr>
<tr><td>自评</td><td>互评</td><td>教评</td><td>总分</td></tr>
<tr><td>1</td><td colspan="2">课堂考勤(5分)</td><td></td><td></td><td></td><td></td></tr>
<tr><td>2</td><td colspan="2">课堂讨论与发言情况(10分)</td><td></td><td></td><td></td><td></td></tr>
<tr><td>3</td><td colspan="2">知识点掌握情况(40分)</td><td></td><td></td><td></td><td></td></tr>
<tr><td rowspan="3">4</td><td rowspan="3">任务完成情况(40分)</td><td>手动关节、手动线性操纵工业机器人(10分)</td><td></td><td></td><td></td><td></td></tr>
<tr><td>工作机器人重定位操作(10分)</td><td></td><td></td><td></td><td></td></tr>
<tr><td>完成工业机器人轨迹编程(20分)</td><td></td><td></td><td></td><td></td></tr>
<tr><td>5</td><td colspan="2">互助协作情况(5分)</td><td></td><td></td><td></td><td></td></tr>
<tr><td colspan="3">合　计</td><td></td><td></td><td></td><td></td></tr>
</table>

注:过程考核占总成绩的70%,考试(综合设计)成绩占30%。

知识测评:

一、选择题

1. 圆弧运动指令的特点是(　　)。
   A. 对路径精度要求不高
   B. 确保从起点到终点之间的路径始终保持为直线
   C. 确保从起点到终点之间的路径始终保持为圆弧
2. RAPID 程序是由(　　)组成的。
   A. 程序模块、系统模块　　B. 主程序、子程序　　C. 主程序、中断程序
3. 关节运动指令的特点是(　　)。
   A. 对路径精度要求不高
   B. 确保从起点到终点之间的路径始终保持为直线
   C. 确保从起点到终点之间的路径始终保持为圆弧
4. ABB 机器人中的程序是以(　　)方式存在。
   A. 程序模块　　B. 例行程序

C. 程序指令　　　　　　　D. 程序指针

5. 线性运动指令的特点是(　　)。

A. 对路径精度要求不高

B. 确保从起点到终点之间的路径始终保持为直线

C. 确保从起点到终点之间的路径始终保持为圆弧

6. 下列是绝对位置运动指令是(　　)。

A. MoveJ　　　　　　　B. MoveL　　　　　　　C. MoveAbsJ

7. 在 RAPID 程序中,含有子程序(　　)。

A. 1 个　　　　　　　B. 10 个　　　　　　　C. 无数个

8. 在 RAPID 程序中,含有主程序(　　)。

A. 1 个　　　　　　　B. 10 个　　　　　　　C. 无数个

二、简答题

1. 简述逻辑控制指令 IF,For,While 的区别。

2. 简述 MoveL 运动指令的主要参数。

项目 6

认识工业机器人仿真软件

学习目标

知识目标：

1. 了解工业机器人仿真应用技术。
2. 学会安装 RobotStudio 软件的方法。

技能目标：

1. 学会 RobotStudio 软件的授权操作方法。
2. 认识 RobotStudio 软件的操作界面。

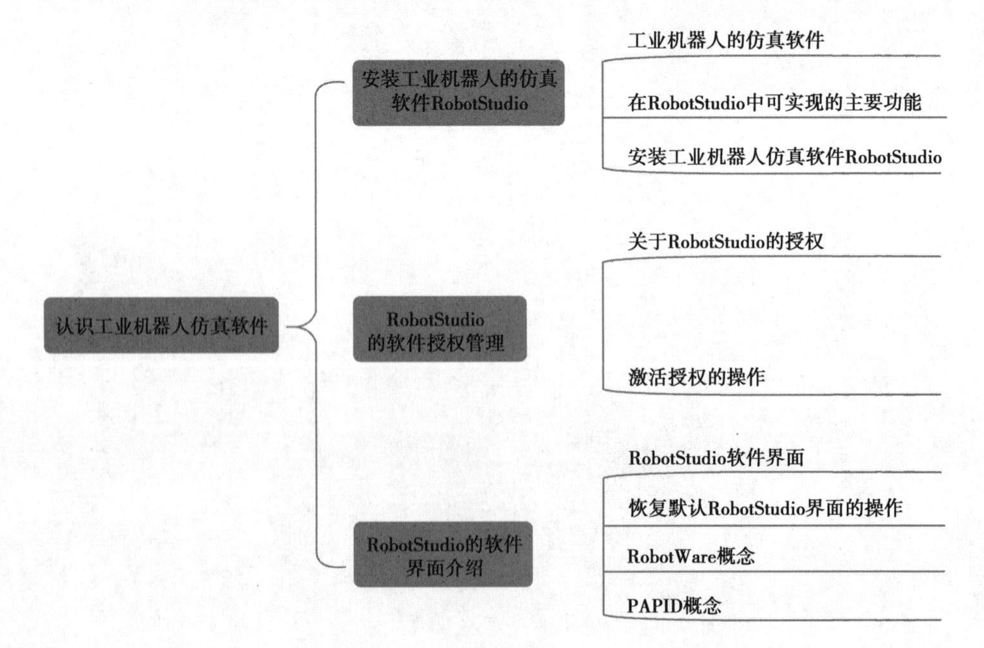

任务6.1 安装工业机器人仿真软件 RobotStudio

6.1.1 工业机器人的仿真软件

认识工业机器人仿真软件

Robot Sdudio 软件是 ABB 公司专门开发的工业机器人离线编程软件。作为世界工业机器人的领导者，RobotStudio 软件代表了最新的工业机器人离线编程的最高水平，为世界工业机器人界的离线编程软件树立了新的标杆。RobotStudio 以其操作简单、界面友好和功能强大等特点得到广大机器人工程师的一致好评。

工业自动化的市场竞争压力日益加剧，客户在生产中要求更高的效率，以降低价格，提高质量。如今，让机器人编程在新产品生产之始花费时间检测或试运行是行不通的，因为意味着要停止现有的产品以对新的或修改的部件进行编程。不首先验证到达距离及工作区域，而冒险制造刀具和固定装置已不再是首选方法。现代生产厂家在设计阶段就对新部件的可制造性进行检查。在为机器人编程时，离线编程可与建立机器人应用系统同时进行。

在产品制造的同时对机器人系统进行编程，可提早开始产品生产，缩短上市时间。离线编程在实际机器人安装前，通过可视化及可确认的解决方案和布局来降低风险，并通过创建更精确的路径来获得更高的部件质量。为实现真正的离线编程，RobotStudio 采用 ABBVirtualRobot TM 技术。ABB 在 10 多年前就已发明了 VirtualRobot TM 技术。RobotStudio 是市场上离线编程的领先产品。通过新的编程方法，ABB 正在世界范围内建立机器人编程标准。

6.1.2 在 RobotStudio 中可实现的主要功能

1)CAD 导入

RobotStudio 可轻易地以各种主要的 CAD 格式导入数据，包括 IGES，IGES，VRML，VDAFS，ACIS，CATIA。通过使用此类非常精确的 3D 模型数据，机器人程序设计员可生成更精确的机器人程序，从而提高产品质量。

2)自动路径生成

这是 RobotStudio 最节省时间的功能之一。通过使用待加工部件的 CAD 模型，可在短短几分钟内自动生成跟踪曲线所需的机器人位置。如果人工执行此项任务，可能需要数小时或数天。

3)自动分析伸展能力

此便捷功能可让操作者灵活地移动机器人或工件，直至所有位置均可到达。可在短短几分钟内验证和优化工作单元布局。

4)碰撞检测

在 RobotStudio 中，可对机器人在运动过程中是否可能与周边设备发生碰撞进行一个验证和确认，以确保机器人离线编程得出的程序的可用性。

5)在线作业

使用 RobotStudio 与真实的机器人进行连接通信，对机器人进行便捷的监控、程序修改、参数设定、文件传送及备份恢复的操作，使调试与维护工作更轻松。

6）模拟仿真

根据设计，在 RobotStudio 中进行工业机器人工作站的动作模拟仿真以及周期节拍，为工程的实施提供真实的验证。

7）应用功能包

针对不同的应用，推出功能强大的工艺功能包，将机器人更好地与工艺应用进行有效的融合。

8）二次开发

提供功能强大的二次开发平台，使机器人应用实现更多的可能，满足机器人的科研需要。

6.1.3 安装工业机器人仿真软件 RobotStudio

1）下载 RobotStudio

下载 RobotStudio，见表 6.1。

表 6.1 软件下载界面

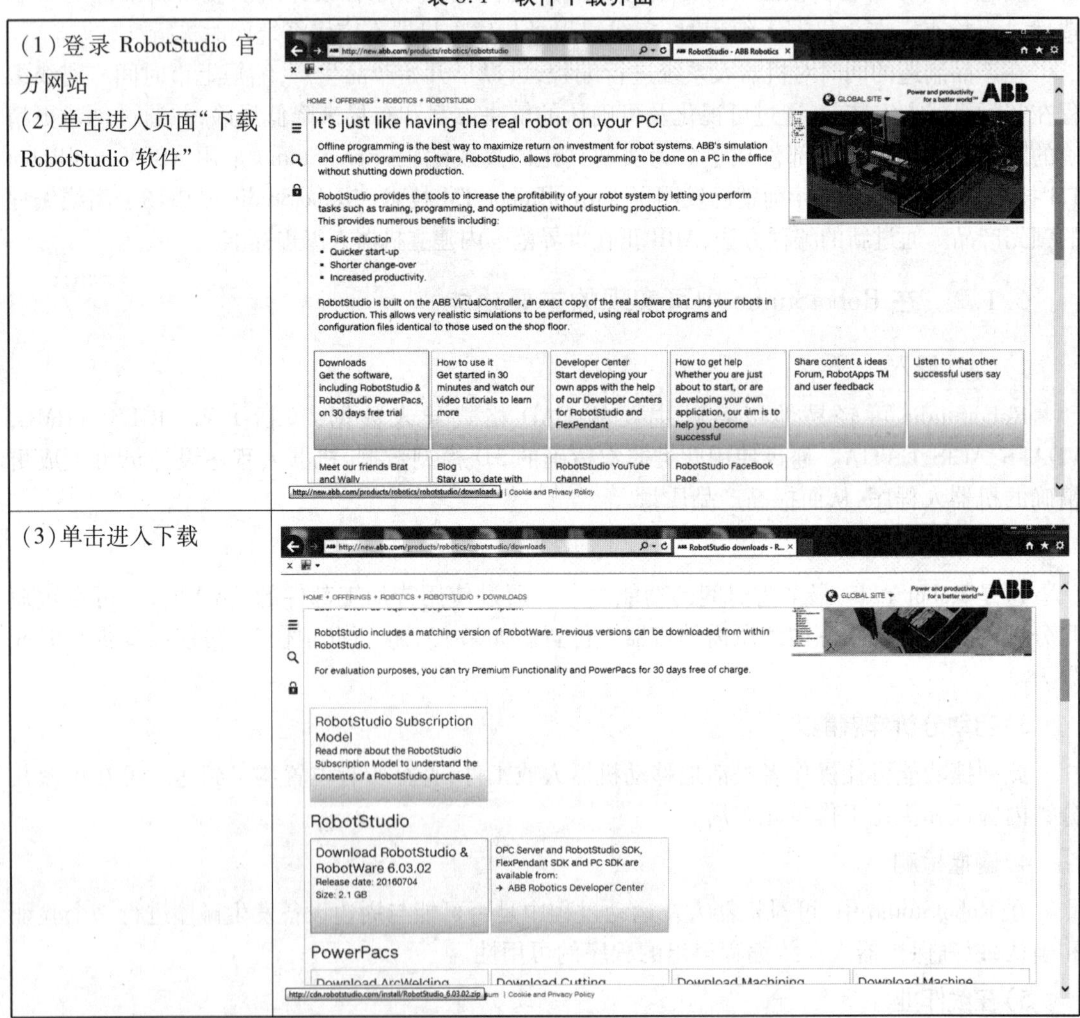

步骤	界面
（1）登录 RobotStudio 官方网站 （2）单击进入页面“下载 RobotStudio 软件”	
（3）单击进入下载	

2）**安装** RobotStudio

安装 RobotStudio，见表6.2。

表6.2 软件安装步骤

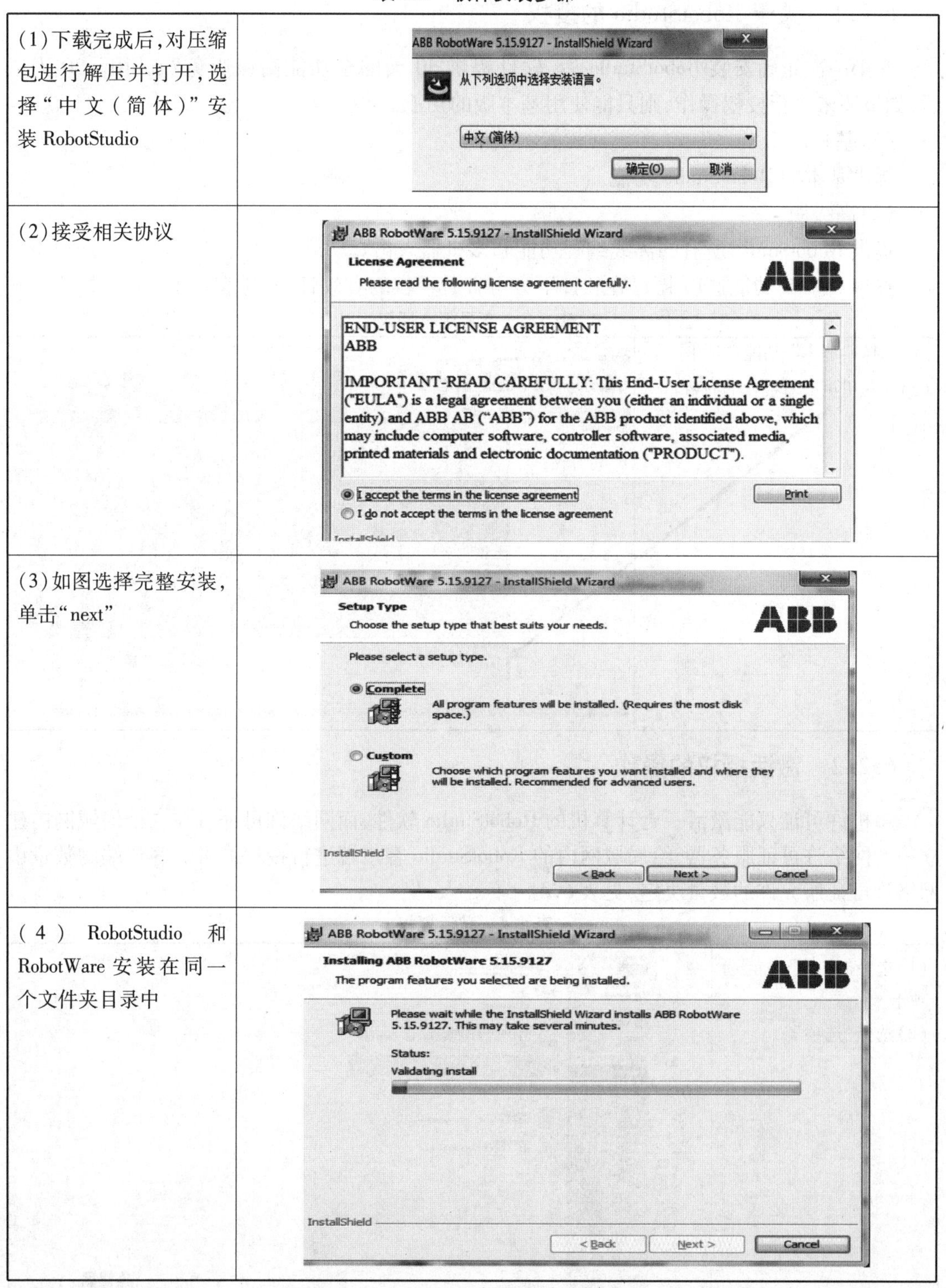

步骤	图示
(1)下载完成后，对压缩包进行解压并打开，选择“中文（简体）”安装 RobotStudio	
(2)接受相关协议	
(3)如图选择完整安装，单击“next”	
(4) RobotStudio 和 RobotWare 安装在同一个文件夹目录中	

任务 6.2　RobotStudio 的软件授权管理

6.2.1　关于 RobotStudio 的授权

在第一次正确安装 RobotStudio 后,软件提供 30 天的全功能高级版免费试用。30 天以后,如果还未进行授权操作,则只能使用基本版的功能。

(1)基本版

提供基本的 RobotStudio 功能。

(2)高级版

提供 RobotStudio 所有的离线编程功能和多机器人仿真功能。

选择“基本”功能选项卡 1,在软件下方可查看授权的有效日期,见表 6.3。

表 6.3　查看版本授权

(1)选择“基本”功能选项卡 (2)在这里可查看授权的有效日期	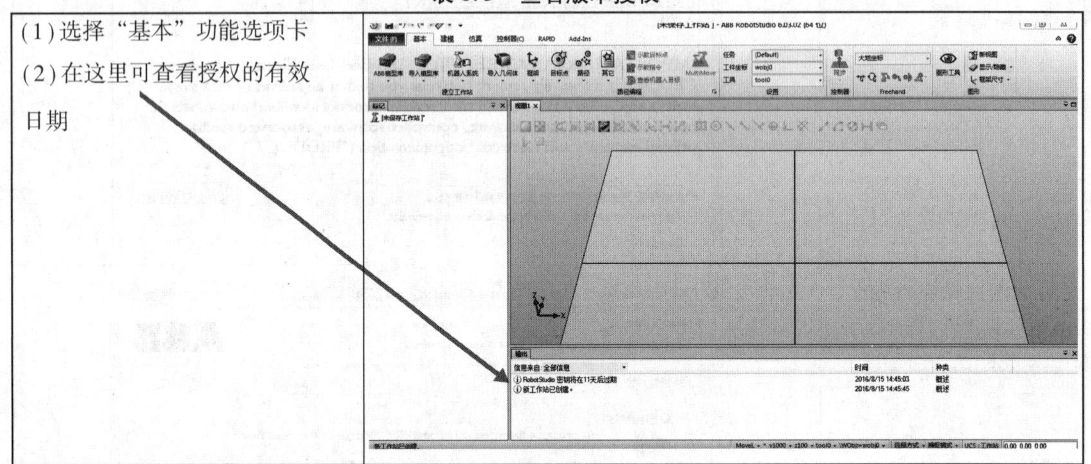

6.2.2　激活授权的操作

单机许可证只能激活一台计算机的 RobotStudio 软件,而网络许可证可在一个局域网内建立一台网络许可证服务器,给局域网内的 RobotStudio 客户端进行授权许可。客户端的数量由网络许可证所允许的数量决定,见表 6.4。

表 6.4　激活授权

(1)选择“文件”功能选项卡 (2)选择“选项”	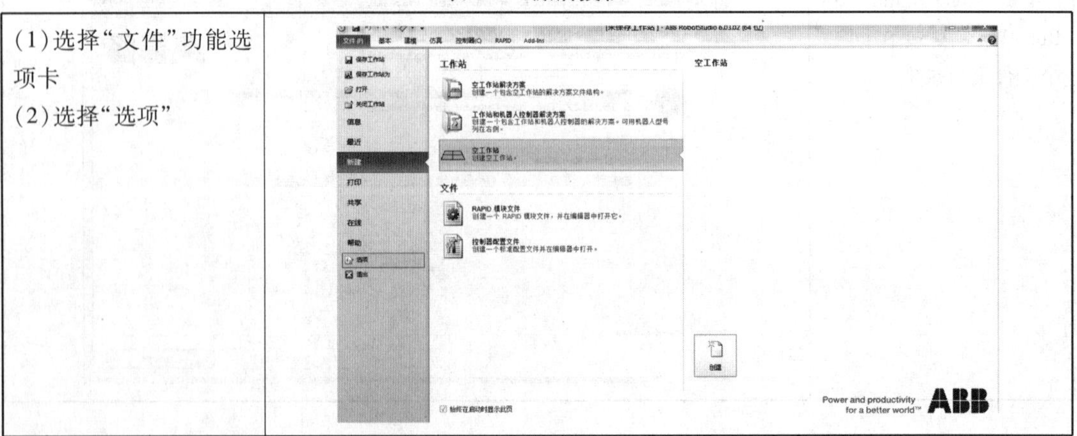

续表

(3)单击“授权” (4)选择“激活向导”	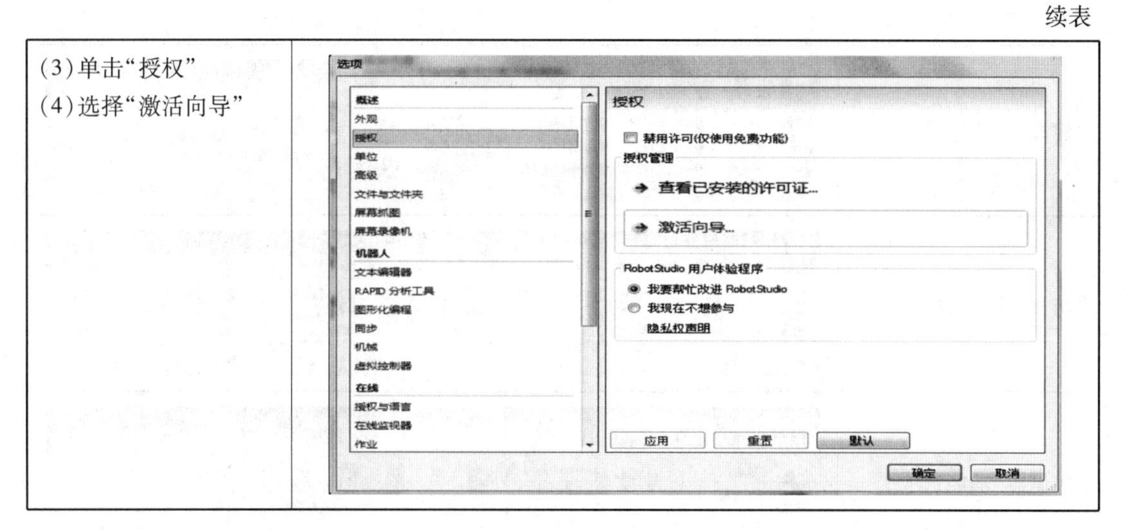

任务 6.3　RobotStudio 的软件界面介绍

6.3.1　RobotStudio 软件界面

“文件”功能选项卡包含创建新工作站、创造新机器人系统、连接到控制器、将工作站另存为查看器的选项以及 RobotStudio 选项，如图 6.1 所示。

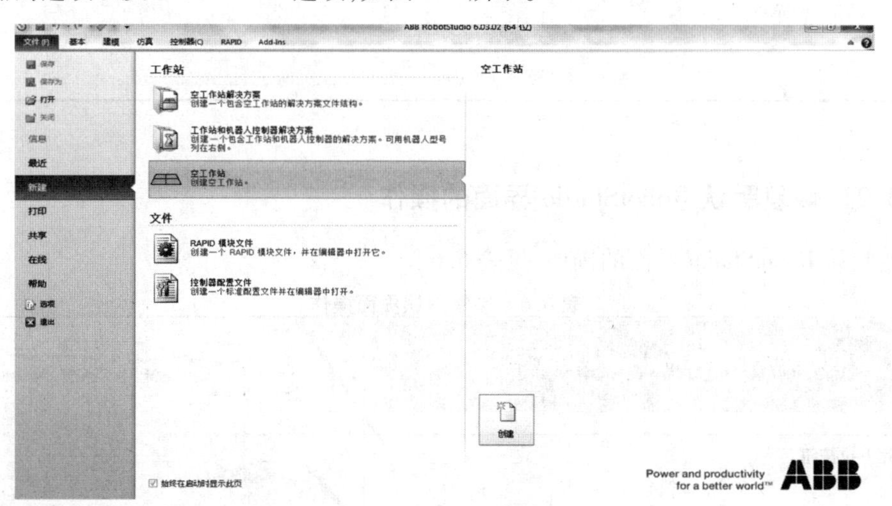

图 6.1　新建新工作站

功能选项卡见表 6.5。

表 6.5　功能选项卡

“基本”功能选项卡	

续表

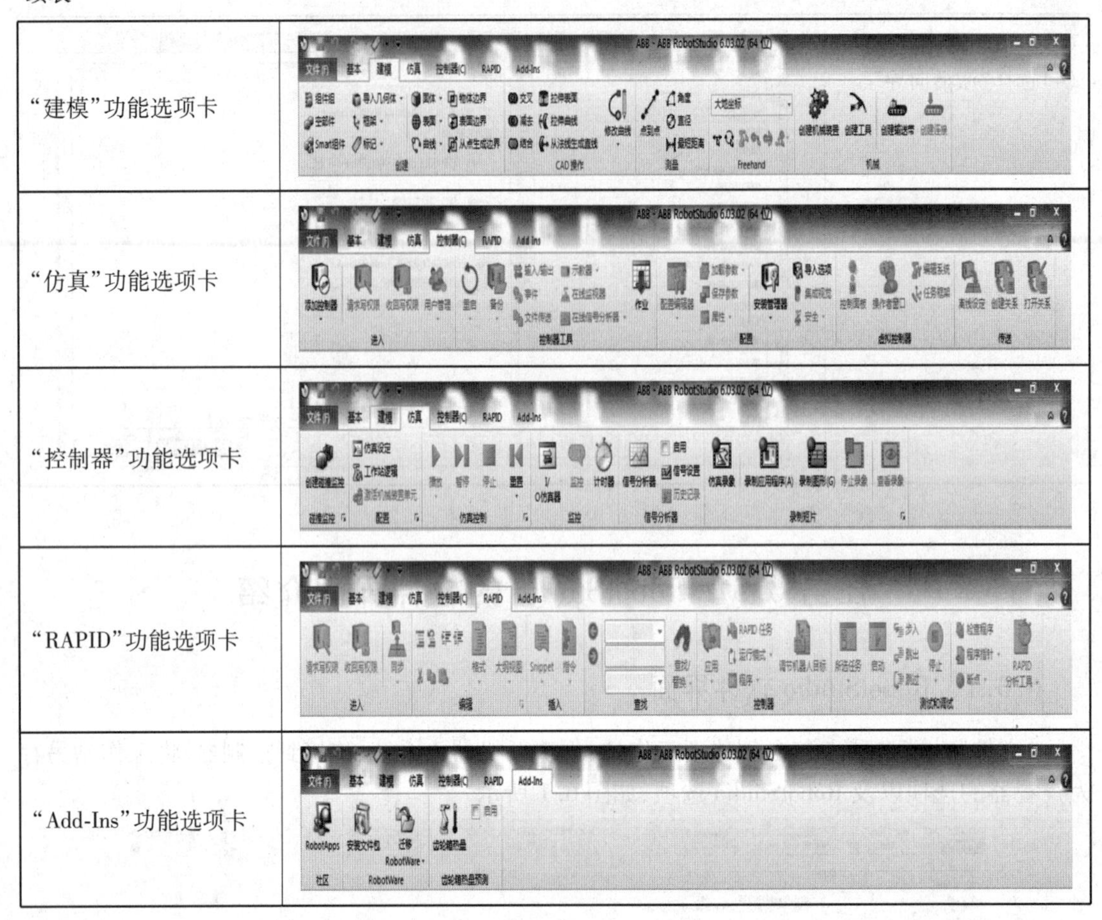

“建模”功能选项卡	
“仿真”功能选项卡	
“控制器”功能选项卡	
“RAPID”功能选项卡	
“Add-Ins”功能选项卡	

6.3.2　恢复默认 RobotStudio 界面的操作

恢复默认 RobotStudio 界面的操作，见表 6.6。

表 6.6　恢复默认界面操作

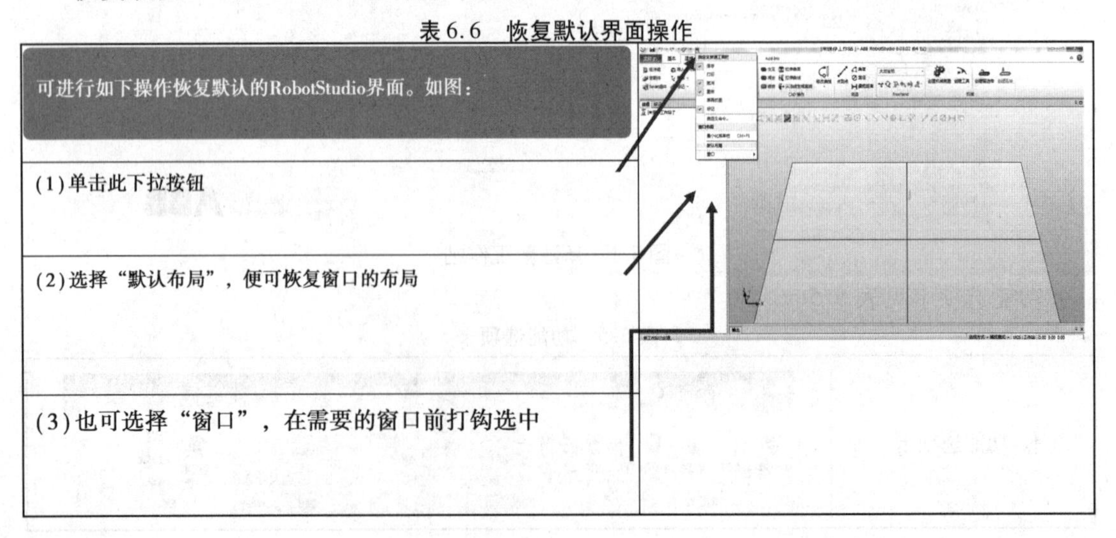

可进行如下操作恢复默认的RobotStudio界面。如图：	
(1) 单击此下拉按钮	
(2) 选择“默认布局”，便可恢复窗口的布局	
(3) 也可选择“窗口”，在需要的窗口前打钩选中	

6.3.3 RobotWare 概念

本节简要介绍了 RobotWare 方面的术语。

表6.7 列出了使用 RobotStudio 时可能用到的 RobotWare 术语和概念。

表6.7 RobotWare 术语和概念

概 念	说 明
RobotWare	从概念上讲,RobotWare 是指用于创建 RobotWare 系统的软件和 RobotWare 系统本身
RobotWare 光盘	随每个控制模块一起提供。光盘中包含 RobotWare 的安装程序、RobotStudi(online)和其他一些有用的软件。有关技术规范,可查看光盘中的版本说明
RobotWare 安装	在 PC 上安装 RobotWare 时,会将特定版本的文件安装在媒体库中 RobotStudionline 使用这些文件创建 RobotWare 系统 安装 RobotStudio 时,只安装一个 RobotWare 版本。要模拟特定的 RobotWare 系统,必须在 PC 上安装用于此特定 RobotWare 系统的 RobotWare 版本
RobotStudio(online)	用于创建和编辑 RobotWare 系统的免费软件。也可使用它通过网络或服务端口将 RobotWare 系统发送到控制模块 有关详情可参阅 RobotStudio(online)操作员手册或帮助文件
RobotWare 许可秘钥	新建 RobotWare 系统或升级现有系统时使用。RobotWare 许可密钥可解除对包含在系统中的 RobotWare 选项的锁定,还可确定构建 RobotWare 系统要用的 RobotWare 版本 对 IRC5 系统,存在3种类型的 RobotWare 密钥: • 控制器密钥,用于指定控制器和软件选项 • 驱动密钥,用于指定系统中的机器人。系统为所用的每个机器人分配一个驱动密钥 • 附加选项密钥,用于指定附加选项,如定位器外轴 虚拟许可密钥可选择任何 RobotWare 选项,但使用虚拟许可密钥创建的 RobotWare 系统只能用于虚拟环境,如 RobotStudio
RobotWare 系统	一组软件文件加载到控制器后,这些文件可启用控制机器人系统的所有功能、配置、数据和程序 RobotWare 系统使用 RobotStudio 或 RobotStudi(online)软件创建 这些系统可存储并保存在 PC 上,也可在控制模块上 RobotWare 系统可使用 RobotStudio,RobotStudio(online)或 FlexPendant 进行编辑

续表

概　念	说　明
RobotWare 版本	每个 RobotWare 版本都有一个主要版本号和一个次要版本号,两个版本号之间使用一个点分隔。支持 IRC5 的 RobotWare 版本是 5. xx。其中,xx 用于标识次要版本 ABB 发行新型号的机器人时,会发行新的 RobotWare 版本为新机器人提供支持
媒体库	媒体库是 PC 上的一个文件夹。每个 RobotWare 版本都存储在各自的文件夹中 媒体库文件用于创建和实施所有不同的 RobotWare 选项。因此,创建 RobotWare 系统或在虚拟控制器上运行这些系统时,必须在媒体库中安装正确的 RobotWare 版本

6.3.4 RAPID 概念

表 6.8 列出了使用 RobotStudio 时可能遇到的 RAPID 术语。概念按照大小进行排序,从最基本的逐步增大。

表 6.8 RAPID 结构术语

概　念	说　明
数据声明	用于创建变量或数据类型的实例,如数值或工具数据
指令	执行操作的实际代码命令,如将数据设置为特定值或机器人动作。指令只能在例行程序内创建
移动指令	创建机器人动作。它们包含对数据声明中指定的目标的引用,以及用来设置动作和过程行为的参数。如果使用内嵌目标,将在移动指令中声明位置
动作指令	用于执行其他动作而不是移动机器人的指令,如设置数据或同步属性
例行程序	通常是一个数据声明集,后面紧跟一个实施任务的指令集。例行程序可分为 3 类:程序、功能和陷阱例行程序
程序	不返回值得指令集
功能	返回值的指令集
陷阱	中断时触发的指令集
模块	后面紧跟例行程序集的数据声明集。模块可作为文件进行保存、加载和复制。模块分为程序模块和系统模块
程序模块(. mod)	可在执行期间加载和卸载

续表

概　念	说　明
系统模块(.sys)	主要用于常见系统特有的数据和例行程序,如对所有弧焊机器人通用的弧焊件系统模块
程序文件(.pgf)	在 IRC5 中,RAPID 程序是模块文件(.mod)和参考所有模块文件的程序文件(.pgf)的集合。加载程序文件时,所有旧的程序模块将被.pgf 文件中参考的程序模块所替换。系统模块不受程序加载的影响

学习评价:

<table>
<tr><td>实操时间</td><td colspan="2"></td><td>实操地点</td><td colspan="5"></td></tr>
<tr><td rowspan="2">实操班级</td><td rowspan="2" colspan="2"></td><td rowspan="2">实操分组</td><td>组别</td><td></td><td>组长</td><td colspan="2"></td></tr>
<tr><td>组员</td><td colspan="4"></td></tr>
<tr><td rowspan="10">项目评价</td><td rowspan="2">序号</td><td rowspan="2" colspan="2">评价内容(总分 100 分)</td><td colspan="4">得　分</td></tr>
<tr><td>自评</td><td>互评</td><td>教评</td><td>总分</td></tr>
<tr><td>1</td><td colspan="2">课堂考勤(5 分)</td><td></td><td></td><td></td><td></td></tr>
<tr><td>2</td><td colspan="2">课堂讨论与发言情况(10 分)</td><td></td><td></td><td></td><td></td></tr>
<tr><td>3</td><td colspan="2">知识点掌握情况(40 分)</td><td></td><td></td><td></td><td></td></tr>
<tr><td rowspan="3">4</td><td rowspan="3">任务完成情况(40 分)</td><td>正确安装软件(10 分)</td><td></td><td></td><td></td><td></td></tr>
<tr><td>了解软件的授权管理(15 分)</td><td></td><td></td><td></td><td></td></tr>
<tr><td>正确认知软件界面(15 分)</td><td></td><td></td><td></td><td></td></tr>
<tr><td>5</td><td colspan="2">互助协作情况(5 分)</td><td></td><td></td><td></td><td></td></tr>
<tr><td colspan="3">合　计</td><td></td><td></td><td></td><td></td></tr>
</table>

注:过程考核占总成绩的 70%,考试(综合设计)成绩占 30%。

知识测评:

实作题

试一试安装 Robotstudio 软件。

项目 7

构建基本仿真工业机器人工作站

学习目标

知识目标：

1. 了解工业机器人仿真工作站。
2. 学会工业机器人工作站的合理布局。

技能目标：

1. 会创建基本的工业机器人仿真工作站 。
2. 会在工业机器人工作站中进行编程。
3. 会在工业机器人工作站中进行仿真运行，并录制视频。

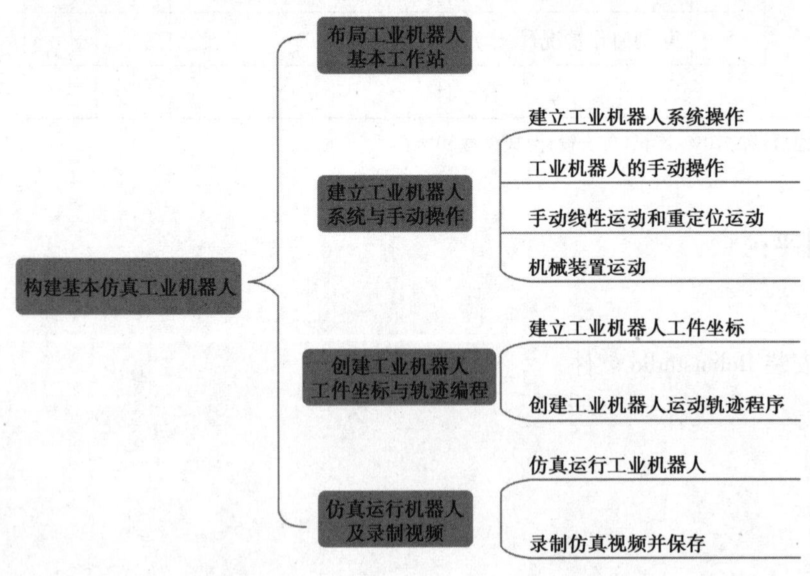

任务7.1　布局工业机器人基本工作站

布局工业机器人基本工作站

机器人工作站也称机器人工作单元,是指使用一台或多台机器人,配以相应的周边设备,用于完成某一特定工序作业的独立生产系统。它主要由机器人及其控制系统,辅助设备,以及其他周边设备所构成。在这种构成中,机器人及其控制系统应尽量选用标准装置,对个别特殊的场合需要设计专用机器人,而末端执行器等辅助设备以及其他周边设备则随应用场合和工件特别的不同存在着较大差异。

一般工作站的构成如下:

①机器人。

②机器人末端执行器。

③夹具和变位器。

④机器人座驾。

⑤配套及安全装置。

⑥动力源。

⑦工作对象的储运设备。

⑧控制系统。

焊接机器人工作站的特点在于人工装卸工件的时间小于机器人焊接的工作时间,可充分利用机器人,生产效率高,操作者远离机器人工作空间,安全性好。采用转台交换工件,整个工作站占用面积相对较小,整体布局也利于工件的物流。机器人末端执行器是机器人的主要辅助设备,也是工作站中重要的组成部分。同一台机器人,安装了不同的末端执行器可完成不同的作业。用于不同的生产作业多数情况需专门设计,它与机器人的机型、整体布局、工作顺序都有着直接关系。焊接机器人工作站选用带有安全防碰撞装瓷的标准机器人用焊枪。

在机器人周边设备中,采用的动力源多以气压、液压作为动力。因此,通常需配置气压、液压站以及相应的管线、阀门等装置。对电源有特殊需要的设备或仪表,也应配置专用的电源系统。

工作站的储运设备,作业对象常需在工作站中暂存、供料、移动或翻转。因此,工作站常配置暂置台、供料器、移动小车或翻转台架等。

检查、监视系统对于某些工作站来说是非常必要的,特别是用于生产线的工作站。例如,工作对象是否到位,有无质量事故,以及各种设备是否正常运转等都需要配置检查和监视系统。

机器人工作站应备有自己的控制系统,因机器人工作站是一个自动化程度相当高的工作单元。目前,机器人工作站控制系统使用最多的是PLC系统。该系统既能管理本站有序的正常工作,又能与上级管理计算机相连,以提供各种信息,如产品计数等。

1)了解工业机器人工作站

了解工业机器人工作站,见表7.1。

表 7.1　工业机器人工作站

基本的工业机器人工作站包括工业机器人和工作对象	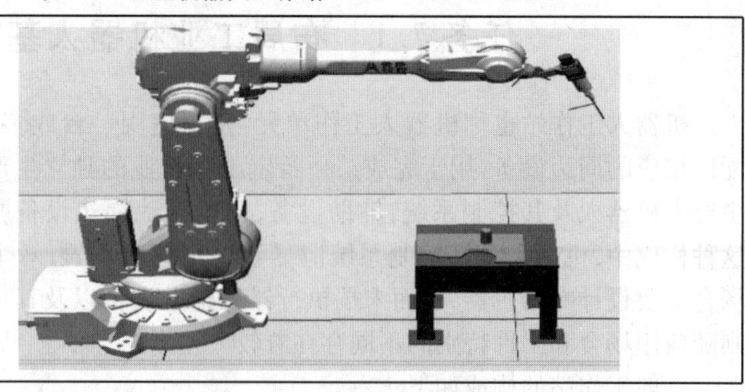

2）导入机器人

①在文件功能选项卡中，选择“创建”，单击“创建”，即可创建一个新的工作站。

②在“基本”功能选项卡中，打开“ABB 模型库”，选择“IRB2600”。

③设定好数值，载重 12 kg，工作距离 1.65 m，然后单击“确定”按钮。

3）加载机器人的工具

加载机器人的工具见表 7.2。

表 7.2　加载工业机器人的末端工具

(1)在基本功能选项里，打开“导入模型库”—“设备”，选择“MyTool”	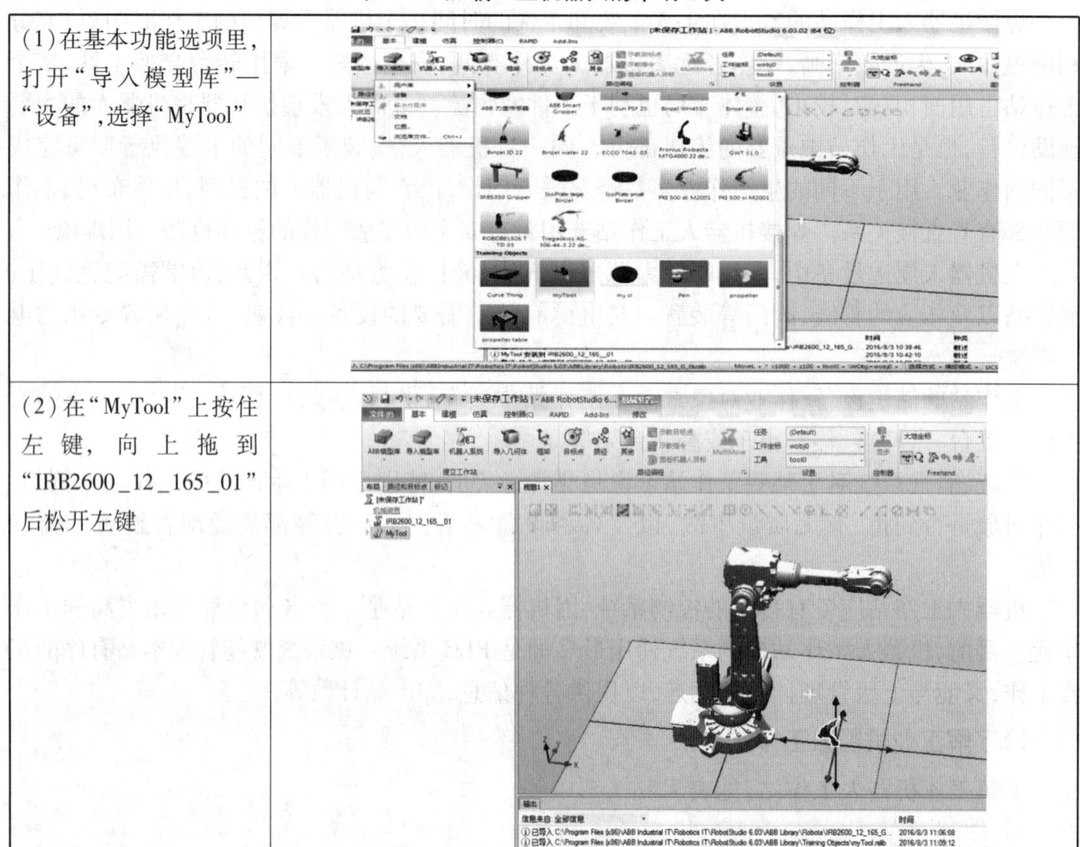
(2)在“MyTool”上按住左键，向上拖到“IRB2600_12_165_01”后松开左键	

续表

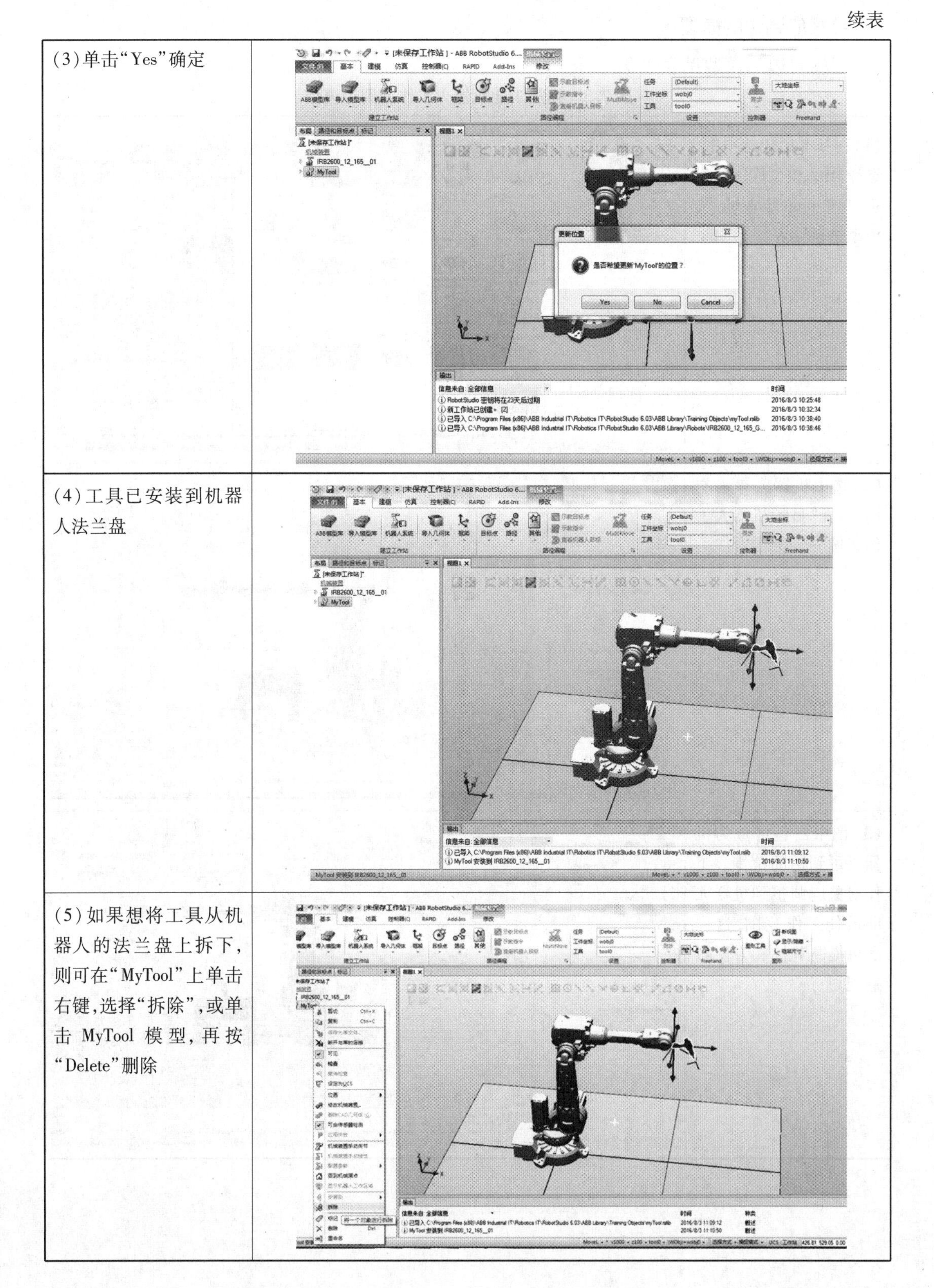

(3)单击“Yes”确定	
(4)工具已安装到机器人法兰盘	
(5)如果想将工具从机器人的法兰盘上拆下，则可在“MyTool”上单击右键，选择“拆除”，或单击 MyTool 模型，再按“Delete”删除	

4)摆放周边的模型

摆放周边的模型见表7.3。

表7.3　摆放工业机器人工作站周边模型

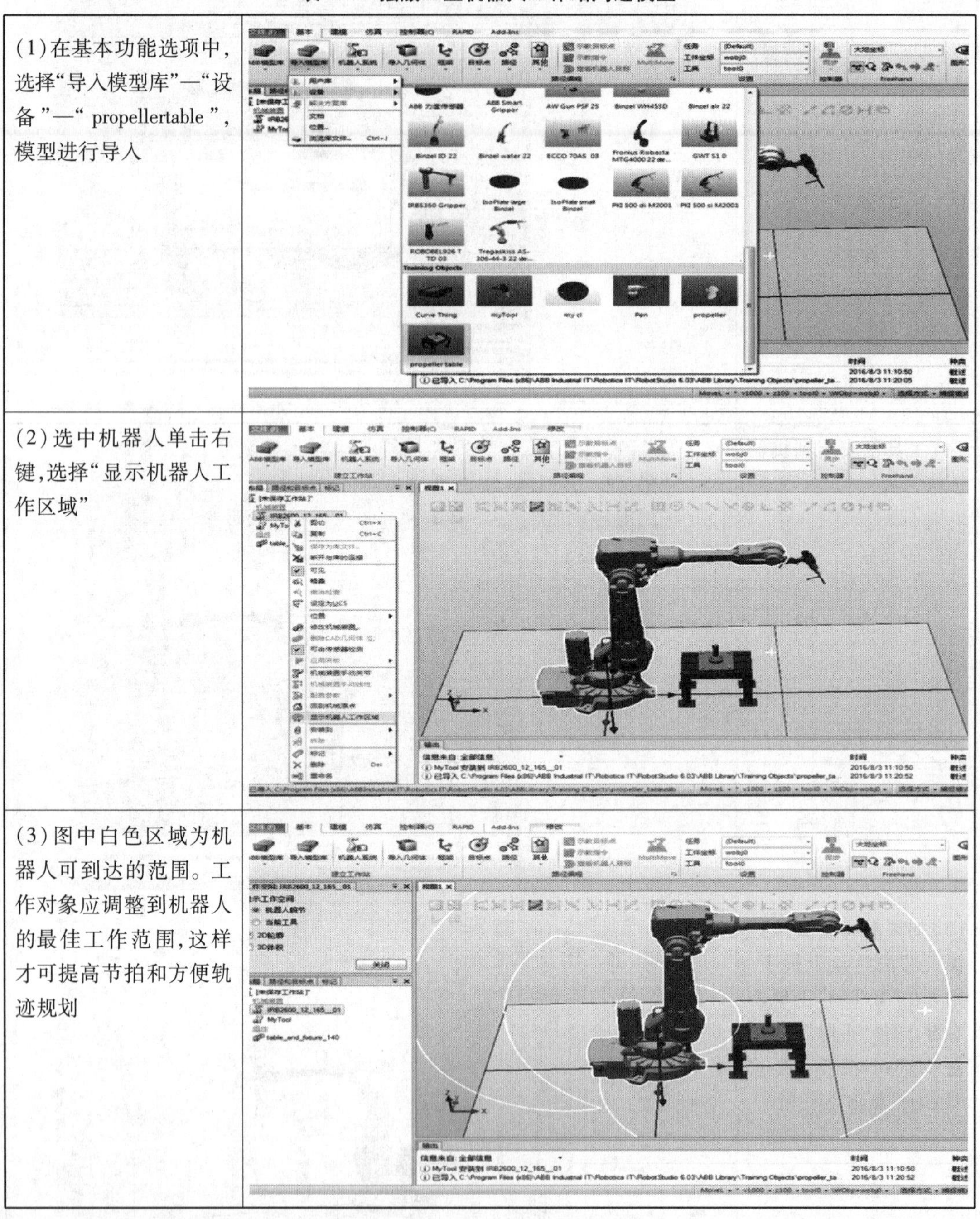

步骤	图示
(1)在基本功能选项中,选择“导入模型库”—“设备”—“propellertable”,模型进行导入	
(2)选中机器人单击右键,选择“显示机器人工作区域”	
(3)图中白色区域为机器人可到达的范围。工作对象应调整到机器人的最佳工作范围,这样才可提高节拍和方便轨迹规划	

续表

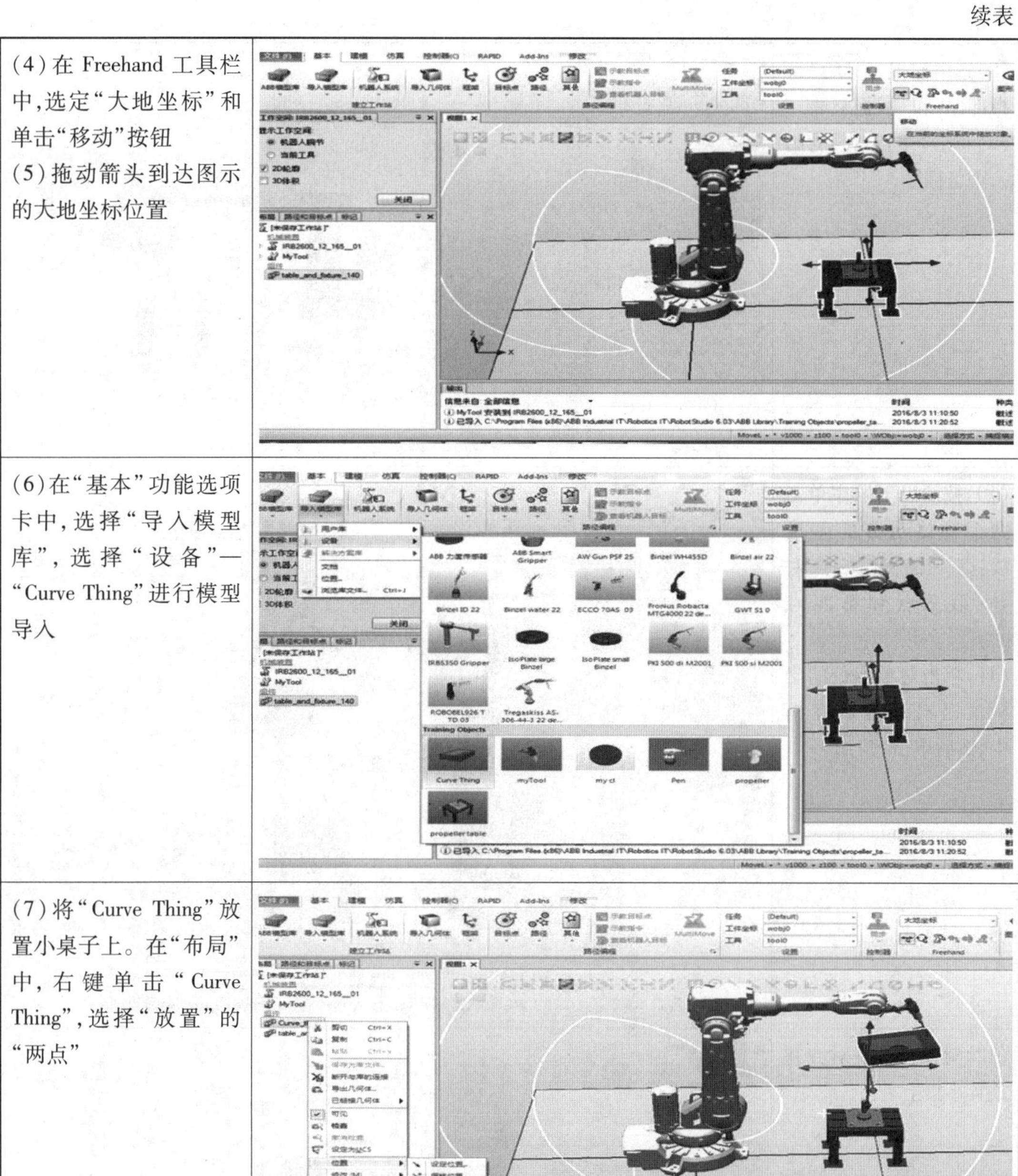

步骤	图示
(4)在 Freehand 工具栏中,选定“大地坐标”和单击“移动”按钮 (5)拖动箭头到达图示的大地坐标位置	
(6)在“基本”功能选项卡中,选择“导入模型库”,选择“设备”—“Curve Thing”进行模型导入	
(7)将“Curve Thing”放置小桌子上。在“布局”中,右键单击“Curve Thing”,选择“放置”的“两点”	

续表

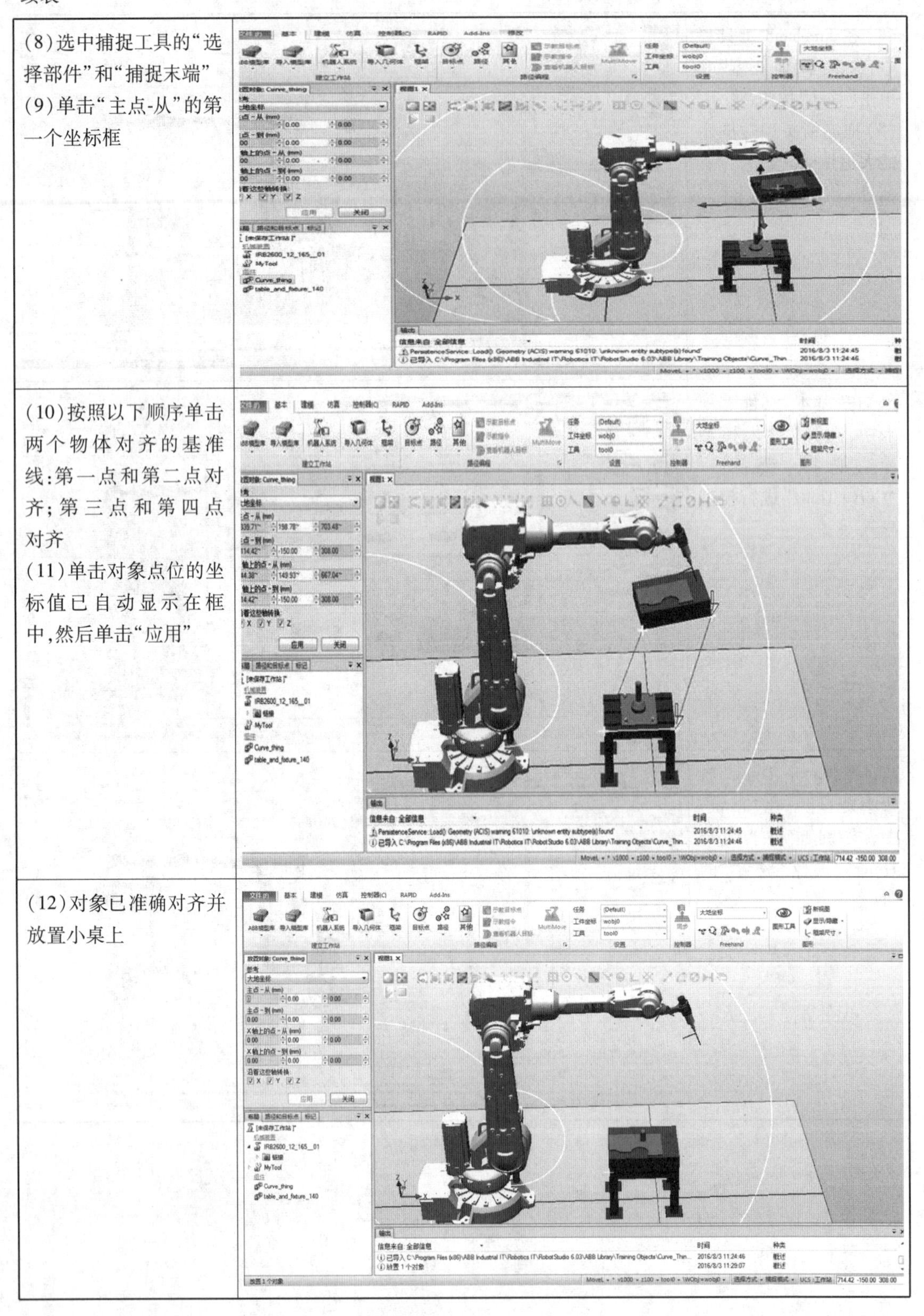

步骤	图示
(8)选中捕捉工具的“选择部件”和“捕捉末端” (9)单击“主点-从”的第一个坐标框	
(10)按照以下顺序单击两个物体对齐的基准线:第一点和第二点对齐;第三点和第四点对齐 (11)单击对象点位的坐标值已自动显示在框中,然后单击“应用”	
(12)对象已准确对齐并放置小桌上	

任务7.2　建立工业机器人系统与手动操作

7.2.1　建立工业机器人系统操作

建立工业机器人系统与手动操作

本节介绍了如何创建、构建、修改和复制系统，使其可在工作站内的虚拟控制器上运行。

系统不但可指出要使用的机器人模型和选项，而且可存储用于机器人的配置和程序。因此，即便工作站使用相同的基本设置，也最好对每个工作站使用唯一的系统；否则，一旦一个工作站发生更改，可能会意外改写另一个工作站中使用的数据。

1)关于虚拟和真实系统

虚拟控制器上运行的系统可以是基于真实RobotWare密钥构建的真实系统，也可以是基于虚拟密钥构建的虚拟系统。

使用真实系统时，RobotWare密钥可定义要使用的选项和机器人模型，以便正确配置系统。真实系统既可在虚拟控制器上运行，也可在真实的IRC5控制器上运行。

使用虚拟密钥时，所有的选项和机器人模型都可用，这一点对评估很有帮助。但是，在创建系统时，需要更多的配置。基于虚拟密钥构建的系统只能在虚拟控制器上运行。其创建系统见表7.4。

表7.4　创建工业机器人工作站系统

(1)在“基本”功能选项卡下，单击“机器人系统”的“从布局…”	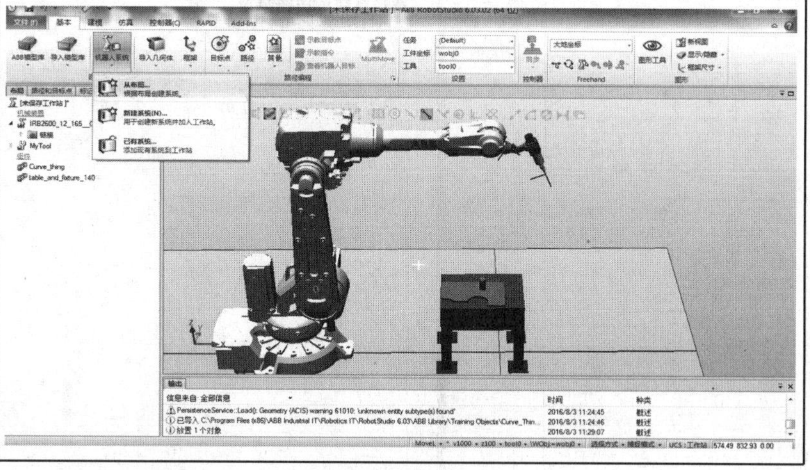

续表

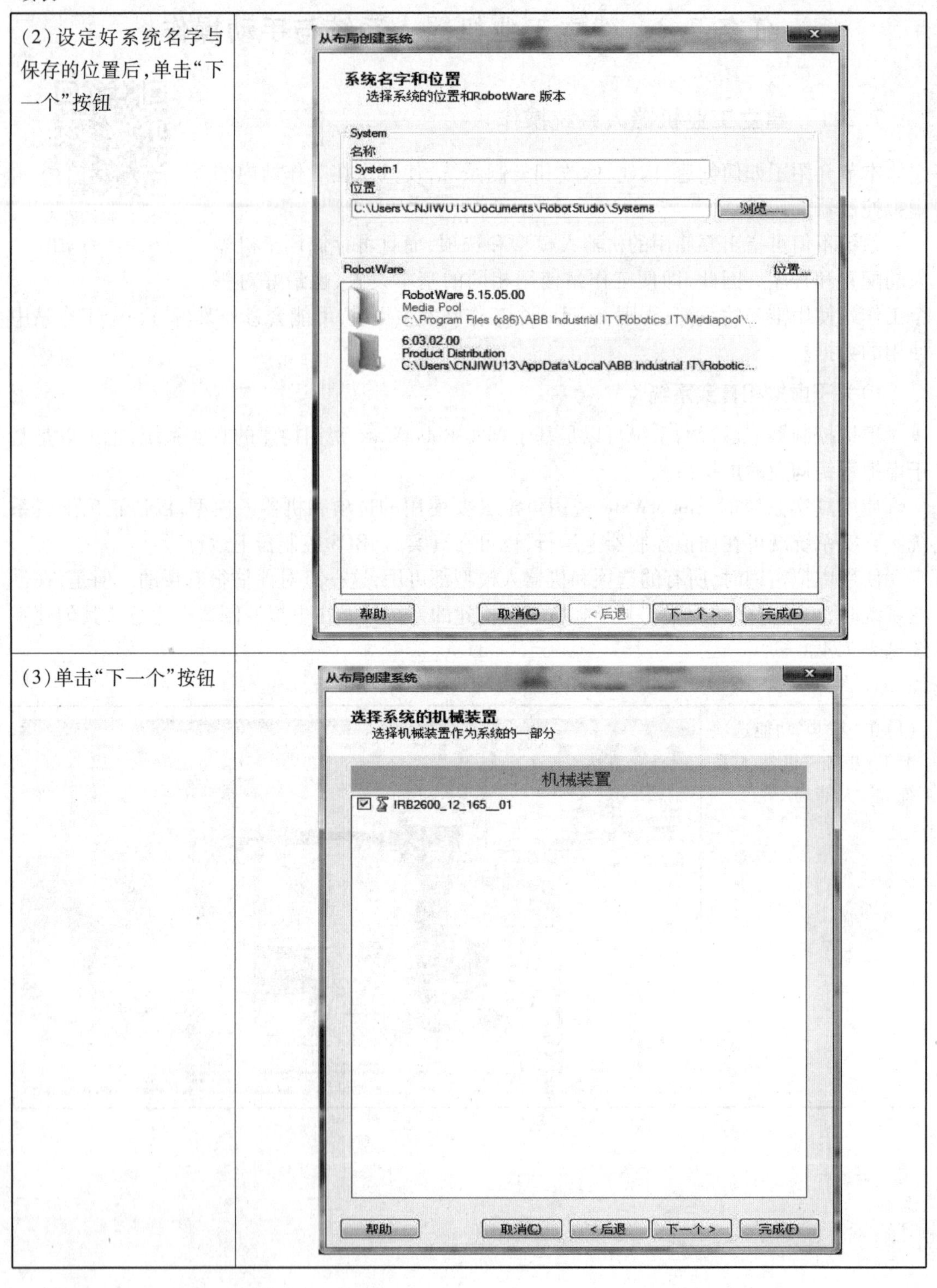

(2)设定好系统名字与保存的位置后,单击“下一个”按钮	
(3)单击“下一个”按钮	

续表

(4)单击“完成”按钮	
(5)系统建立完成后,右下角“控制器状态”应为绿色	

2)使用现有系统构建工作站

系统将提供一个对话框,以方便使用现有系统创建工作站。

要使用现有系统创建工作站,应执行以下步骤:

①在文件菜单中,单击新建工作站,将打开新建工作站对话框。

②在使用窗格中,单击现有系统图标,以显示现有系统对话框。

③在选择系统库列表中,选择一个文件夹。

④在找到的系统列表中,选择一个系统。

⑤单击“确定”按钮。

3)添加模板系统

使用此对话框,可向空工作站中添加模板系统,也可构建多系统工作站。

要向工作站中添加模板系统,应执行以下步骤:

①打开工作站,在控制器菜单上,单击添加系统。添加系统对话框将打开。

②在选择模板系统列表中,选择相应的模板或单击浏览并浏览到一个模板。

③在程序库组中,选择是导入程序库,还是使用现有的工作站程序库。

④在系统组中,输入名称和位置,然后单击“确定”按钮。

4)如何构建工作站

使用此对话框,可向空工作站中添加现有系统,也可构建多系统工作站。

要向工作站中添加现有系统,应执行以下步骤:

①打开工作站,在控制器菜单上,单击添加系统。添加系统对话框将打开。

②在左侧窗格中,单击添加现有系统图标,以显示浴加现有系统对话框。

③在选择系统库列表中,选择一个文件夹。

④在找到的系统列表中,选择一个系统。

⑤在程序库组中,选择是导入程序库,还是使用现有的工作站程序库。

⑥单击“确定”按钮。

7.2.2 手动关节运动

手动关节移动见表7.5。

表7.5 手动关节运动

(1)选中“手动关节”	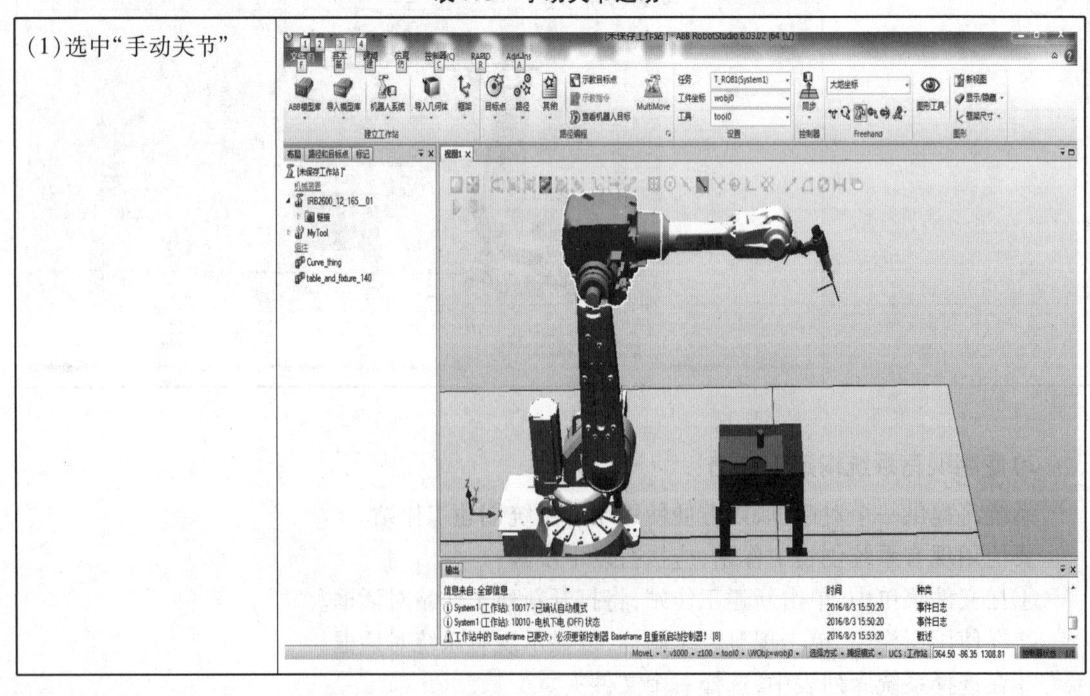

续表

(2)选中对应的关节轴可以进行运动	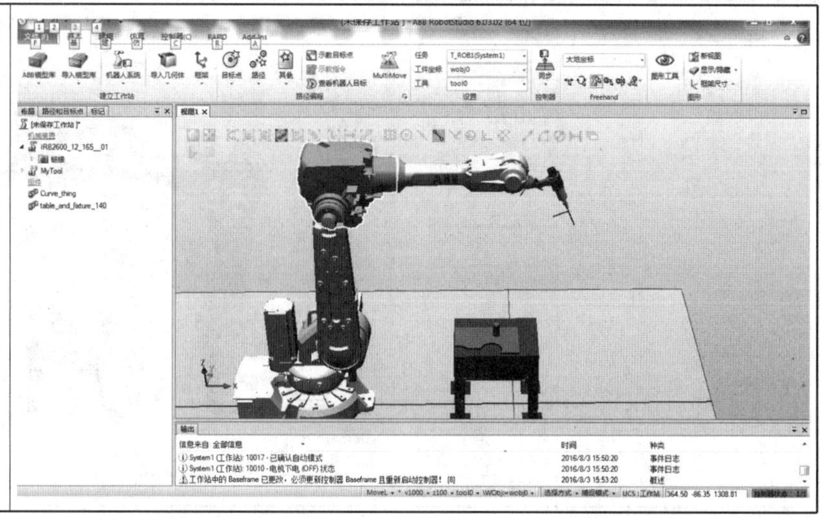

7.2.3 手动线性移动

手动线性移动见表7.6。

表7.6 手动线性运动

(1)"设置"工具栏的"工具"项设定为"MyTool"	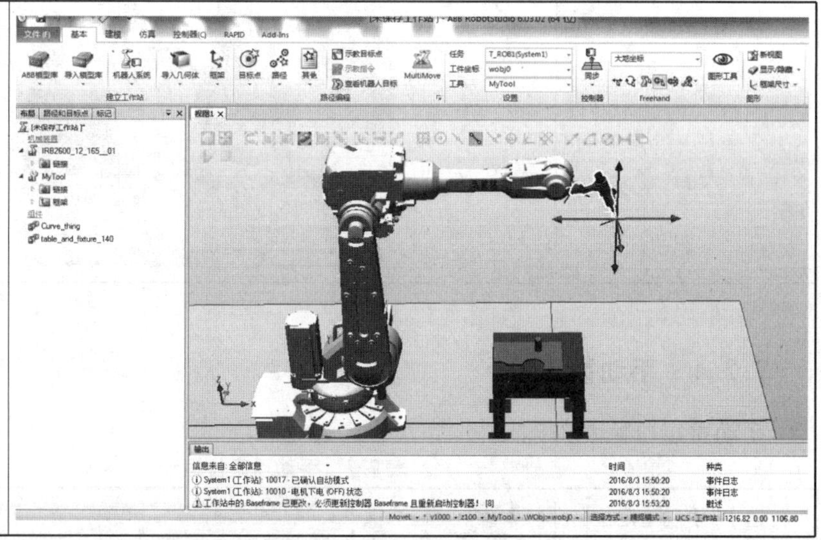

续表

(2)选中“手动线性”	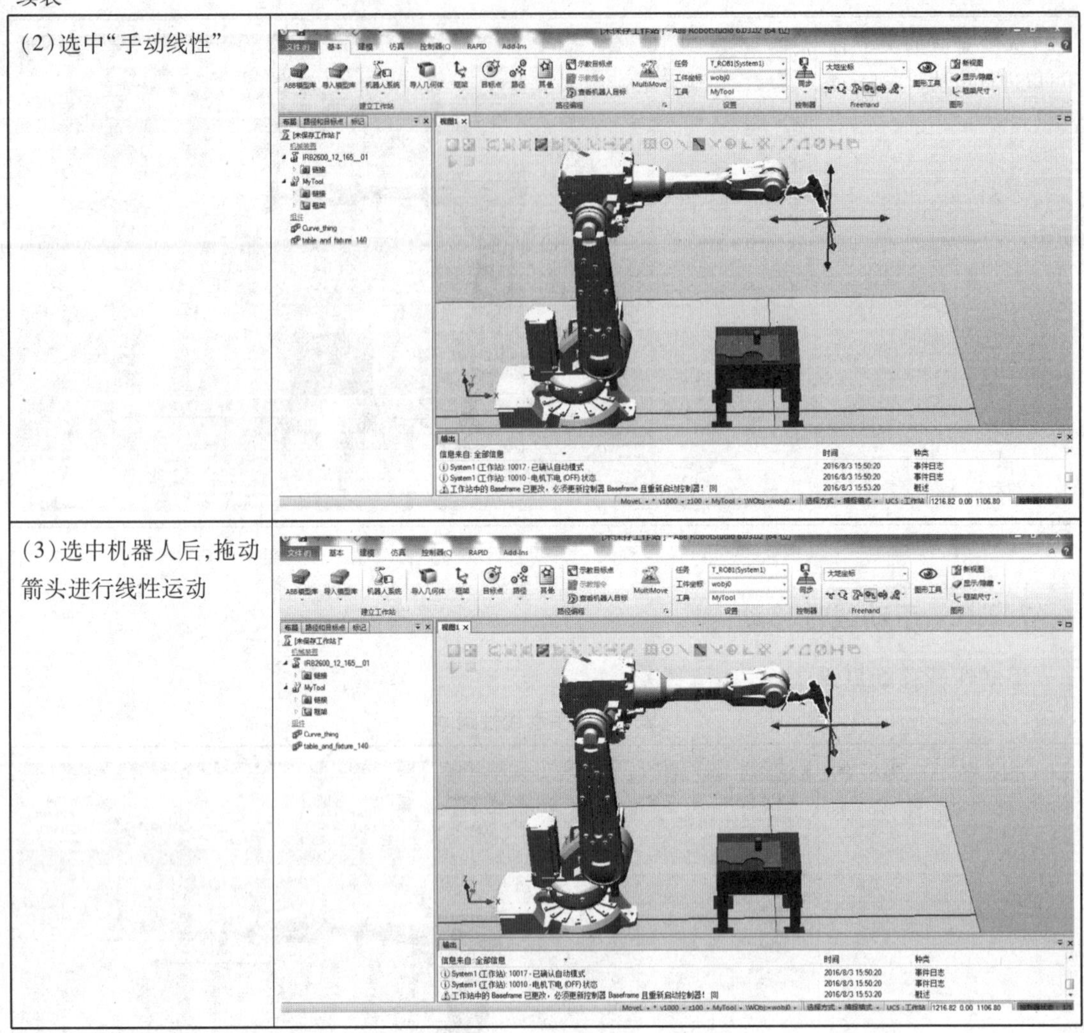
(3)选中机器人后，拖动箭头进行线性运动	

7.2.4 手动重定位

手动重定位见表7.7。

表7.7 手动重定位运动

(1)选中“手动重定位”	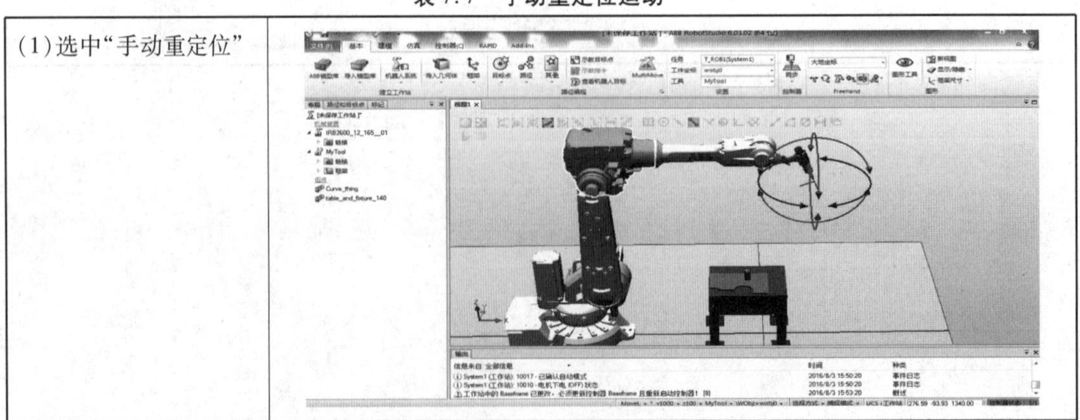

续表

(2)选中机器人后,拖动箭头进行重定位运动	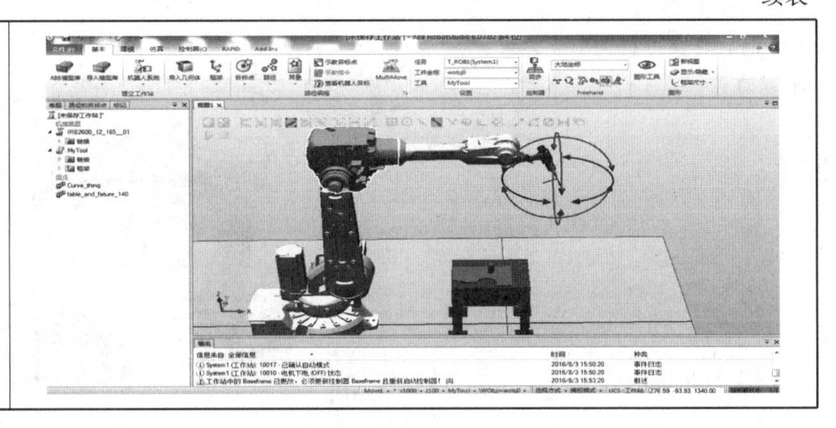

7.2.5　机械装置手动关节

机械装置手动关节见表7.8。

表7.8　机械装置手动关节运动

(1)"设置"工具栏的"工具"项设定为"MyTool"	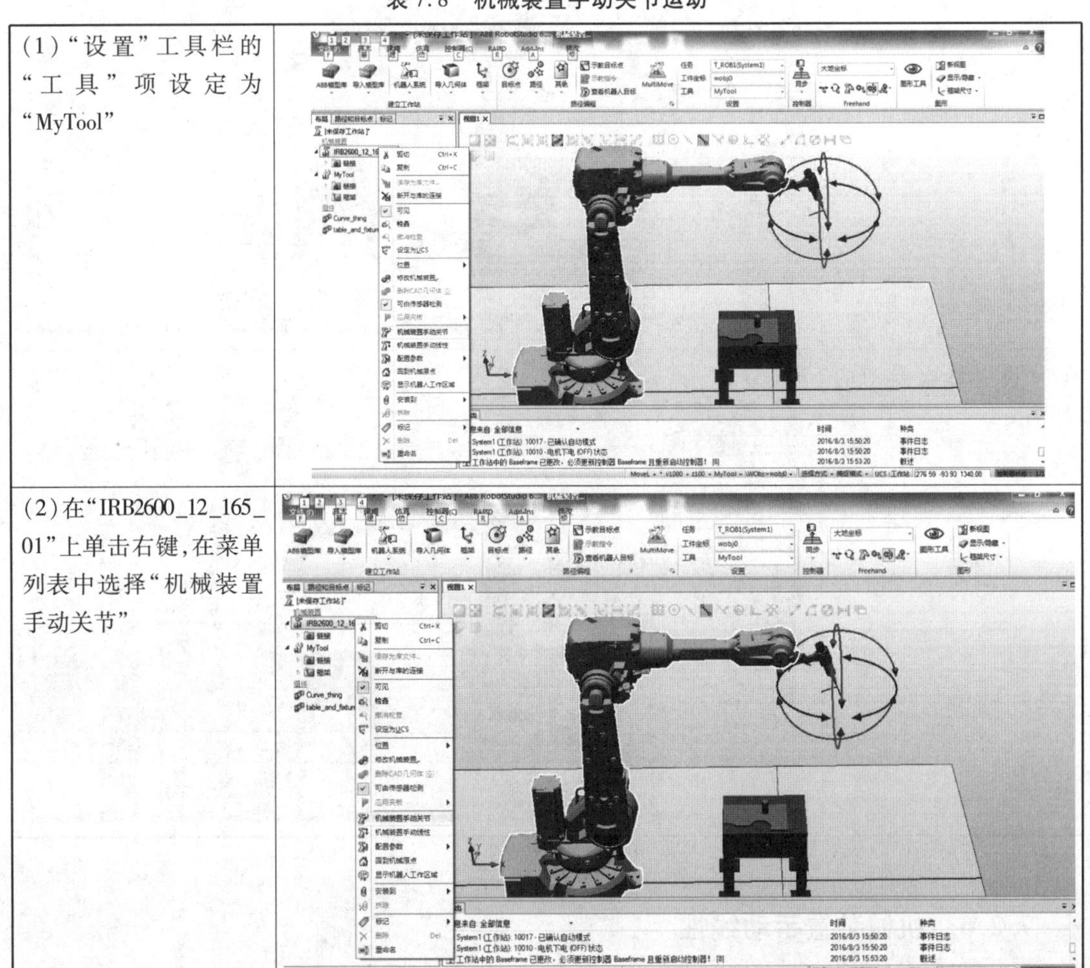
(2)在"IRB2600_12_165_01"上单击右键,在菜单列表中选择"机械装置手动关节"	

续表

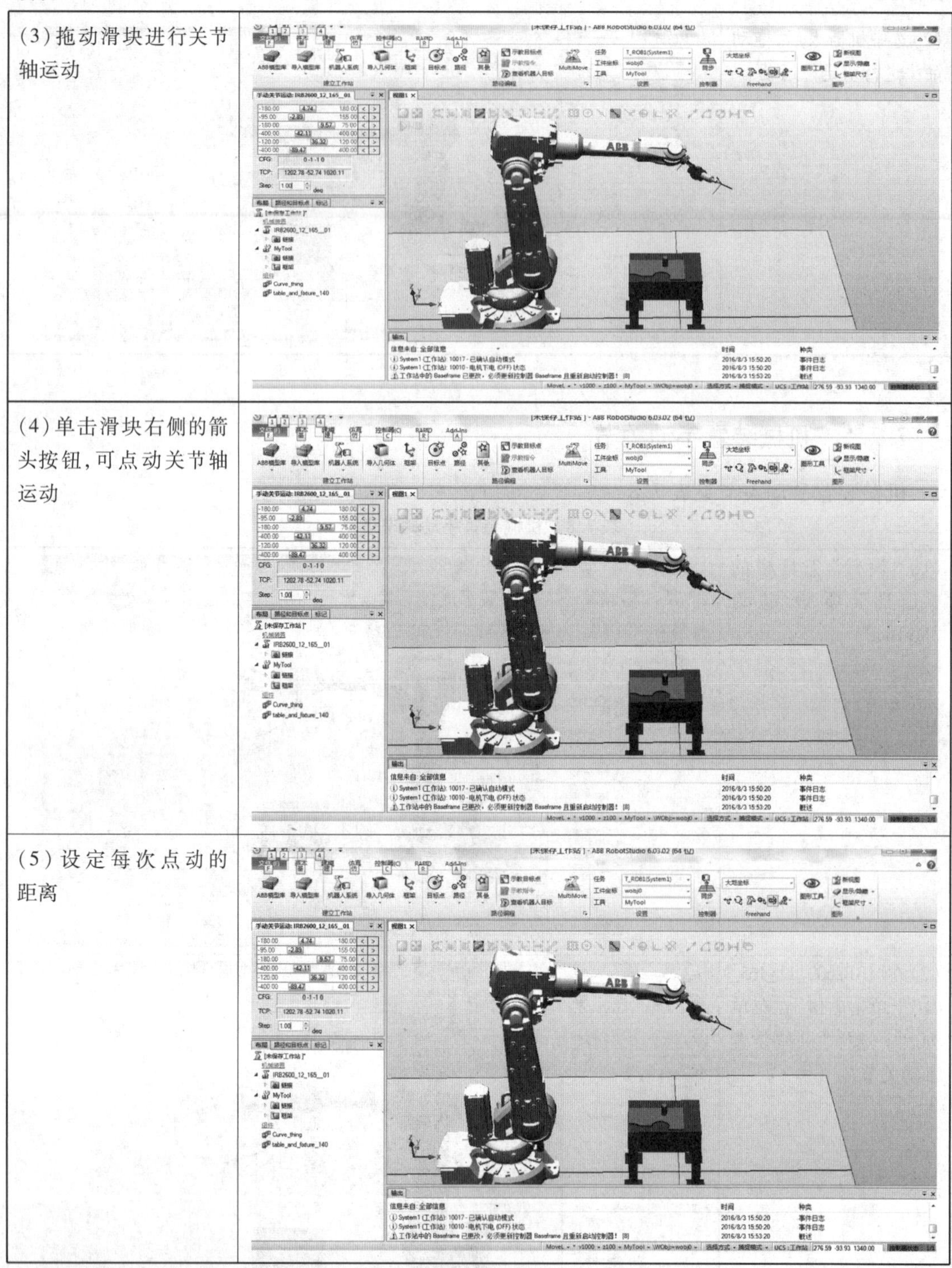

(3)拖动滑块进行关节轴运动	
(4)单击滑块右侧的箭头按钮,可点动关节轴运动	
(5)设定每次点动的距离	

7.2.6 机械装置手动线性

机械装置手动线性见表 7.9。

表 7.9　机械装置手动线性运动

(1)在布局的 IRB2600 右键选择“机械装置手动线性” (2)直接输入坐标值使机器人到达位置 (3)单击滑块右侧的箭头按钮,可点动运动 (4)设定每次点动的距离	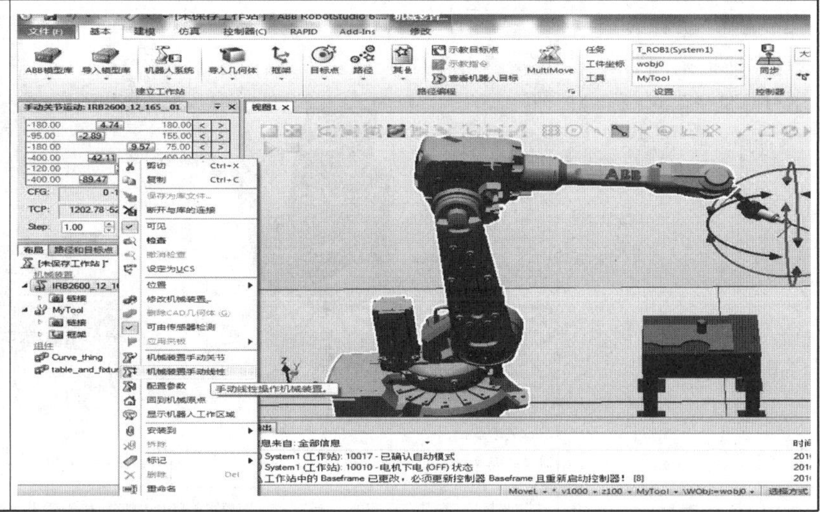

7.2.7　回到机械原点

在“IRB2600_12_165_01”上单击右键,在菜单列表中选择“回到机械原点”,但不是6个关节轴都为0度,5轴会在30°的位置。

任务7.3　创建工业机器人工件坐标与轨迹编程

7.3.1　建立工业机器人工件坐标

创建工业机器人工件坐标与轨迹编程

建立工业机器人工件坐标,见表7.10。

表 7.10　建立工件坐标系

(1)在“基本”功能选项卡的“其他”中,选择“创建工件坐标”	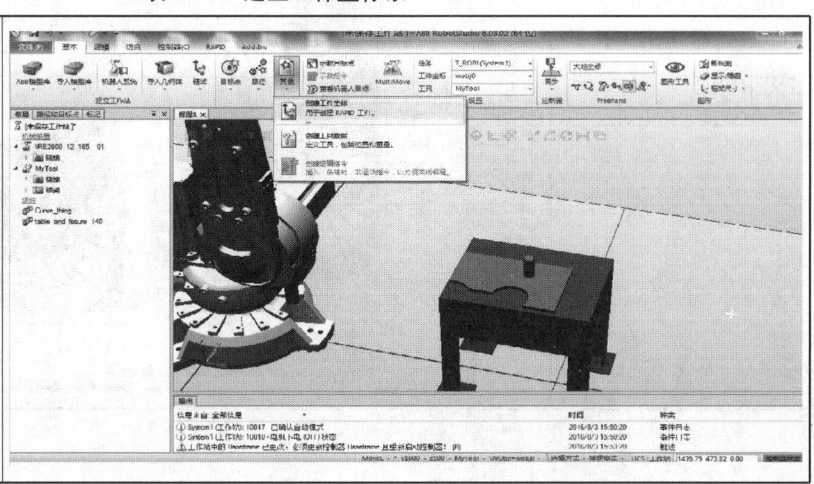

续表

(2)选择“选择表面”,单击“捕捉末端”,设定工件坐标名称为“Wobj1”	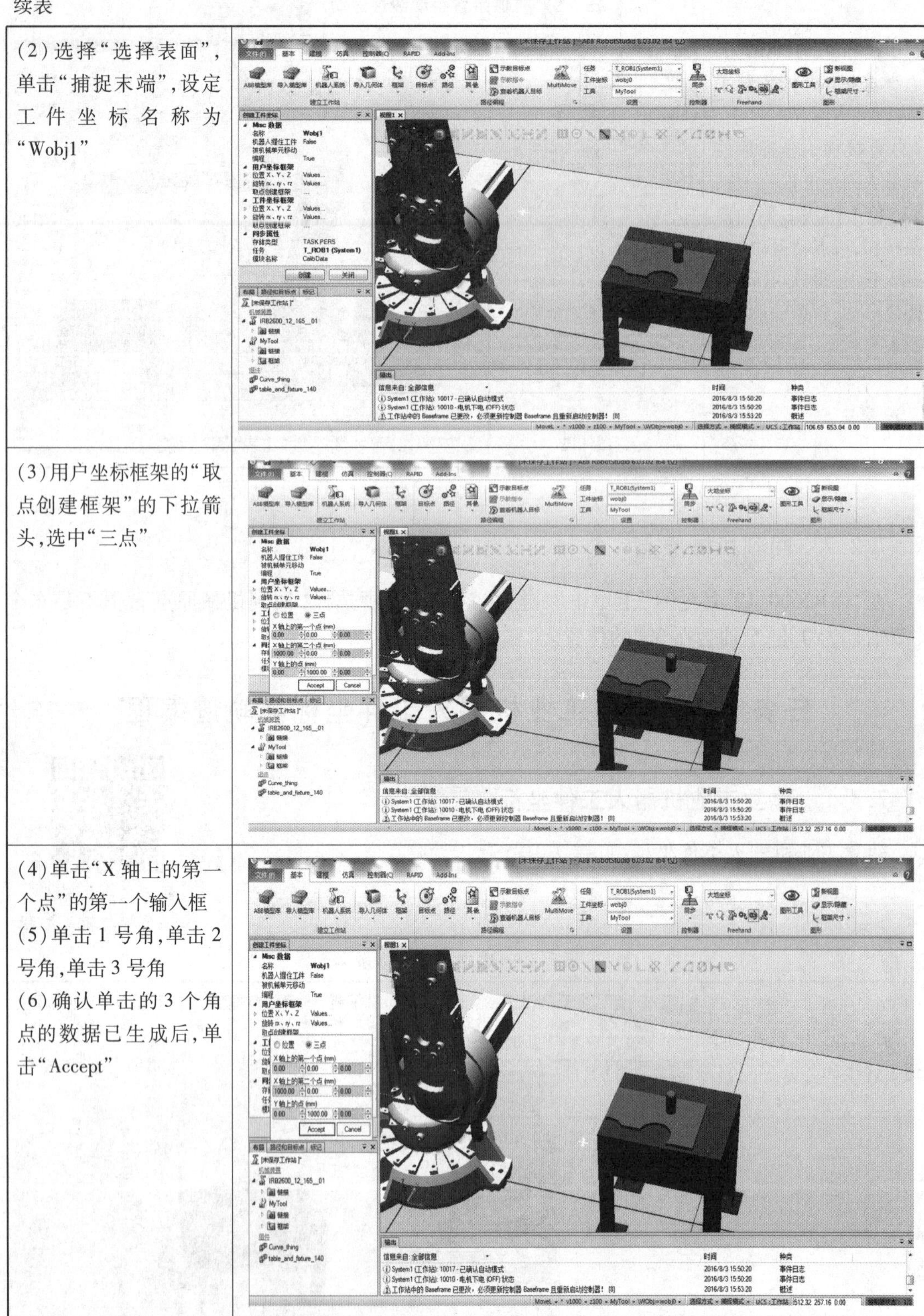
(3)用户坐标框架的“取点创建框架”的下拉箭头,选中“三点”	
(4)单击“X轴上的第一个点”的第一个输入框 (5)单击1号角,单击2号角,单击3号角 (6)确认单击的3个角点的数据已生成后,单击“Accept”	

续表

(7)单击“创建”	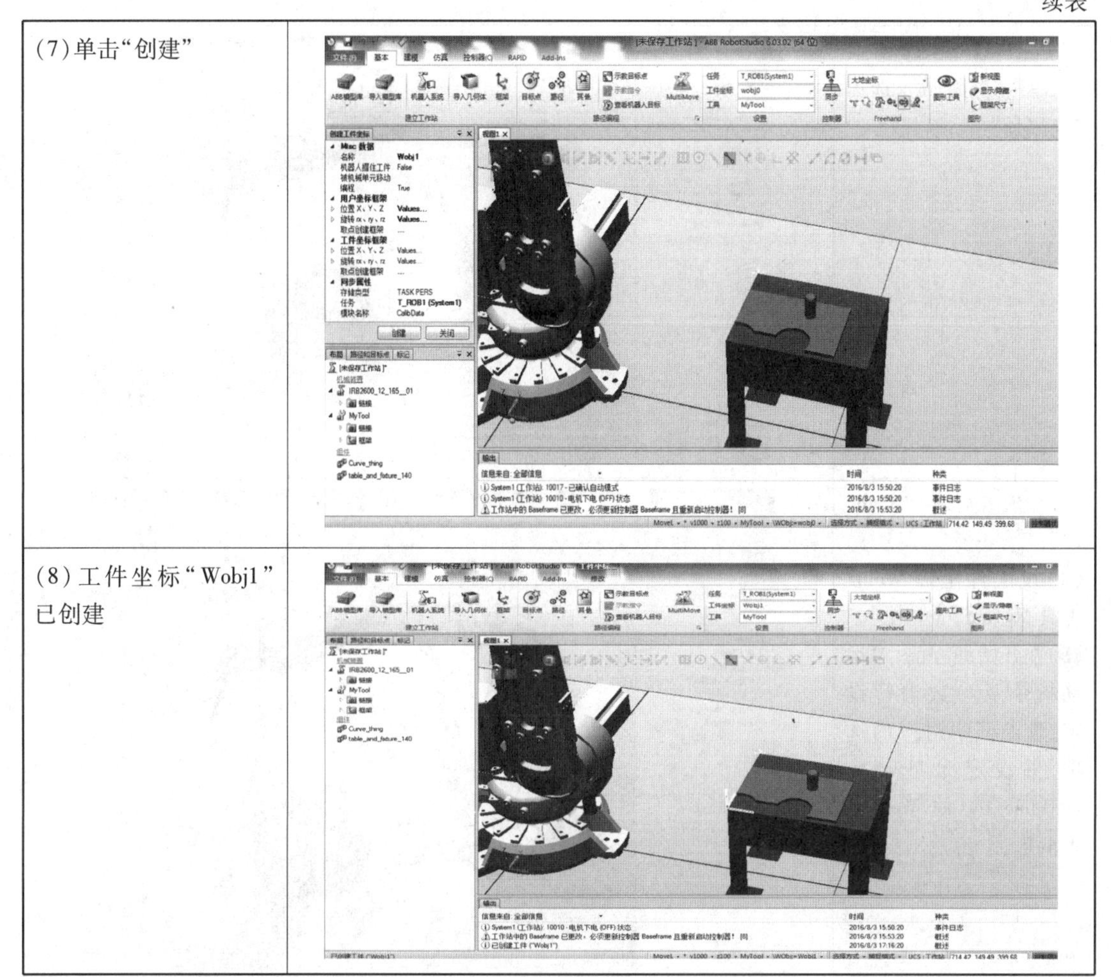
(8)工件坐标“Wobj1”已创建	

7.3.2　创建工业机器人运动轨迹程序

创建工业机器人运动轨迹程序，见表7.11。

表7.11　创建工业机器人运动轨迹程序

(1)安装在法兰盘上的工具 MyTool 在工件坐标 Wobj1 中沿着对象的边沿逆时针行走一圈	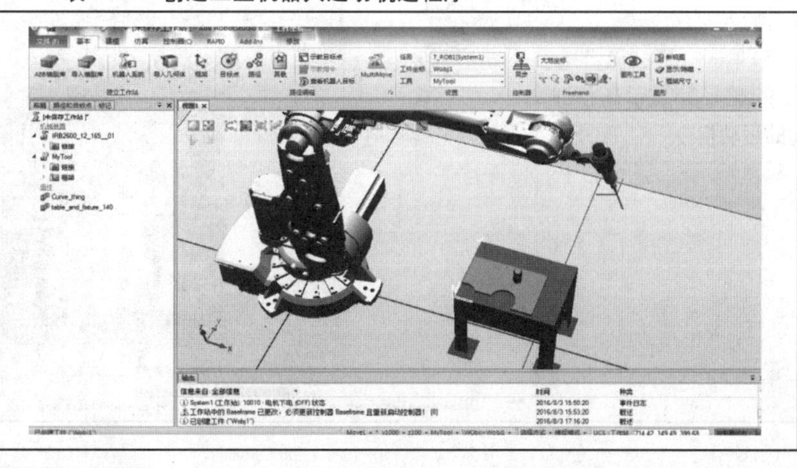

续表

(2)在“基本”选项卡中,单击“路径”后,选择“空路径”	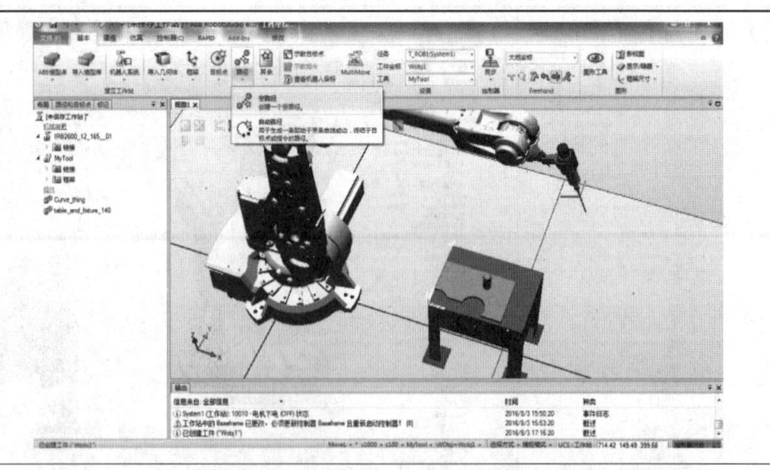
(3)生成的空路径“Path_10” (4)设工件坐标 Wobj1 工具 MyTool (5)在开始编程前,对运动指令及参数进行设定,单击框中对应的选项,并设定为 Movej * v150 fine MyTool\Wobj:=Wobj1	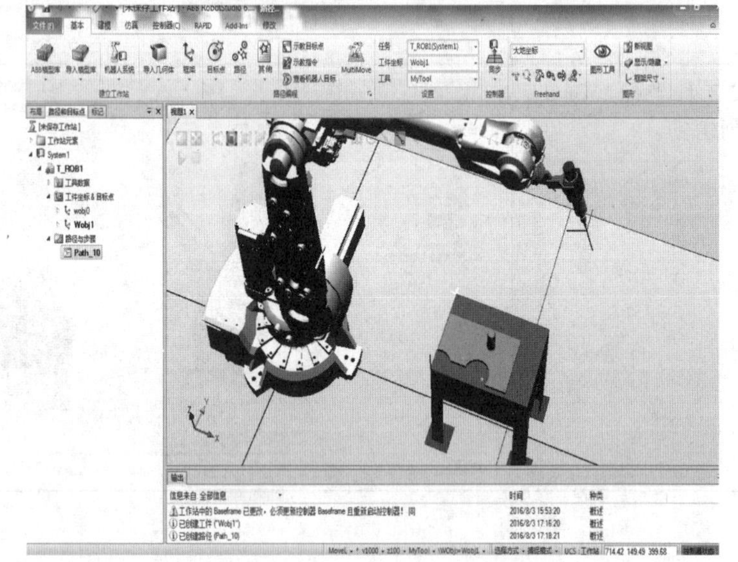
(6)选择“手动关节” (7)将机器人拖动到合适的位置,作为轨迹的起始点 (8)单击“示教指令” (9)路径处显示新创建的运动指令	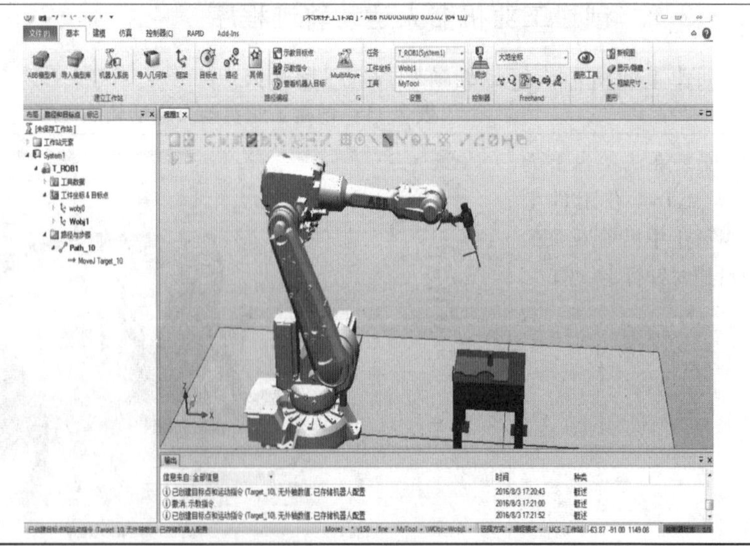

续表

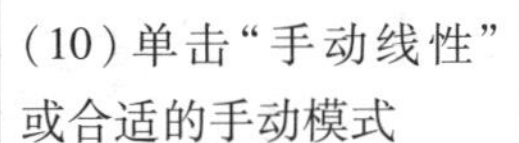(10)单击“手动线性”或合适的手动模式 (11)拖动机器人,使工具对准第一个角点 (12)单击示教指令	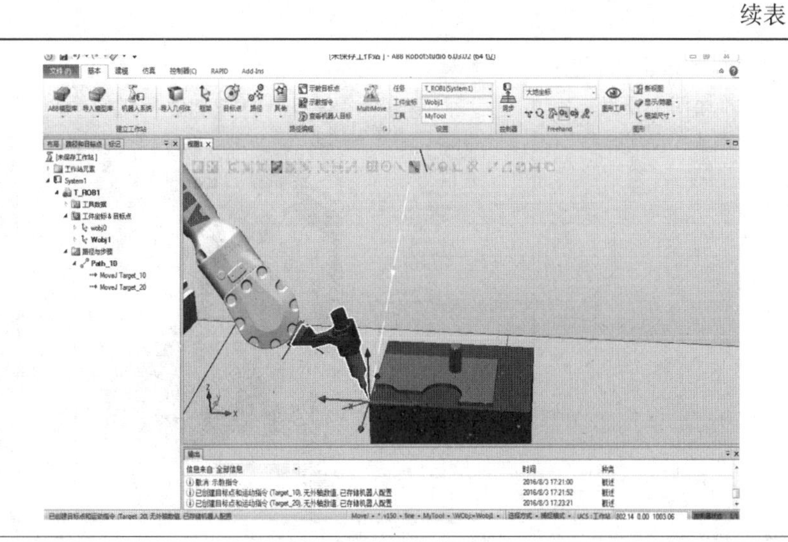
(13)接下来的指令要沿桌子直线运动,单击框中对应的选项,并设定为 MoveL ＊ v150 fine MyTool\Wobj:=Wobj1 (14)拖动机器人,使工具对准第二个角点 (15)单击“示教指令”	
(16)拖动机器人,使工具对准第三个角点 (17)单击“示教指令”	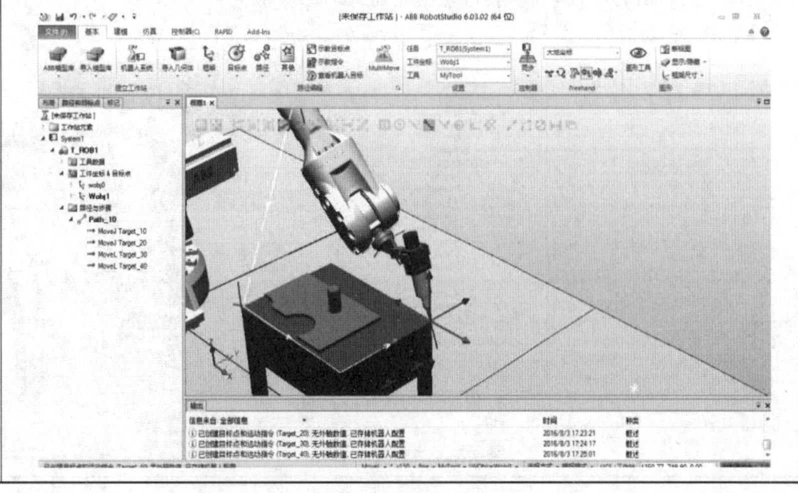

续表

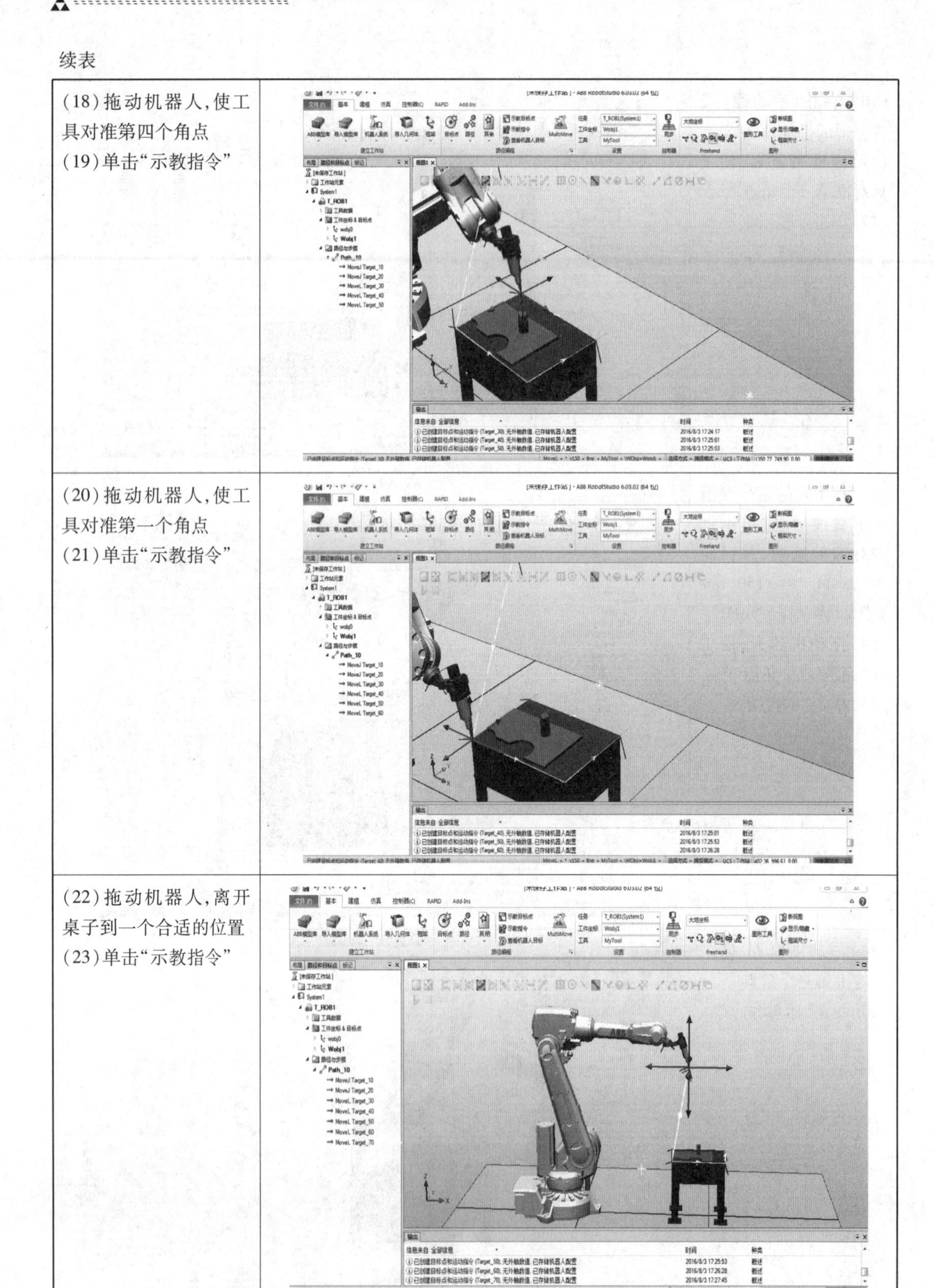

步骤	图示
(18)拖动机器人,使工具对准第四个角点 (19)单击“示教指令”	
(20)拖动机器人,使工具对准第一个角点 (21)单击“示教指令”	
(22)拖动机器人,离开桌子到一个合适的位置 (23)单击“示教指令”	

续表

(24)在路径“Path_10”上单击右键,选择“到达能力”	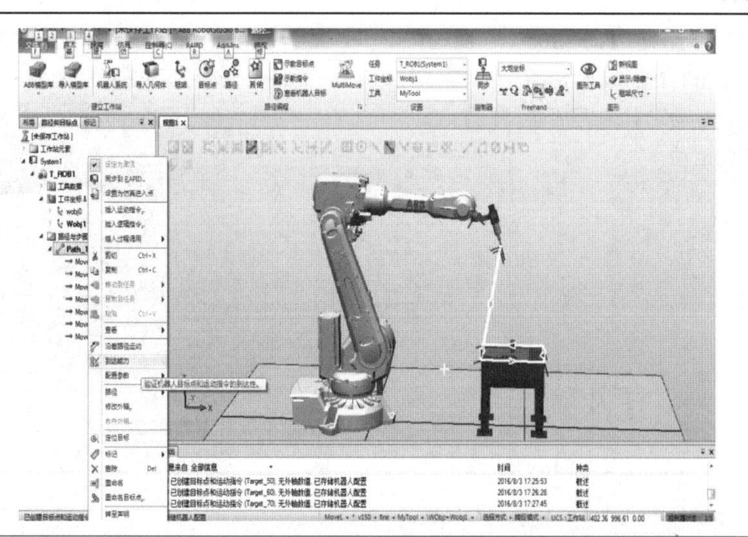
(25)绿色打钩说明目标点都可到达,然后单击“关闭”	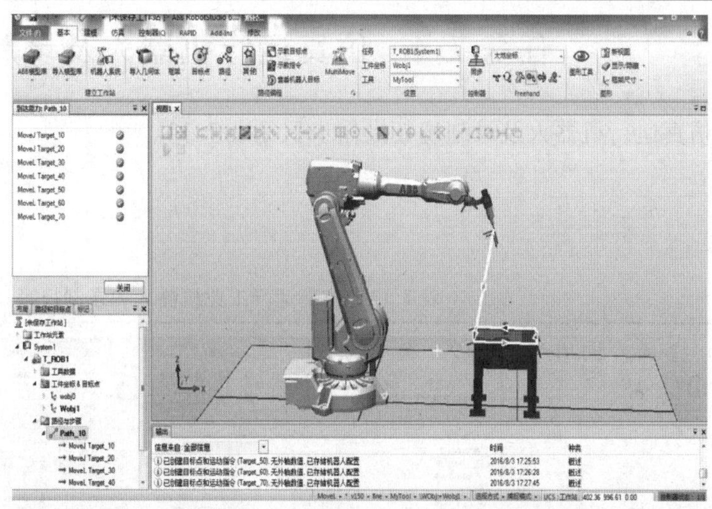
(26)在路径“Path_10”上单击右键,选择“配置参数”—“自动配置”进行关节轴自动配置	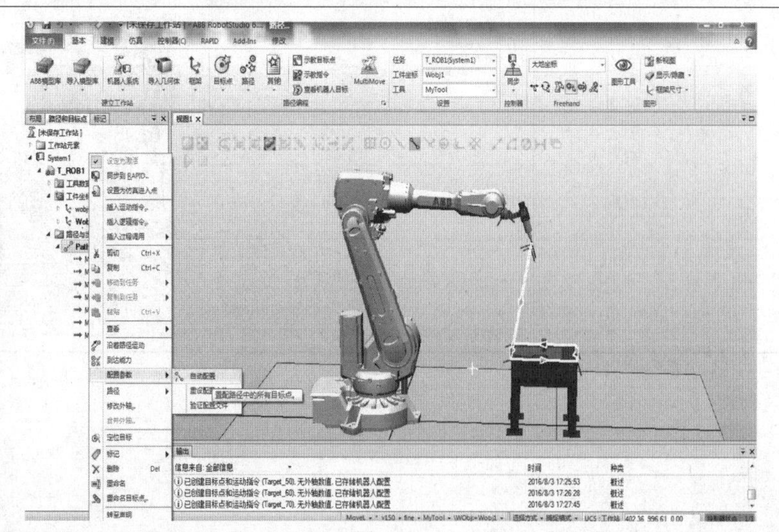

续表

(27)在路径“Path_10”上单击右键,选择“沿着路径运动”,检查是否能正常运动	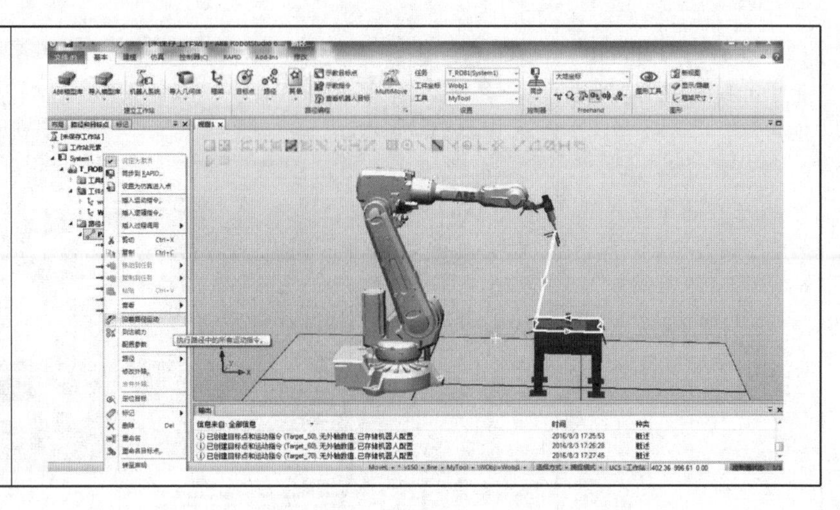

任务7.4　仿真运行机器人及录制视频

仿真运行机器人及录制视频操作步骤见表7.12。

仿真运行机器人及录制视频

表7.12　仿真运行工业机器人和录制视频

(1)选择“同步到RAPID”	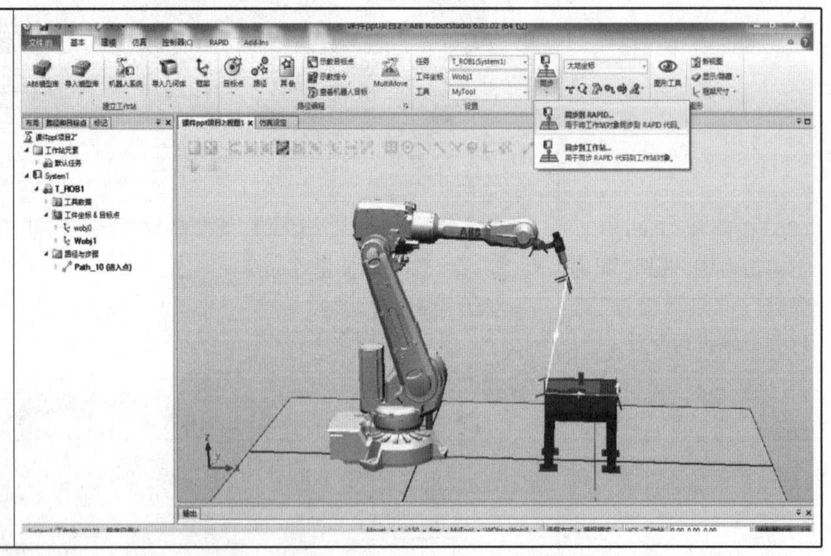

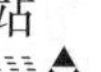

续表

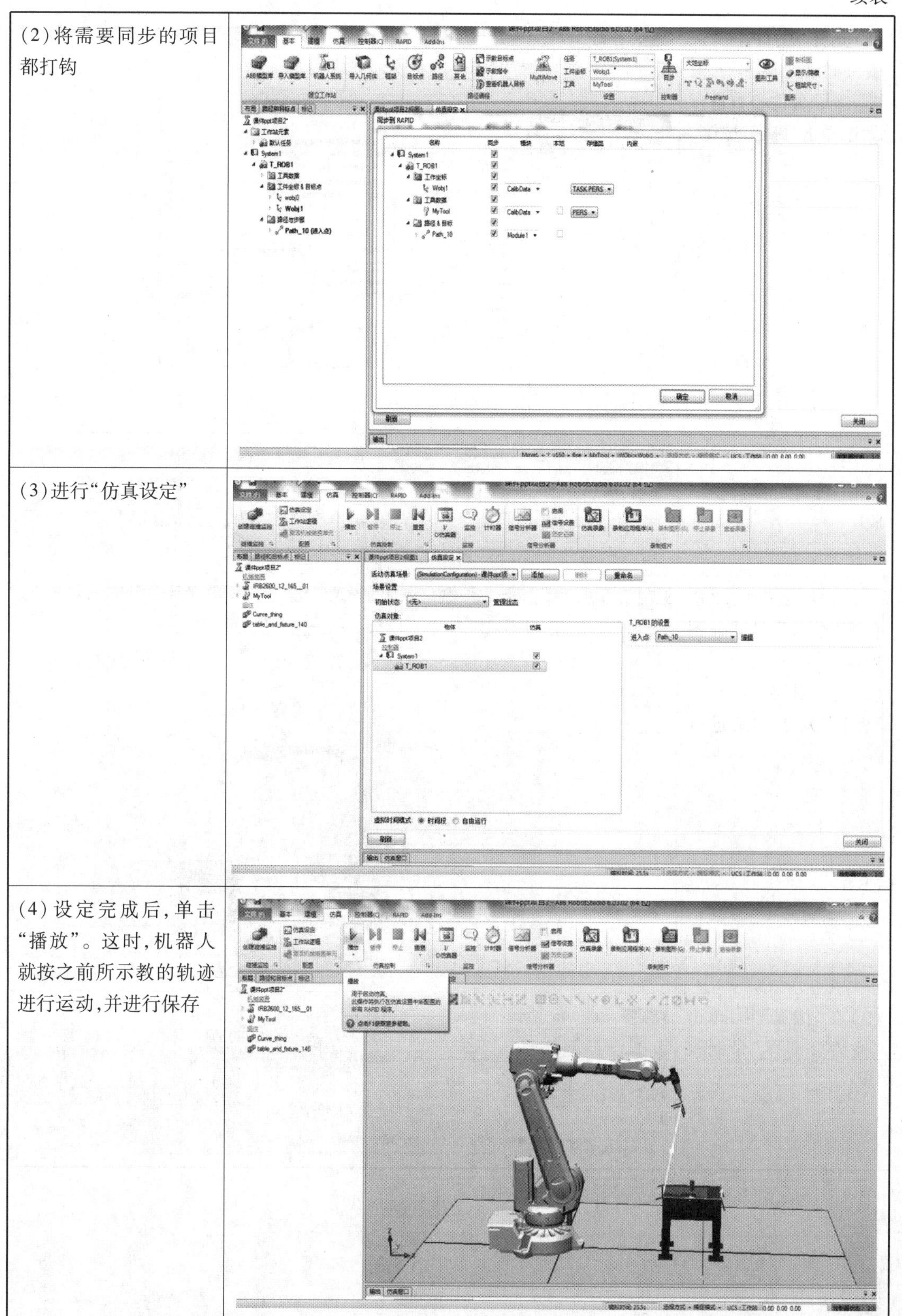

(2)将需要同步的项目都打钩	
(3)进行“仿真设定”	
(4)设定完成后,单击“播放”。这时,机器人就按之前所示教的轨迹进行运动,并进行保存	

续表

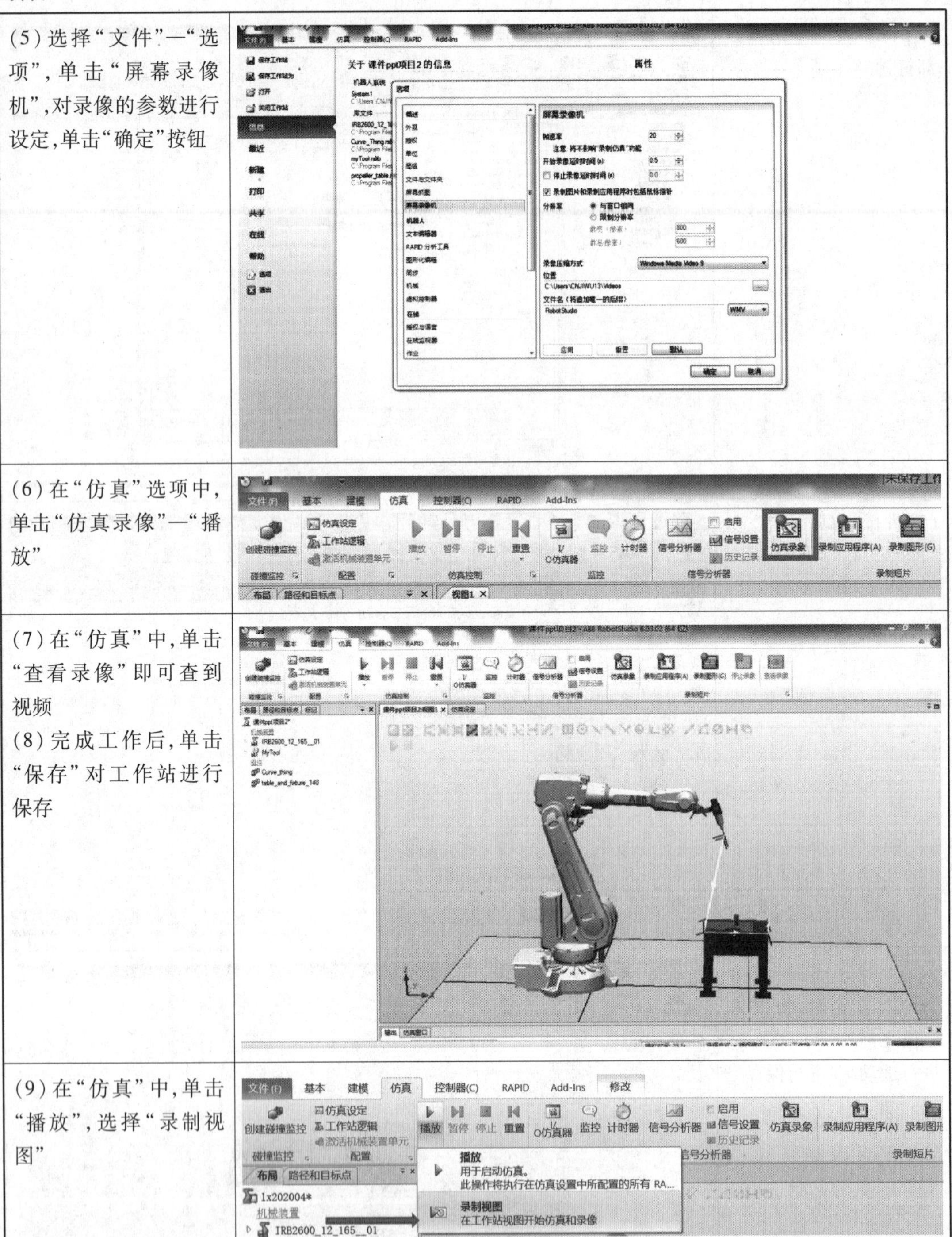

步骤	图示
(5)选择"文件"—"选项",单击"屏幕录像机",对录像的参数进行设定,单击"确定"按钮	
(6)在"仿真"选项中,单击"仿真录像"—"播放"	
(7)在"仿真"中,单击"查看录像"即可查到视频 (8)完成工作后,单击"保存"对工作站进行保存	
(9)在"仿真"中,单击"播放",选择"录制视图"	

续表

<table>
<tr><td>(10)录制完成后,在弹出的保存对话框中指定保存位置,然后单击“Save”</td><td>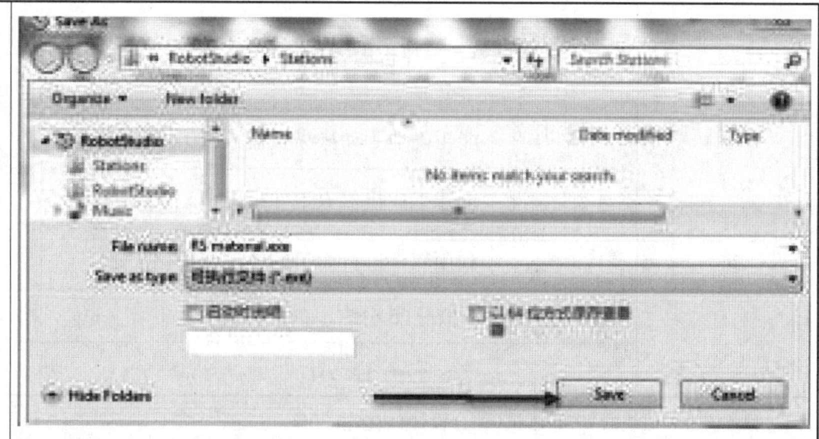
</td></tr>
<tr><td>(11)双击打开生成的 EXE 文件,在此窗口中,缩放、平移和转换视角的操作与 RobotStudio 中的一样
(12)单击“Play”,开始工业机器人的运行</td><td>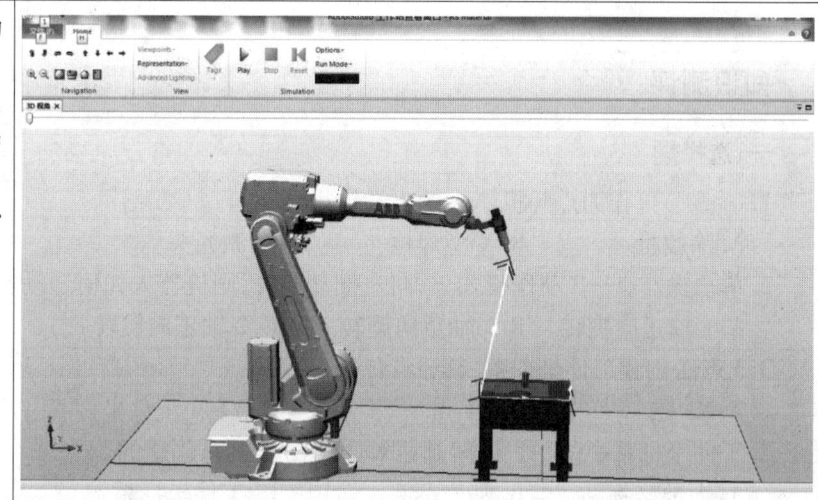
</td></tr>
</table>

学习评价:

<table>
<tr><td>实操时间</td><td colspan="2"></td><td colspan="2">实操地点</td><td colspan="2"></td></tr>
<tr><td rowspan="2">实操班级</td><td colspan="2" rowspan="2"></td><td rowspan="2">实操分组</td><td>组别</td><td></td><td>组长</td></tr>
<tr><td>组员</td><td colspan="2"></td></tr>
<tr><td rowspan="5">项目评价</td><td rowspan="2">序号</td><td rowspan="2">评价内容(总分 100 分)</td><td colspan="4">得　分</td></tr>
<tr><td>自评</td><td>互评</td><td>教评</td><td>总分</td></tr>
<tr><td>1</td><td>课堂考勤(5 分)</td><td></td><td></td><td></td><td></td></tr>
<tr><td>2</td><td>课堂讨论与发言情况(10 分)</td><td></td><td></td><td></td><td></td></tr>
<tr><td>3</td><td>知识点掌握情况(40 分)</td><td></td><td></td><td></td><td></td></tr>
</table>

续表

<table>
<tr><td rowspan="7">项
目
评
价</td><td rowspan="2">序号</td><td rowspan="2" colspan="2">评价内容(总分 100 分)</td><td colspan="4">得　分</td></tr>
<tr><td>自评</td><td>互评</td><td>教评</td><td>总分</td></tr>
<tr><td rowspan="3">4</td><td rowspan="3">任务完成情况(40分)</td><td>能正确地手动操纵机器人(10 分)</td><td></td><td></td><td></td><td></td></tr>
<tr><td>创建工业机器人工件坐标(15 分)</td><td></td><td></td><td></td><td></td></tr>
<tr><td>利用软件进行简单的轨迹编程(15 分)</td><td></td><td></td><td></td><td></td></tr>
<tr><td>5</td><td colspan="2">互助协作情况(5 分)</td><td></td><td></td><td></td><td></td></tr>
<tr><td colspan="3">合　计</td><td></td><td></td><td></td><td></td></tr>
</table>

注:过程考核占总成绩的 70%,考试(综合设计)成绩占 30%。

知识测评:

一、选择题

1.(　　)可作为点焊机器人的末端执行器。

A. 涂胶枪　　B. X 型焊枪　　C. 激光头

2. 单轴操作,1—3 动作模式下,向左推动摇杆,则机器人如何运动?(　　)

A. 1 轴正向旋转　　B. 1 轴负向旋转　　C. 2 轴正向旋转

3. 3 点法创建工件坐标系,其原点位于(　　)。

A. X1 点　　B. Y1 点　　C. Y1 在工件坐标 X 上的投影点

4. 工件坐标系中的用户框架是相对(　　)坐标系创建的。

A. 大地坐标系　　B. 基坐标系　　C. 工件坐标系

二、实作题

建立一个工业机器人系统,并进行手动操作。

项目 8

机器人的仿真建模

学习目标

知识目标:

1. 了解工业机器人建模功能的使用。
2. 学会工业机器人工作站简单的建模。

技能目标:

1. 学会工作站测量工具的使用。
2. 学会创建简单的机械装置。

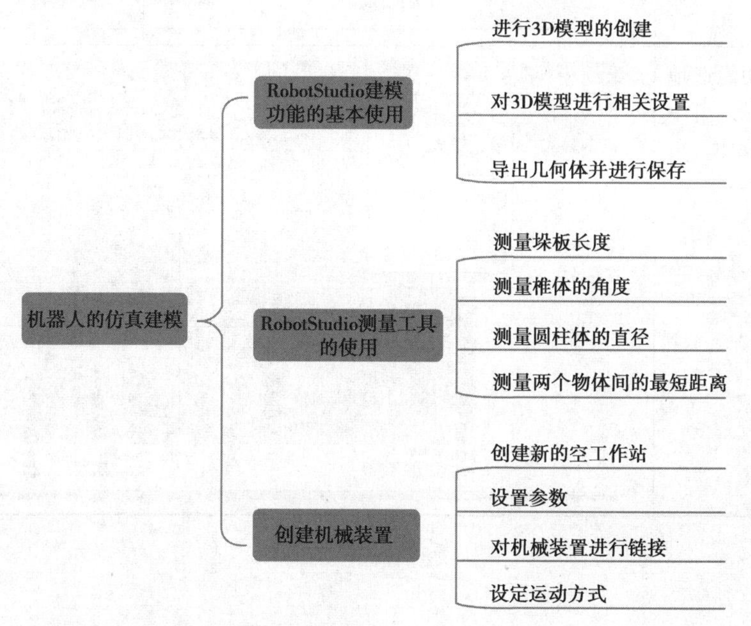

任务 8.1　RobotStudio 建模功能的基本使用

一般情况，当需要使用 RobotStudio 进行机器人的仿真验证，并且对周边模型要求不是非常细致的表述时，就可以利用 RobotStudio 建模功能进行创建 3D 模型。具体的建模方法如下：

RobotStudio 建模功能的基本使用

8.1.1　使用 RobotStudio 建模功能进行 3D 模型的创建

使用 RobotStudio 建模功能进行 3D 模型的创建，见表 8.1。

表 8.1　建模功能基本应用

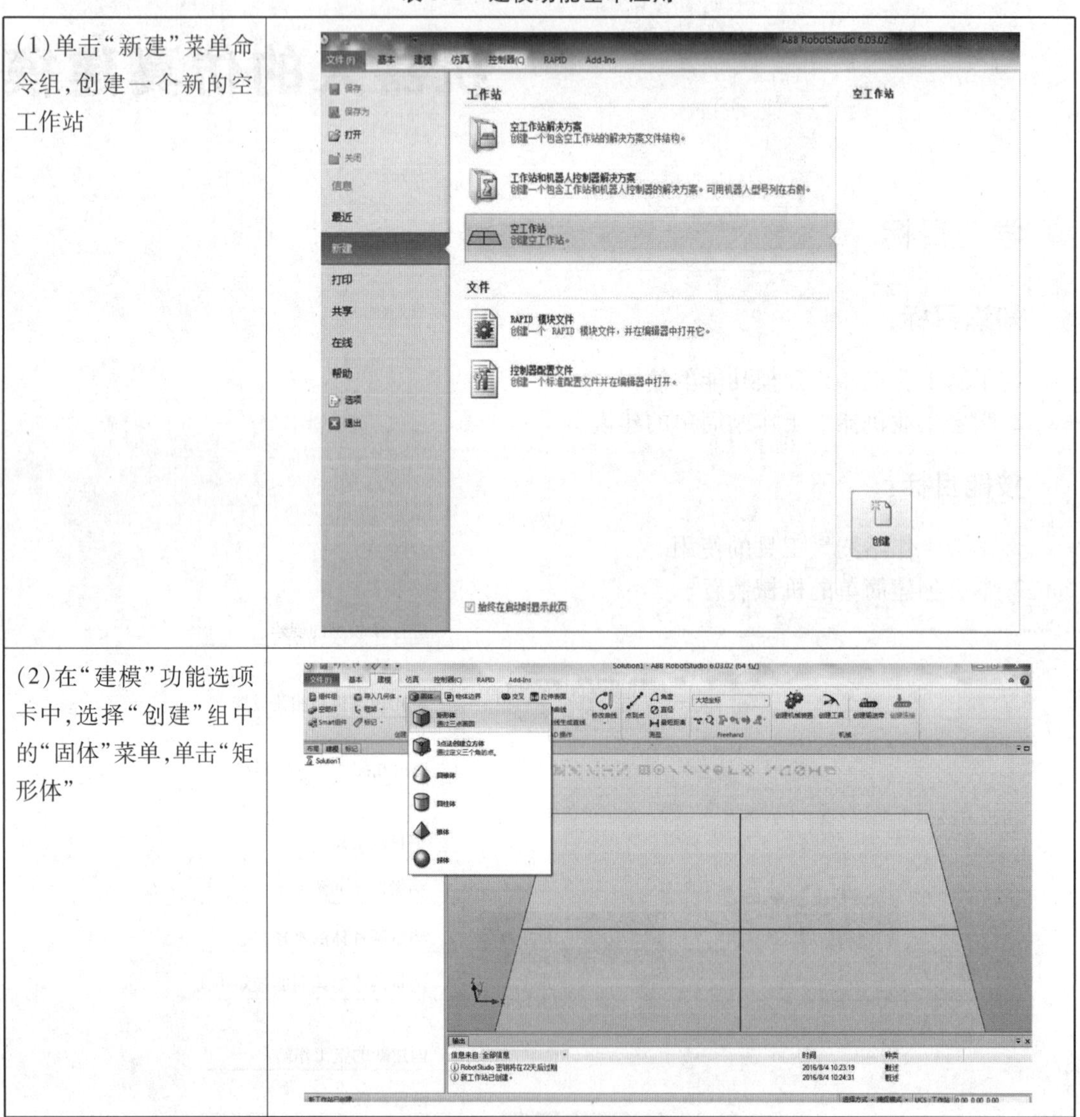

步骤	图示
(1)单击“新建”菜单命令组，创建一个新的空工作站	
(2)在“建模”功能选项卡中，选择“创建”组中的“固体”菜单，单击“矩形体”	

续表

(3)按照垛板的数据进行参数输入,长度:1 190 mm,宽度:800 mm,高度:140 mm,然后单击“创建”	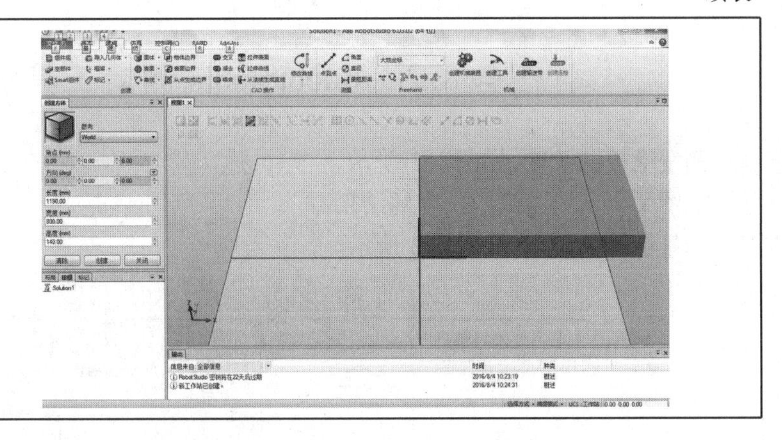

8.1.2　对 3D 模型进行相关设置

对 3D 模型进行相关设置,见表 8.2。

表 8.2　对 3D 模型进行设置

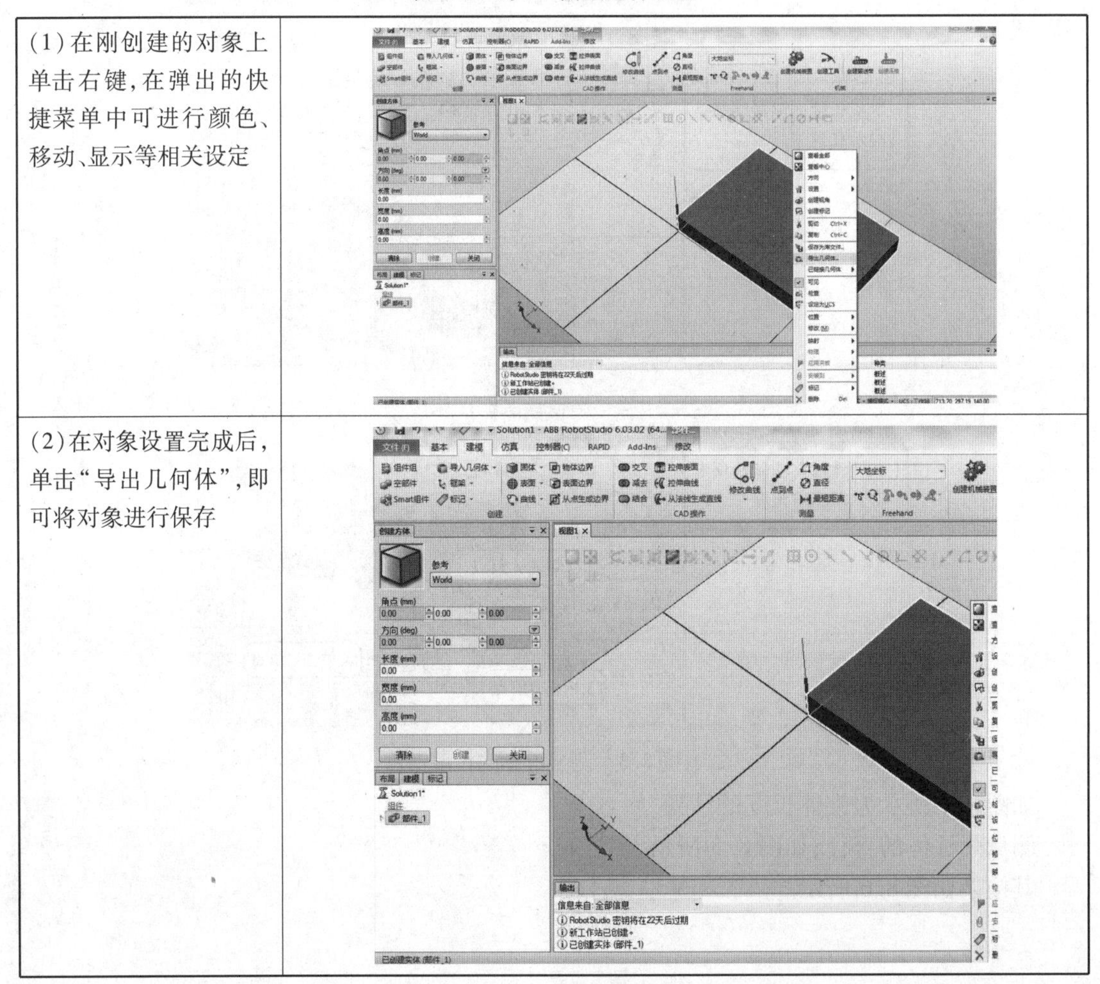

(1)在刚创建的对象上单击右键,在弹出的快捷菜单中可进行颜色、移动、显示等相关设定	
(2)在对象设置完成后,单击“导出几何体”,即可将对象进行保存	

任务 8.2　RobotStudio 测量工具的使用

测量垛板的长度,如图 8.1 所示。

如图 8.2 所示为垛板长度的结果。

测量锥体的角度,如图 8.3 所示。

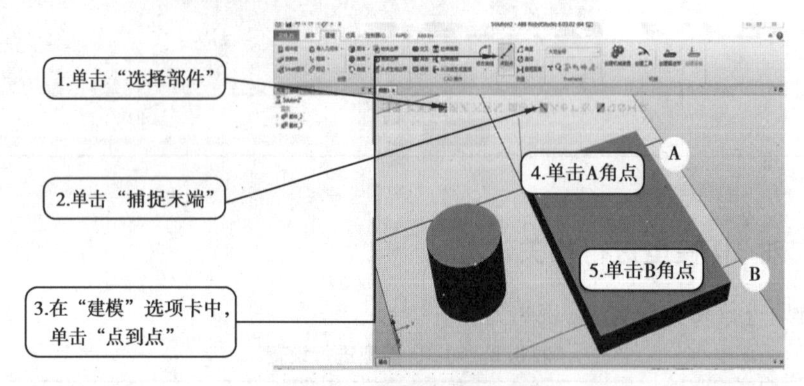

图 8.1　测量垛板长度

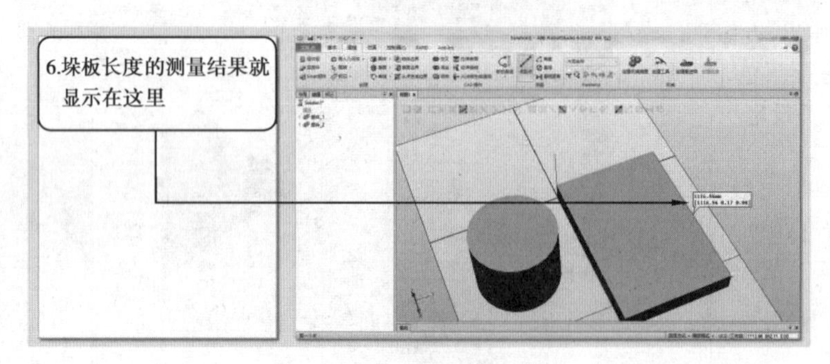

图 8.2　垛板长度的结果

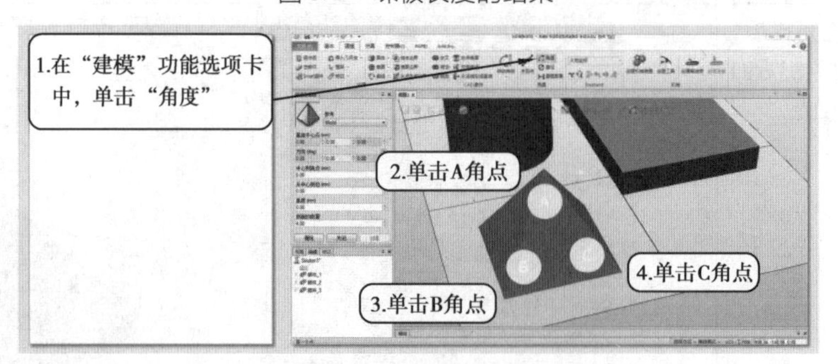

图 8.3　测量锥体的长度

如图 8.4 所示为锥体长度的结果。

测量圆柱体的直径,如图 8.5 所示。

其结果如图 8.6 所示。

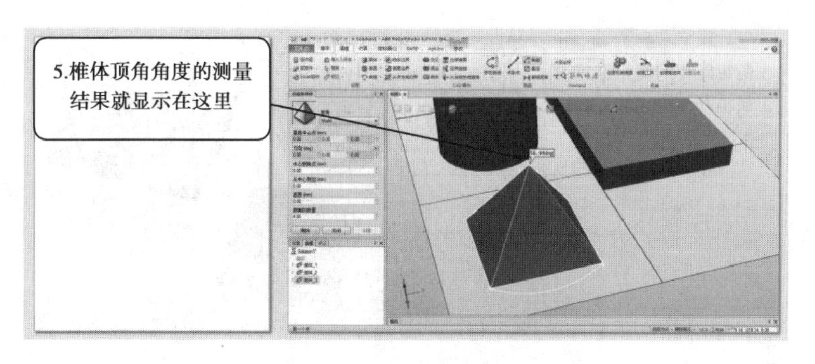

图 8.4　锥体长度的结果

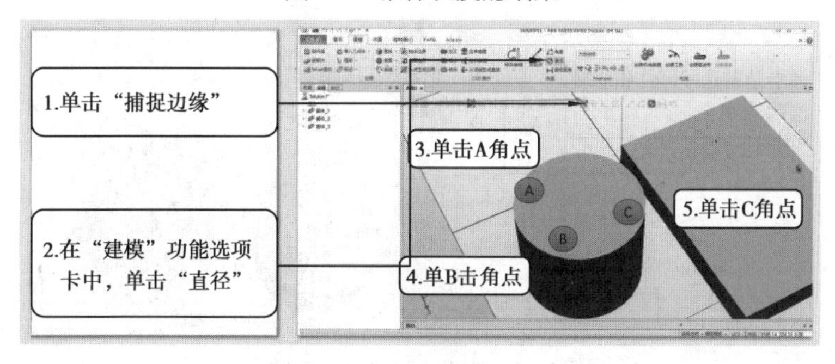

图 8.5　测量圆柱体直径

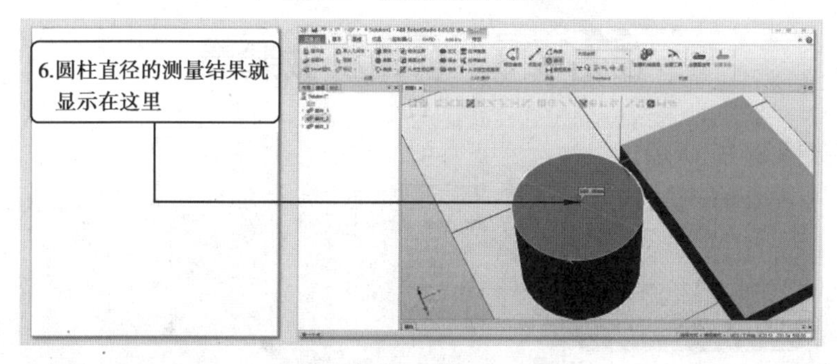

图 8.6　圆柱体直径的结果

测量两个物体间的最短距离,如图 8.7 所示。

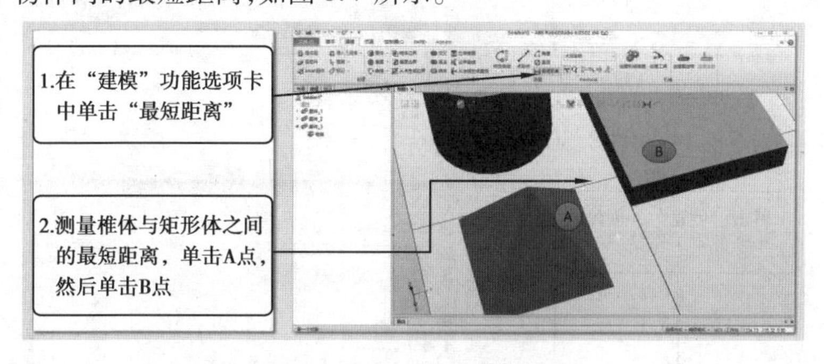

图 8.7　测量物体间最短距离

其结果如图 8.8 所示。

选择合适的捕捉模式,如图 8.9 所示。

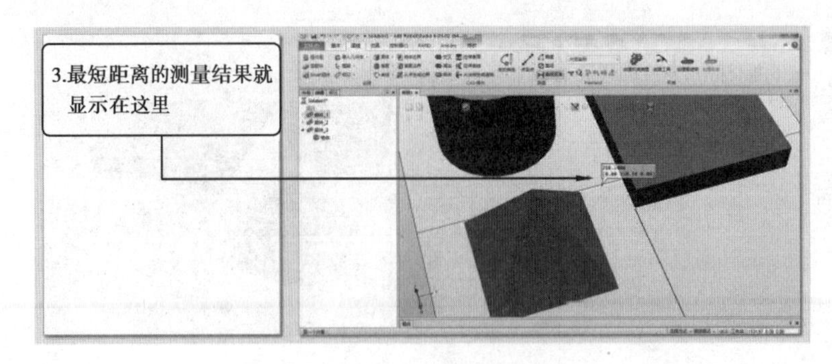

图 8.8　最短距离

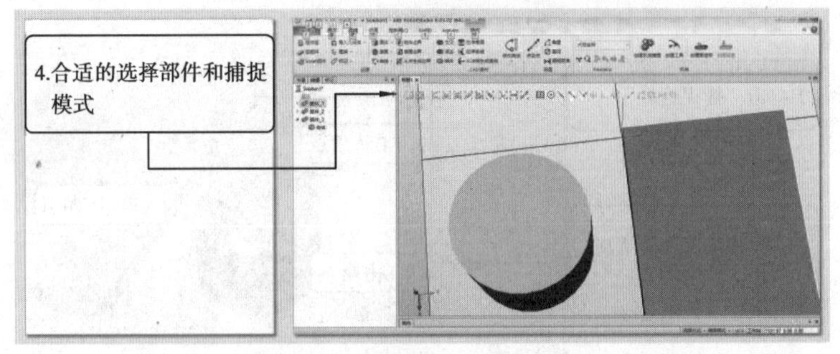

图 8.9　选择合适的捕捉模式

任务 8.3　创建机械装置

创建机械装置

机械装置如图 8.10 所示。

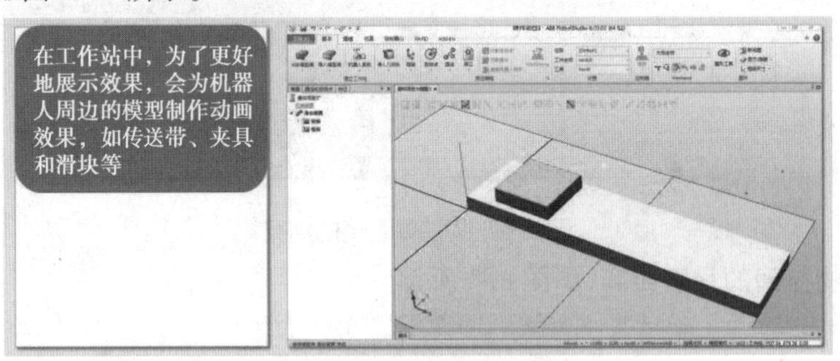

图 8.10　机械装置

其操作步骤如图 8.11—图 8.30 所示。

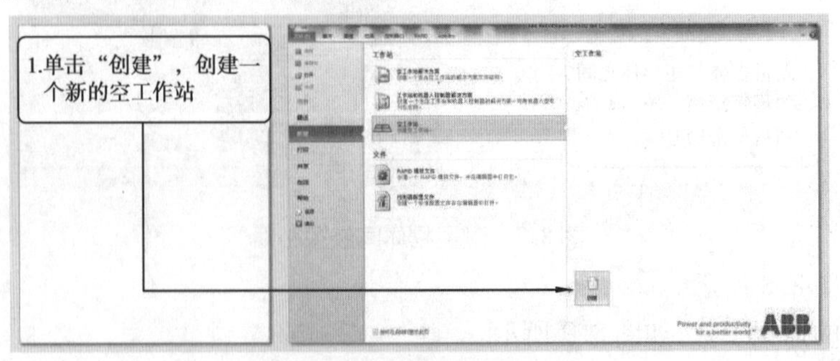

图 8.11　创建新的工作站

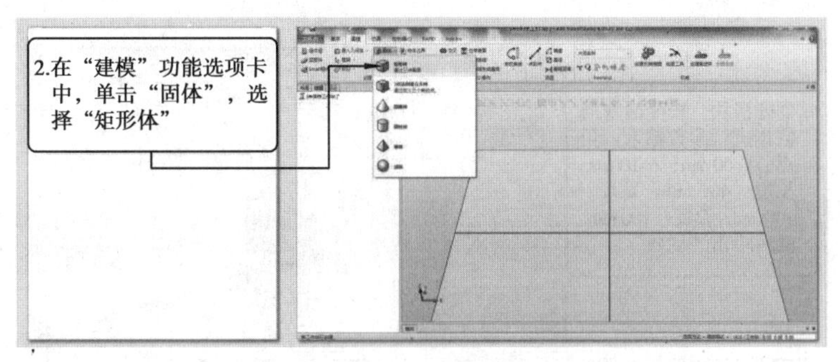

图 8.12　选择形状

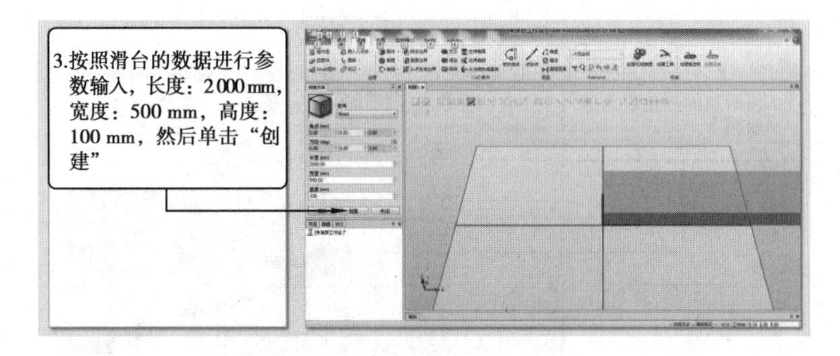

图 8.13　输入滑台长度

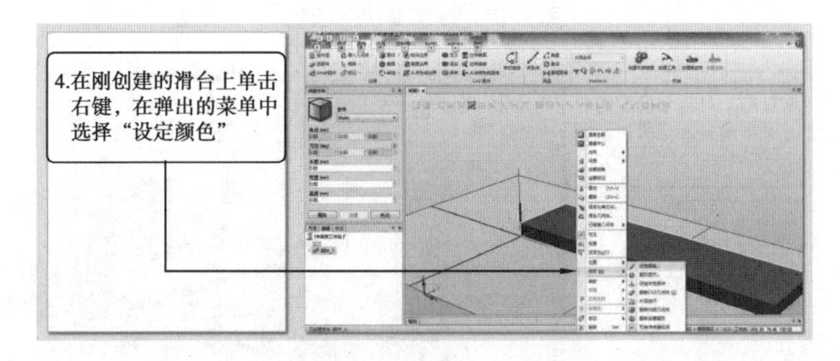

图 8.14　设定滑台颜色

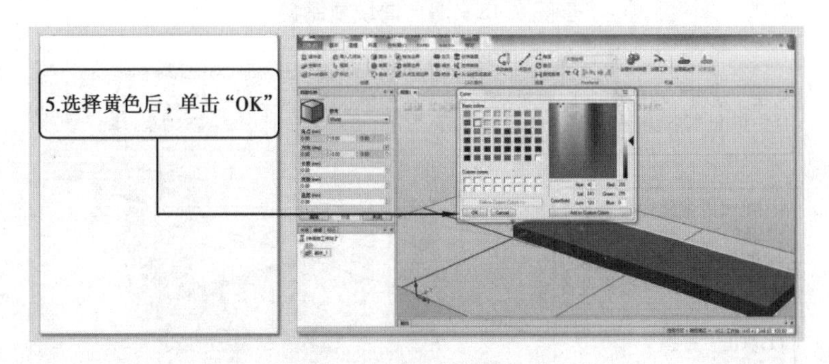

图 8.15　滑台颜色确认

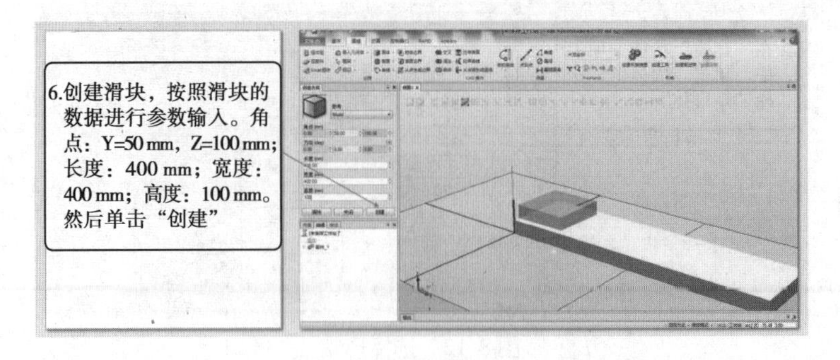

图 8.16　输入滑块长度

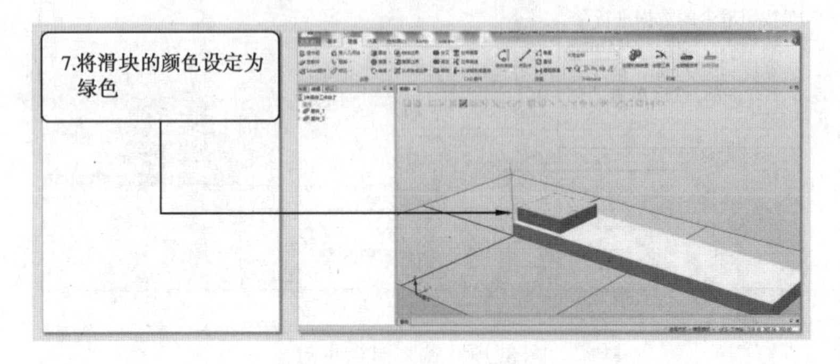

图 8.17　设定滑块的颜色

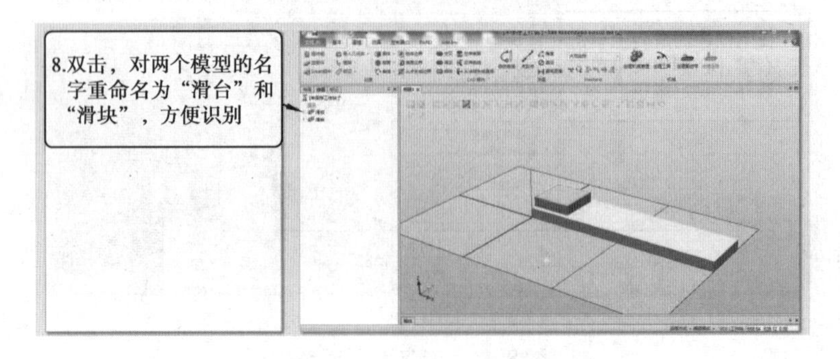

图 8.18　滑台滑块重命名

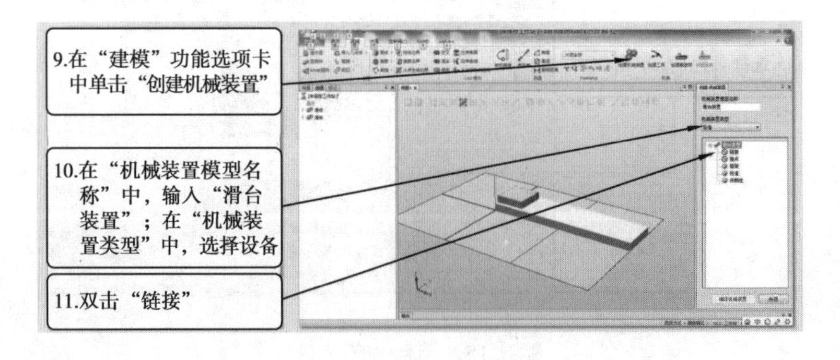

图 8.19　创建机械链接

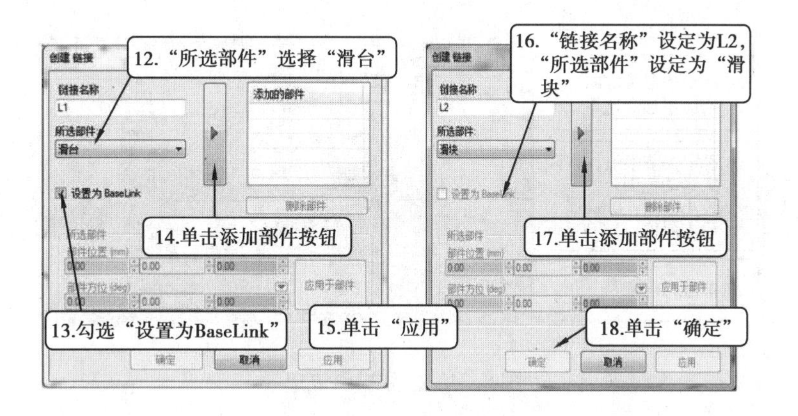

图8.20　创建机械链接

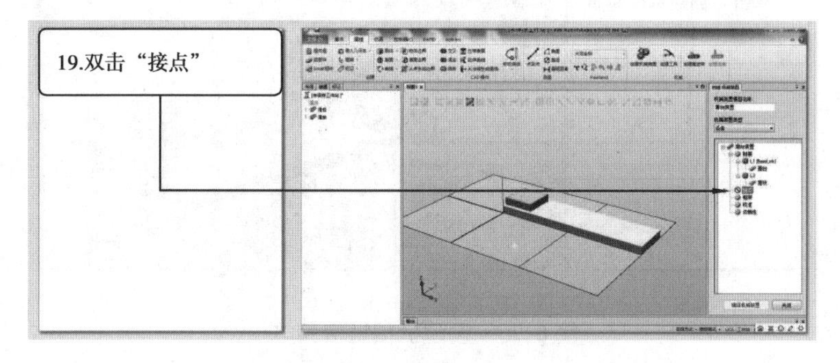

图8.21　创建机械链接

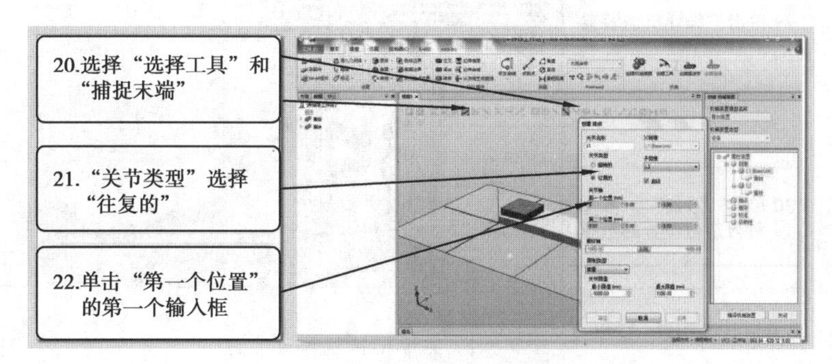

图8.22　创建机械链接

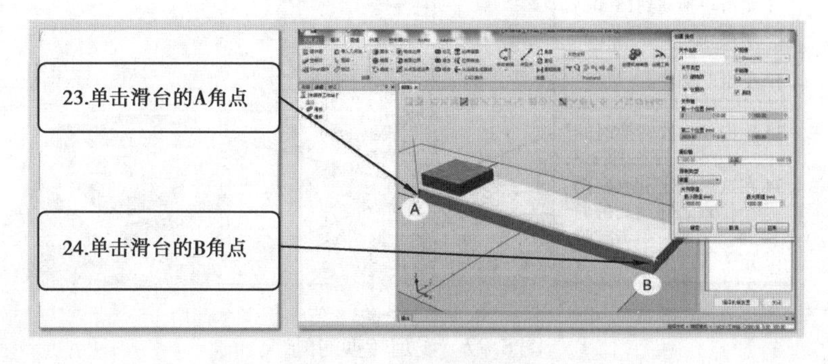

图8.23　创建机械链接

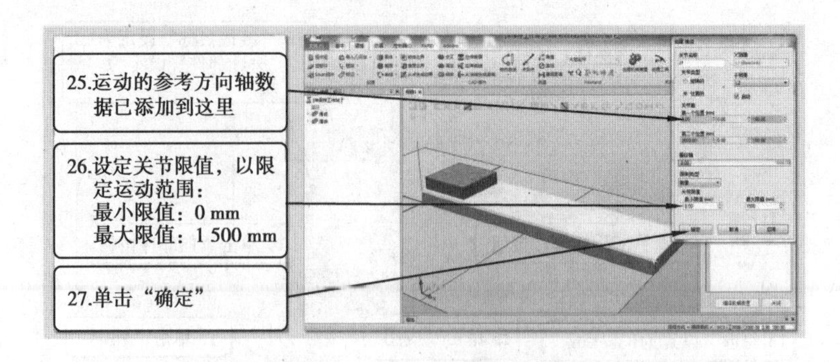

图 8.24　创建机械链接

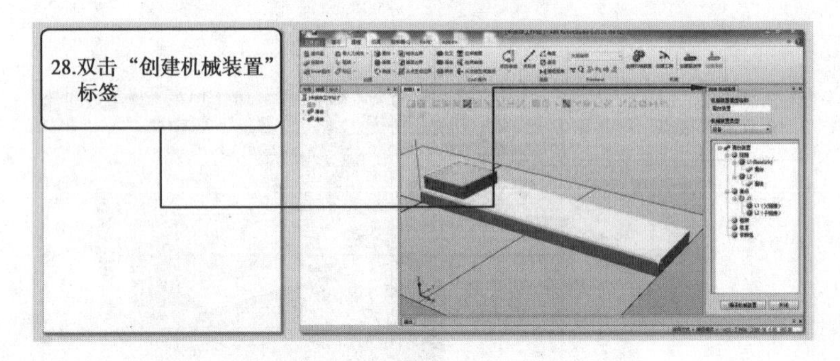

图 8.25　创建机械链接完成

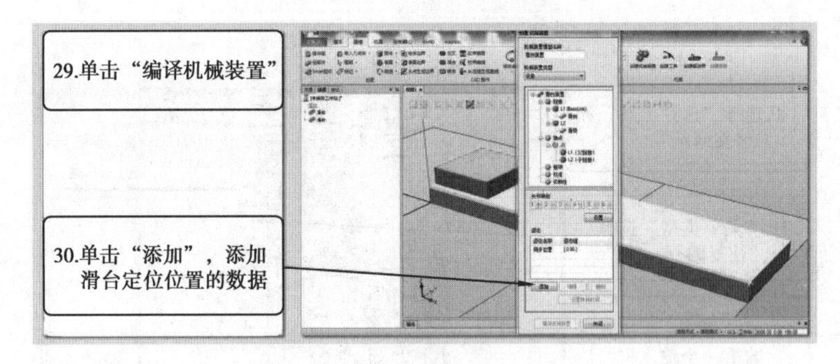

图 8.26　添加位置数据

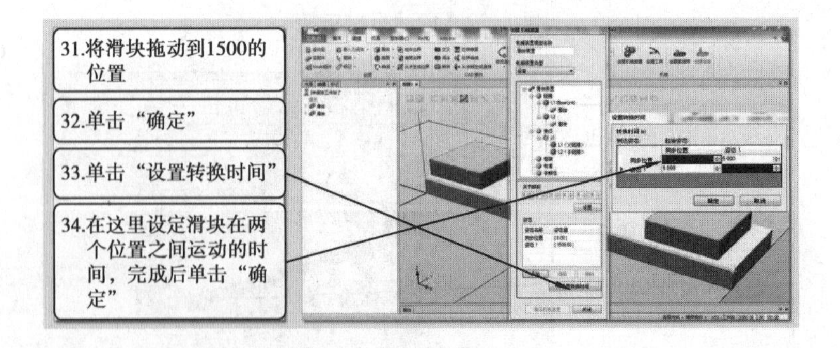

图 8.27　设定转换时间

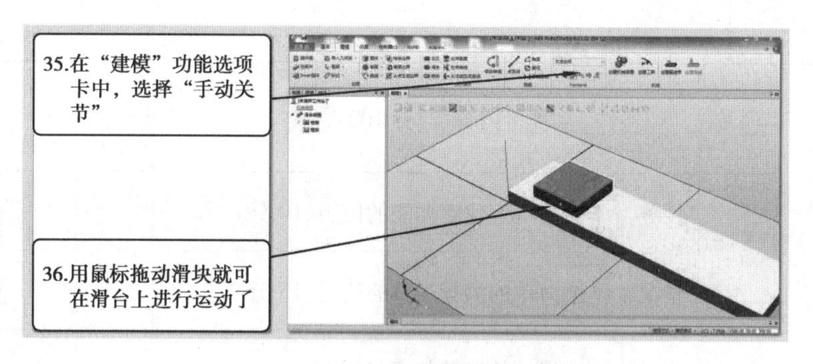

图 8.28　创建机械装置完成

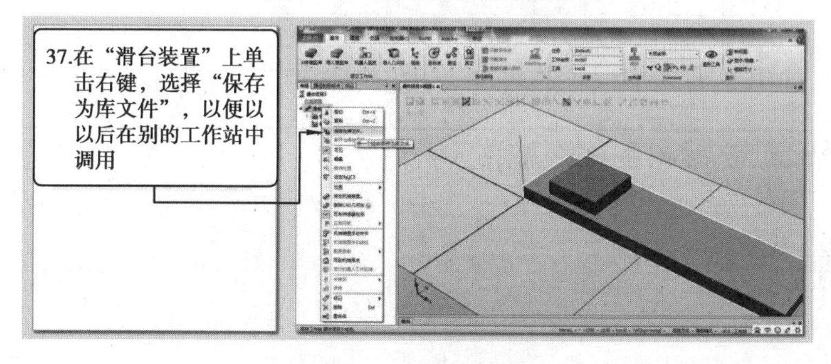

图 8.29　保存为库文件

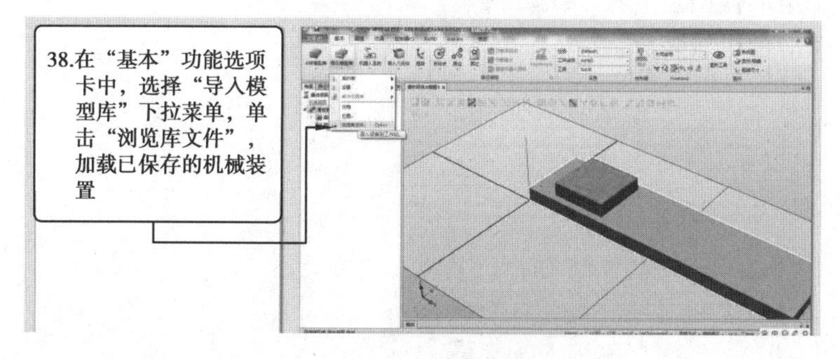

图 8.30　加载库文件

学习评价：

实操时间			实操地点					
实操班级			实操分组	组别		组长		
				组员				
项目评价	序号	评价内容(总分 100 分)		得　分				
				自评	互评	教评	总分	
	1	课堂考勤(5 分)						
	2	课堂讨论与发言情况(10 分)						
	3	知识点掌握情况(40 分)						

续表

项目评价	序号	评价内容(总分100分)		得分			
				自评	互评	教评	总分
	4	任务完成情况(40分)	学会简单地建模功能的使用(10分)				
			学会简单的测量工具的使用(15分)				
			创建简单的机械装置(15分)				
	5	互助协作情况(5分)					
	合计						

注:过程考核占总成绩的70%,考试(综合设计)成绩占30%。

知识测评:

实作题

1. 创建一个矩形模型。
2. 创建一个滑台机械装置。

项目 9

创建机器人离线轨迹曲线及路径

学习目标

知识目标：

1. 了解工业机器人仿真工作站轨迹编程。
2. 了解工业机器人编程轨迹调整。

技能目标：

1. 学会创建工业机器人简单轨迹编程。
2. 学会工业机器人工作站中轨迹路线调整。

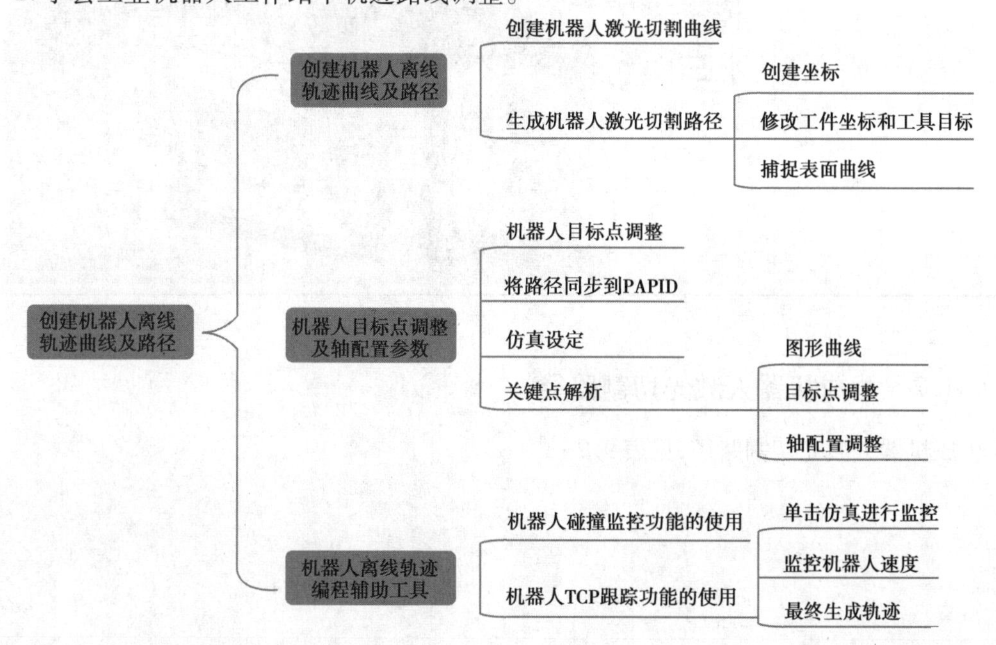

任务9.1 创建机器人离线轨迹曲线及路径

9.1.1 创建机器人激光切割曲线

创建机器人离线轨迹曲线及路径

本任务以机器人激光切割为例,机器人需要沿着工件的外边缘进行切割,此运行轨迹为3D曲线。可根据现有工件的3D模型直接生成机器人运行轨迹,进而完成整个轨迹调试并模拟仿真运行,见表9.1。

表9.1 解压工作站

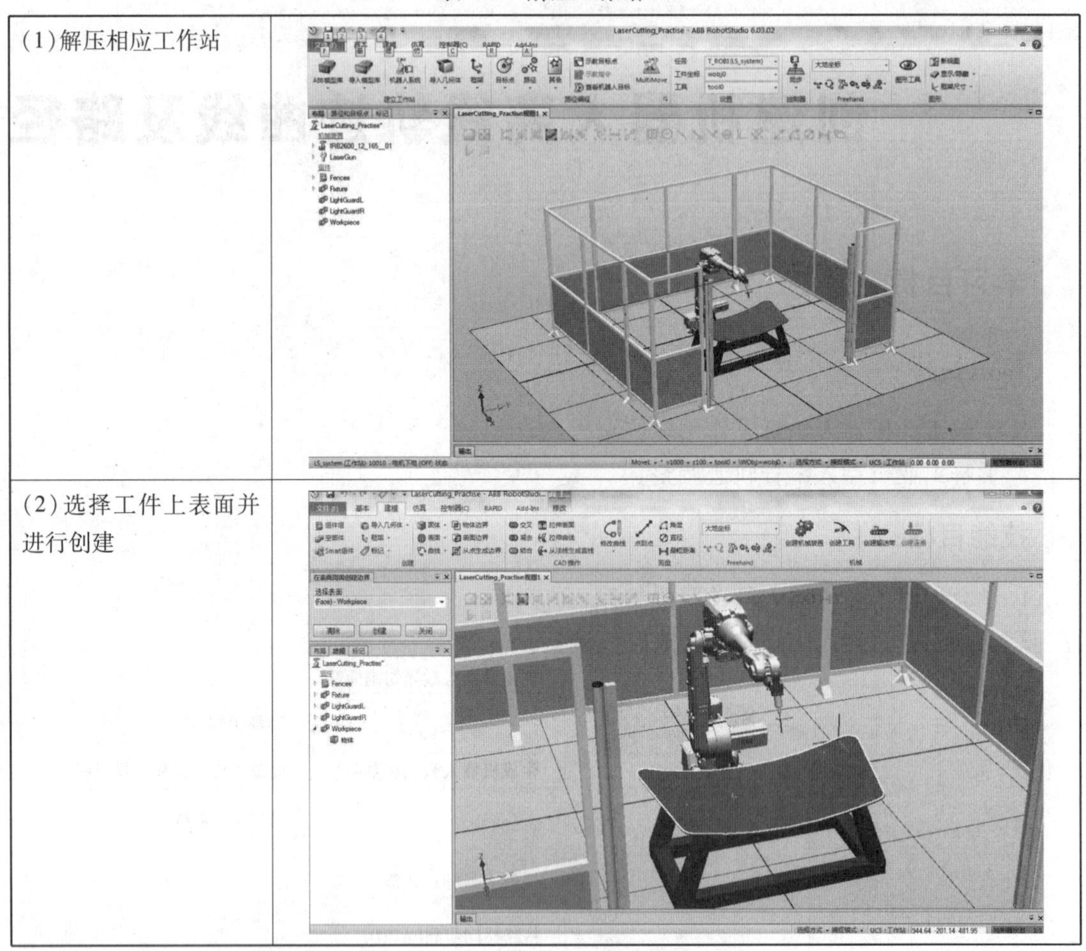

(1)解压相应工作站	
(2)选择工件上表面并进行创建	

9.1.2 生成机器人激光切割路径

生成机器人激光切割路径,见表9.2。

表9.2　自动生成路径

(1)创建图示坐标 (2)修改工件坐标和工具坐标 (3)设置运动指令设定栏	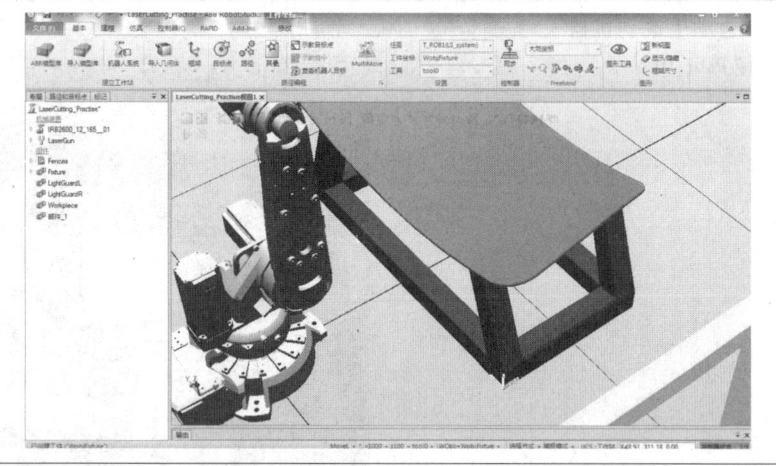
(4)选择自动路径,捕捉之前创建的曲线	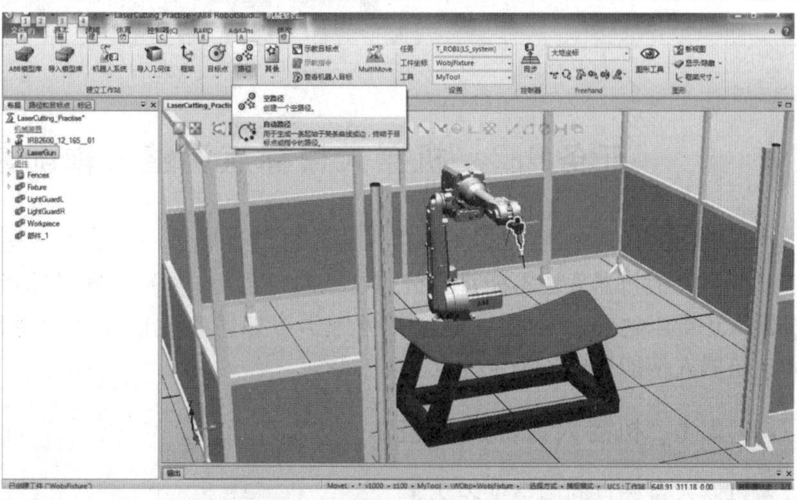
(5)捕捉工件上的表面 (6)单击“创建”	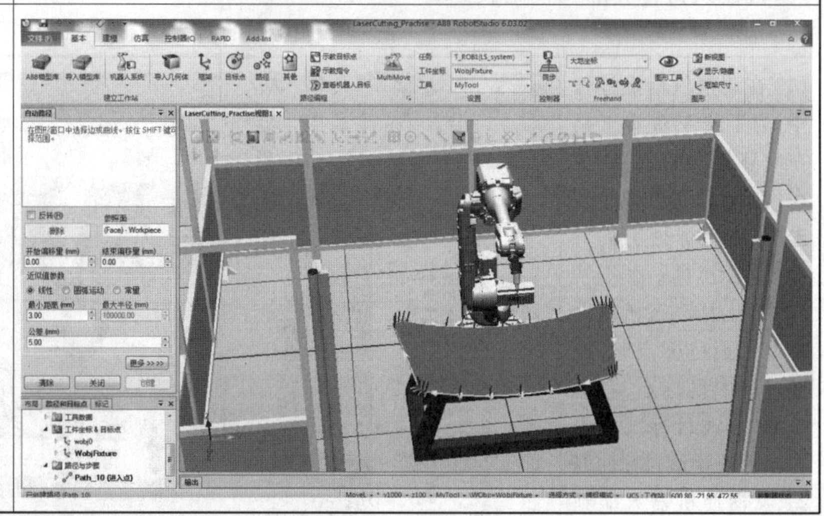

续表

(7)自动生成的机器人路径 Path_10	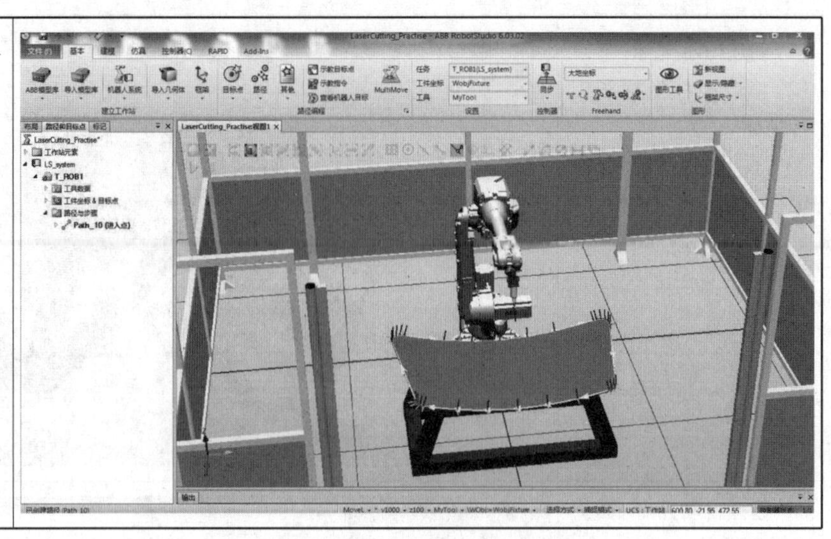

任务 9.2　机器人目标点调整及轴配置参数

在前面的任务中,已根据工件边缘曲线自动生成了一条机器人运行轨迹 Path_10,但机器人还不能直接按照这条轨迹运行,因为部分目标点姿态机器人还难以达到。因此,在这个任务中学习如何修改目标点的姿态,从而让机器人都能达到各个目标点。

机器人目标点调整及轴配置参数

9.2.1　机器人目标点调整

机器人目标点的调整见表 9.3。

表 9.3　目标点的调整

(1)在调整目标点过程中,为了便于查看工具在此姿势下的效果,可在目标点位置处选中右击"查看目标处工具",即可显示工具 (2)在工具姿态机器人难以达到目标点时,可通过选中目标点,右击选择"修改目标",单击"旋转"改变该目标的姿态,从而使机器人能到达目标点	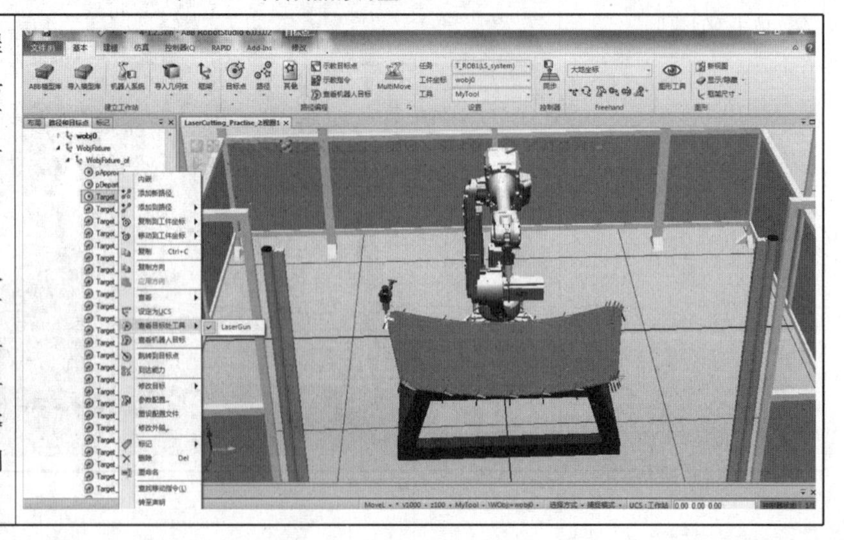

续表

<table>
<tr><td>(3)接着修改其他目标点，可直接批量处理，将剩余所有目标点的 X 轴方向对准已调整好姿态的目标点 Target_10 的 X 轴方向，右击选择“修改位置”中的“对准目标点方向”，以将所有目标点的方向调整完成</td><td>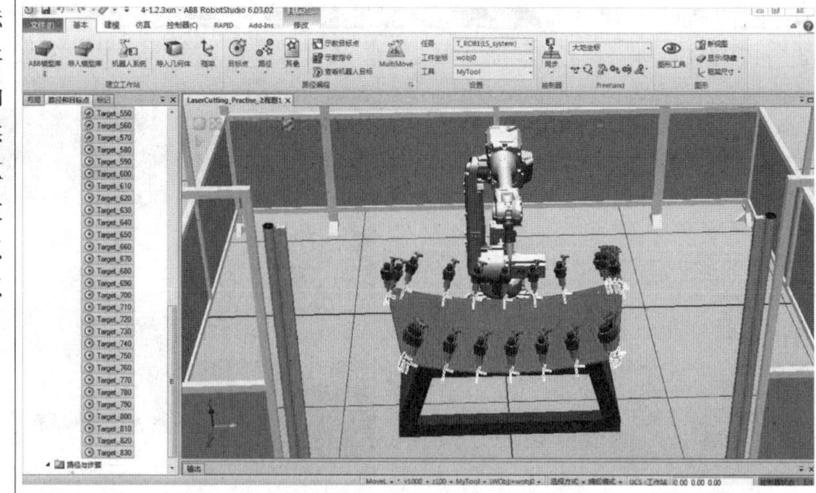</td></tr>
<tr><td>(4)右击目标点 Target_10，单击“参数配置”，选择合适的轴配置参数，单击“应用”</td><td>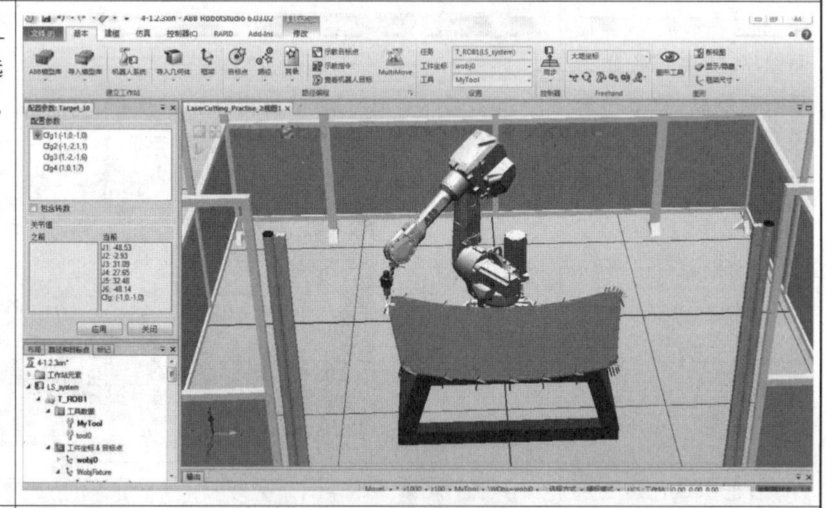</td></tr>
<tr><td>(5)选择“自动配置”</td><td>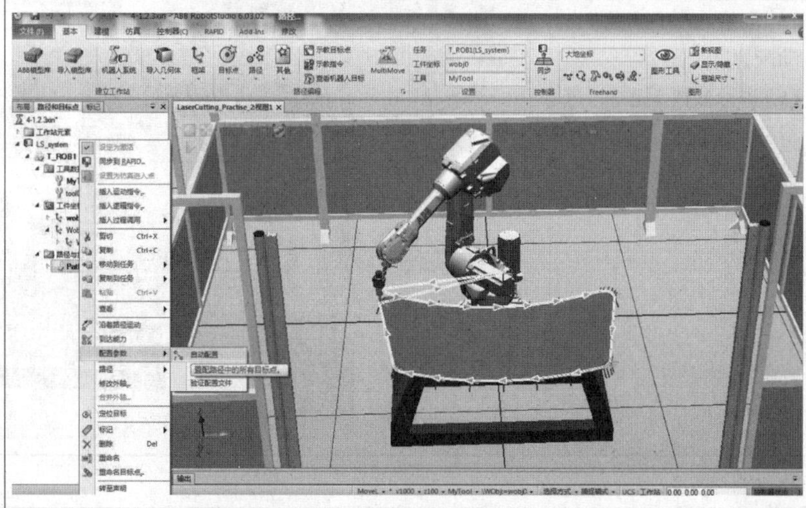</td></tr>
</table>

续表

(6)右击“Path_10”,单击“沿着路径运动”	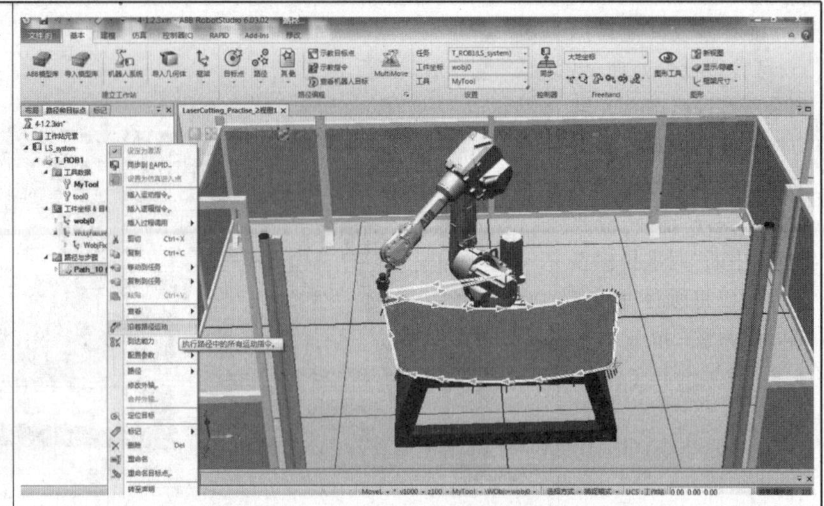
(7)轨迹完成后,完善后面程序,需要添加轨迹起始接近点、轨迹结束离开点以及安全位置HOME点。设置后如图示	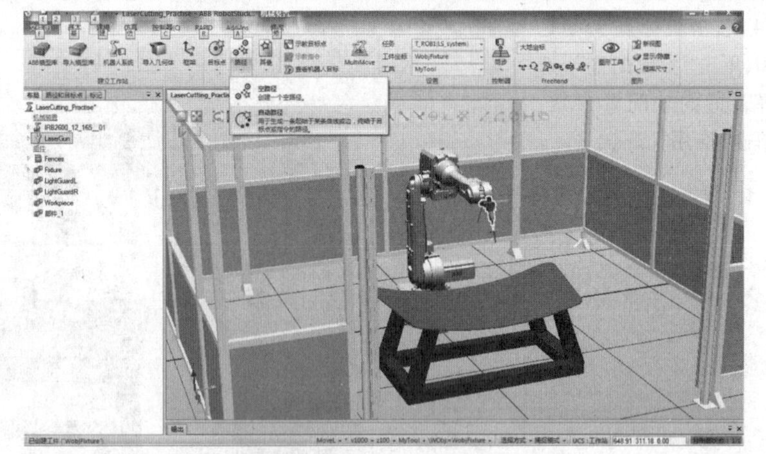
(8)右击“Path_10”,选择“配置参数”中的“自动配置” (9)进行参数更改后,进行一次轴配置自动调整	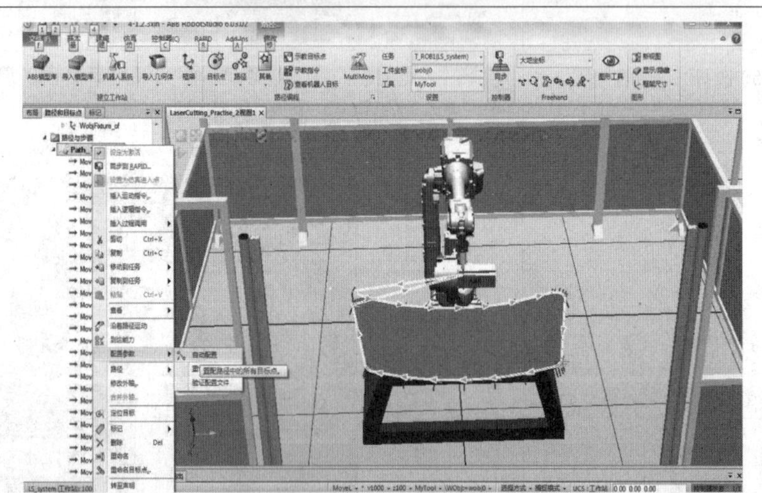

9.2.2　转化成 PAPID 代码

可将路径 Path_10 同步到 RAPID，转化成 RAPID 代码，见表9.4。

表9.4　同步路径

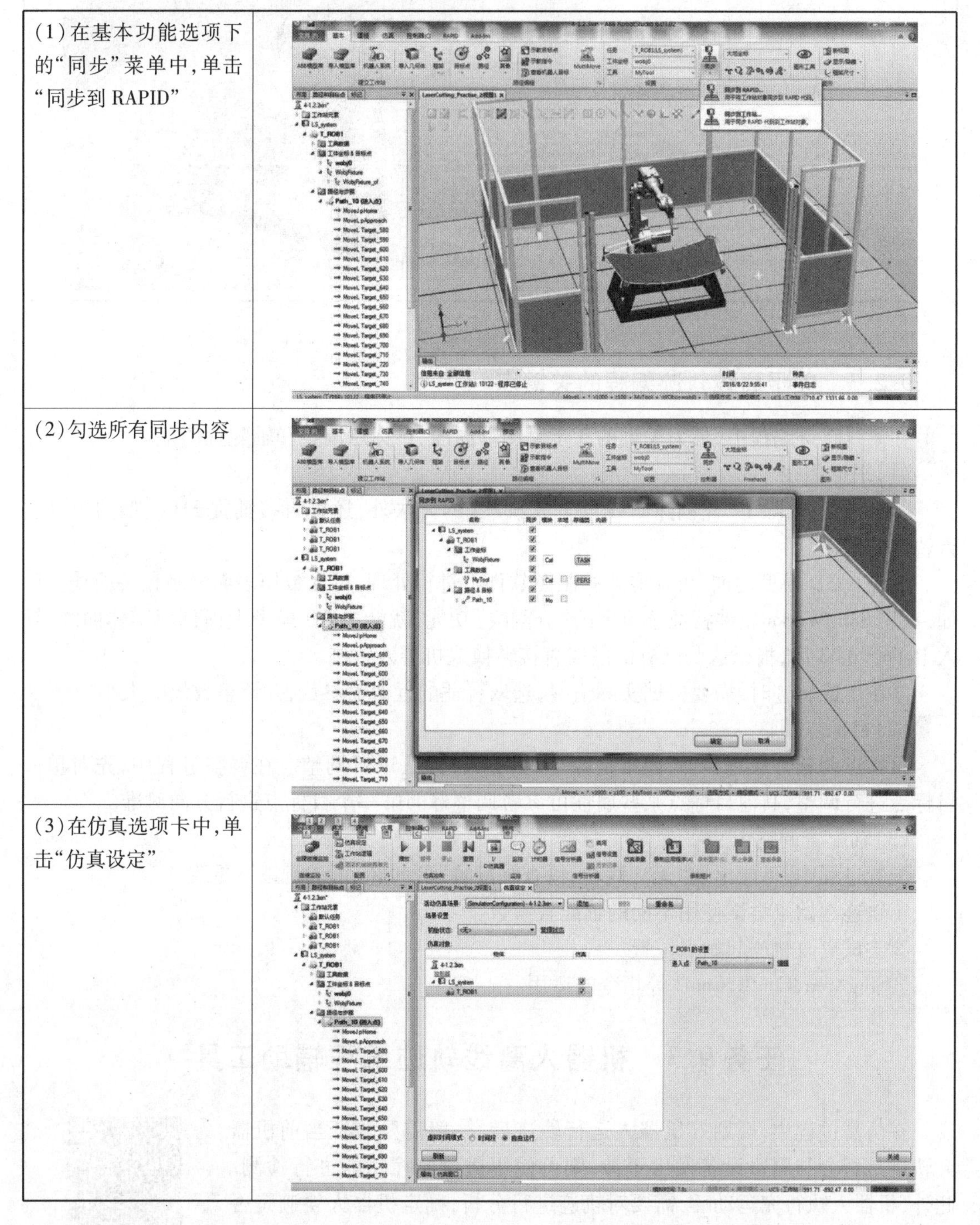

步骤	图示
(1)在基本功能选项下的“同步”菜单中，单击“同步到 RAPID”	
(2)勾选所有同步内容	
(3)在仿真选项卡中，单击“仿真设定”	

续表

(4)单击“播放”	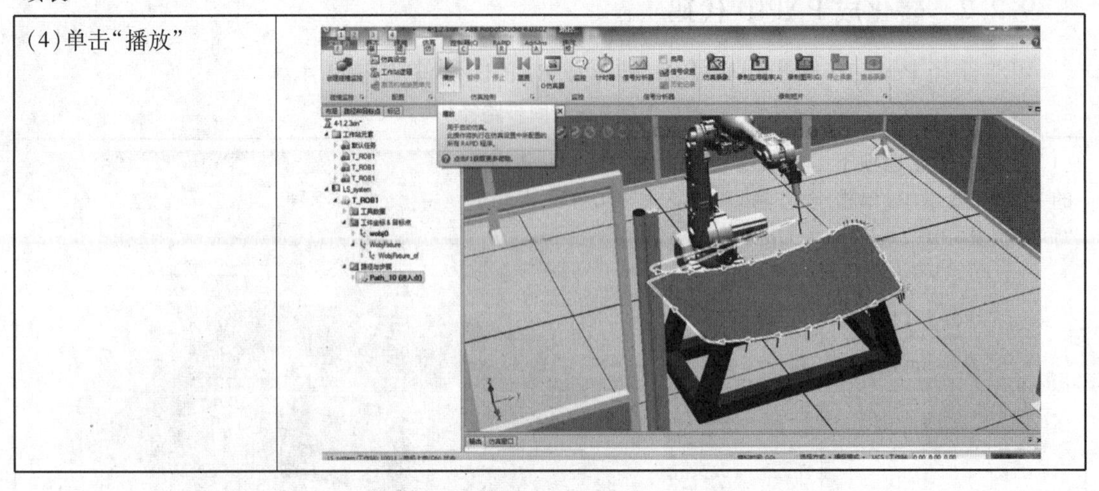

9.2.3　关于离线轨迹编程的关键点

在离线轨迹编程中,最为关键的3步是图形曲线、目标点调整和轴配置调整。

(1)图形曲线

①生成曲线,除了“先创建曲线再生成轨迹”的方法外,还可直接捕捉3D模型的边缘进行轨迹的创建。

②导入3D模型之前,可在专业的制图软件中进行处理,可在数模表面绘制相关曲线。例如,利用SolidWorks软件特征菜单中的“分割线”功能,就能在3D模型上面创建实体曲线,导入RobotStudio后,根据这些已有的曲线直接转换成机器人轨迹。

③在生成轨迹时,需要根据实际情况,选取合适的近似值参数,并调整数值的大小。

(2)目标点调整

目标点调整方法有多种,通常是综合运用多种方法进行调整。在调整过程中,先对单一目标点进行调整,其他目标点某些属性可参考调整好的第一个目标点进行方向对准。

(3)轴配置调整

配置过程中,可能出现“无法跳转,检查轴配置”的问题,可进行以下更改:

①轨迹起始点尝试使用不同的轴配置参数。

②尝试更改轨迹起始点位置。

③SingArea,ConfL,ConfJ等指令的运用。

任务9.3　机器人离线轨迹编程辅助工具

在仿真过程中,规划好机器人运行轨迹后,一般需要验证当前机器人轨迹是否会与周边设备发生干涉,则可使用碰撞监控功能进行检测。此外,机器人执行完运动后,需要对轨迹进行分析,确定机器人轨迹是否满足需求。可通过TCP跟踪功能将机器人运行轨迹记录下来,用作后续分析材料。

机器人离线轨迹
编程辅助工具

9.3.1　机器人碰撞监控功能的使用

模拟仿真的一个重要任务是验证轨迹的可行性，即验证机器人在运行过程中是否会与周边设备发生碰撞。此外，机器人工具实体尖端与工件表面的距离需保证在合理范围之内，即既不能与工件发生碰撞，也不能距离过大，从而保证工艺需求。在 RobotStudio 软件的“仿真”功能选项卡中，有专门用于检测碰撞的功能——碰撞监控，见表 9.5。

表 9.5　防碰撞监控功能

(1)在“仿真”功能选项卡中，单击“创建碰撞监控”，展开“碰撞检测设定_1”，显示 ObjectsA 和 ObjectsB	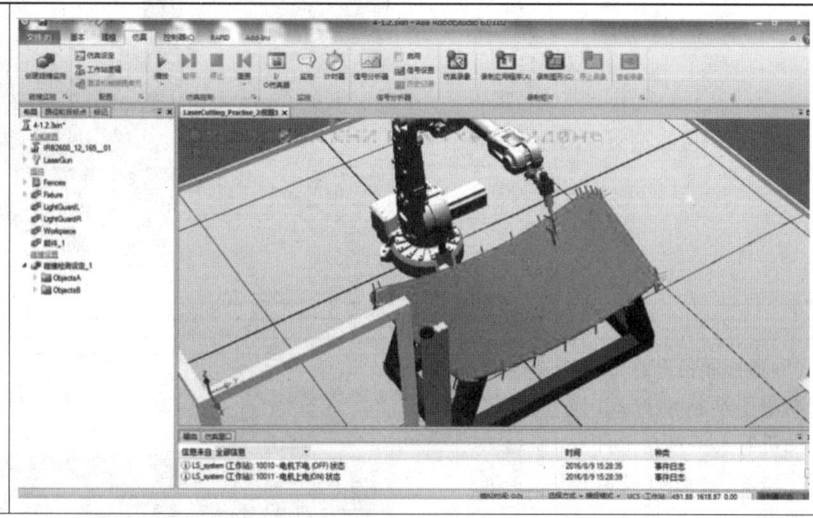
碰撞集包含 ObjectA 和 ObjectB 两组对象，需要将检测的对象放入两组中，从而检测两组对象之间的碰撞	
(2)将工具“LaserGun”拖至 ObjectsA 组中 (3)将工具“WorkPiece”拖至 ObjectsB 组中	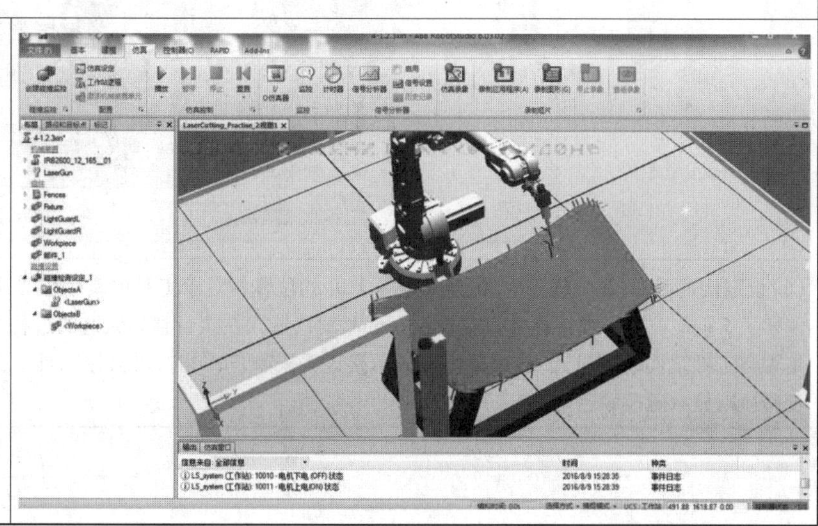

续表

设定碰撞监控属性	
(4)单击“修改碰撞监控”	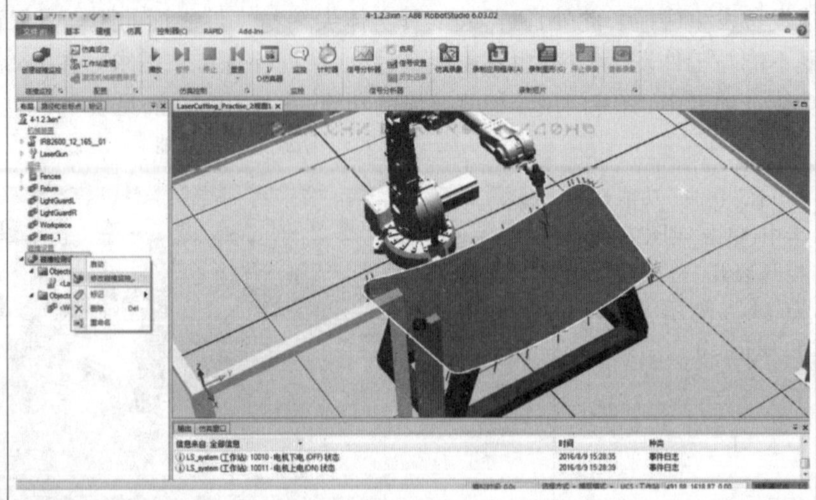
(5)碰撞颜色默认红色，利用手动拖动方式，拖动机器人工具与工件发生碰撞，查看碰撞监控效果	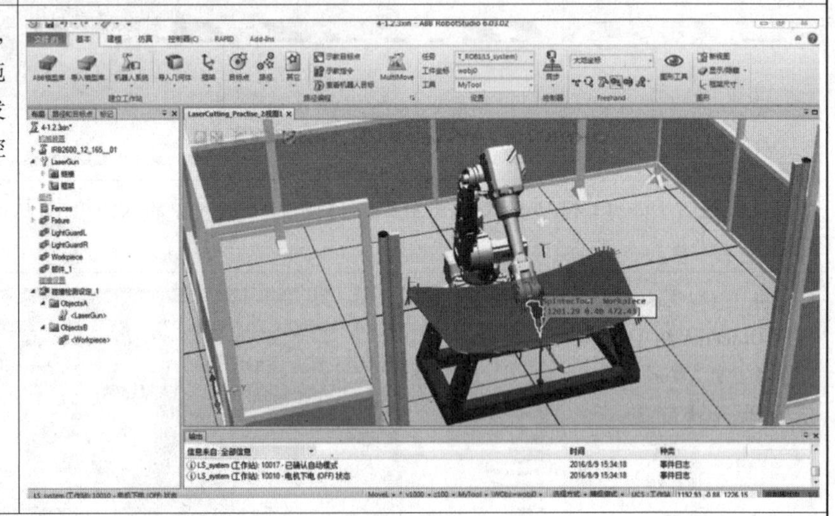
(6)设定接近丢失，在本任务中，机器人工具 TCP 的位置相对于工具的实体尖端来说，沿着其 Z 轴正方向偏移了 5 mm。这样，在接近丢失中设定 6 mm，则机器人在执行整体轨迹的过程中，则可监控机器人工具是否与工件之间距离过远，若过远则不显示接近丢失颜色；同时，可监控工具与工件之间是否发生碰撞，若碰撞则显示碰撞颜色	

续表

(7)接近丢失距离设为6 mm,接近丢失颜色默认为黄色	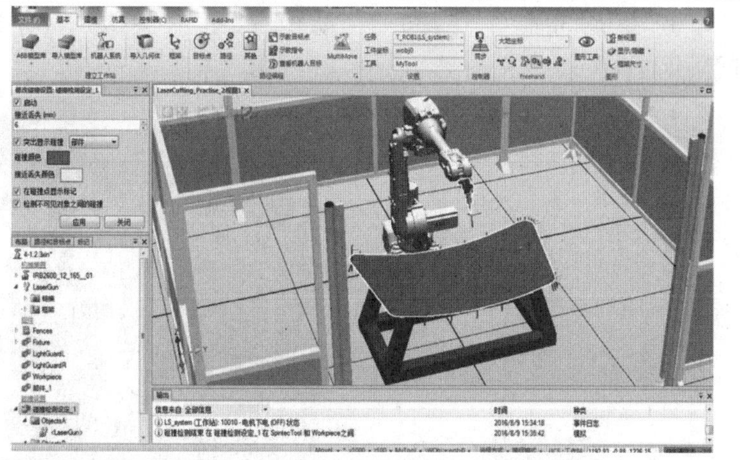
(8)最后执行仿真,则在初始接近过程中,工具和工件都是初始颜色。当开始执行工件表面轨迹时,工件和工具则显示接近丢失颜色	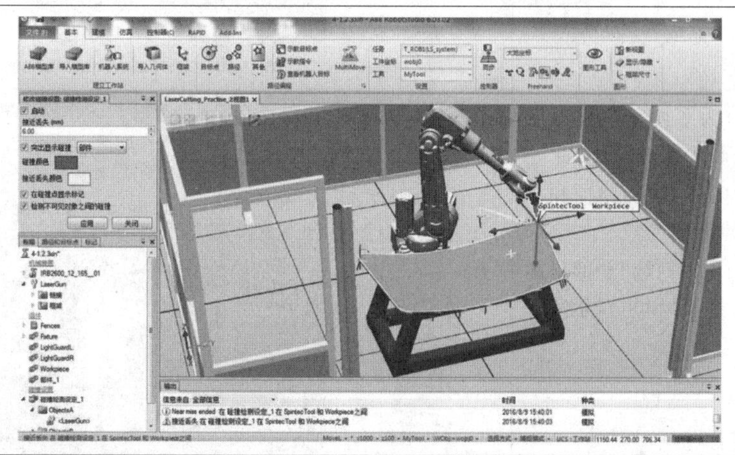

9.3.2　机器人TCP跟踪功能的使用

在机器人运行过程中,可监控TCP的运动轨迹以及运动速度,以便分析时用,见表9.6。

表9.6　TCP跟踪功能

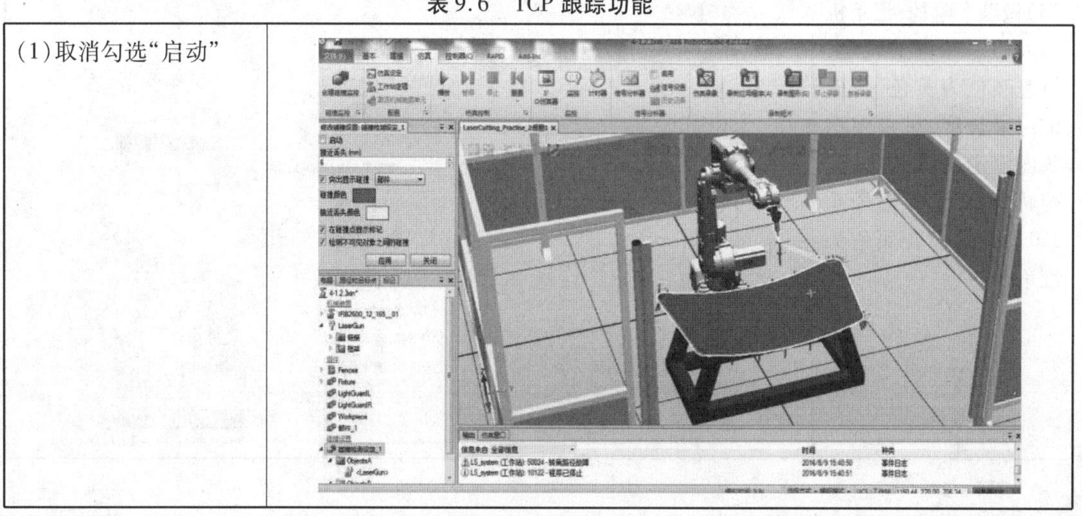

(1)取消勾选“启动”

续表

(2)单击“仿真”中的“监控”进行设置	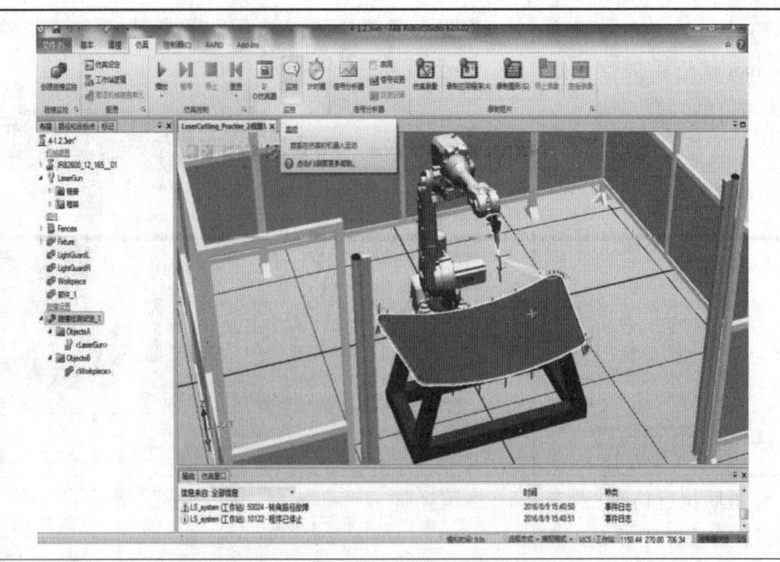
(3)为了便于观察以后记录的TCP轨迹,此处将工作站中的路径和目标点隐藏 (4)取消勾选“全部目标点/框架”和“全部路径”	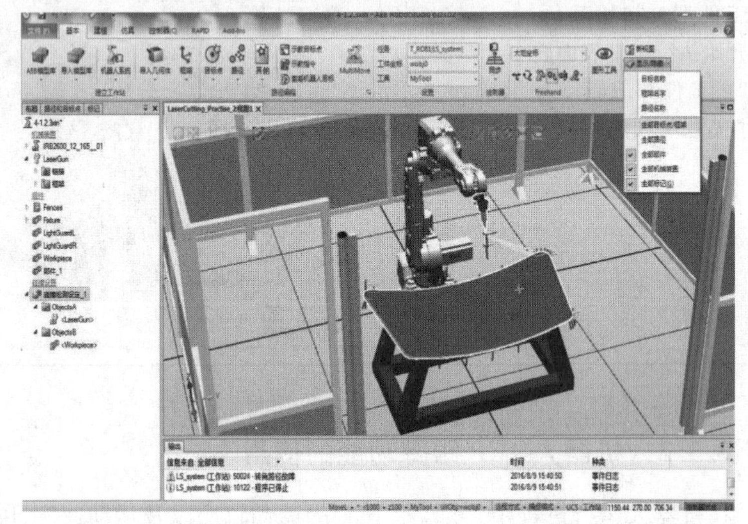
(5)做以下监控:记录机器人切割任务的轨迹,轨迹颜色为黄色,为保证记录长度,可将跟踪长度设定得大一些;监控机器人速度是否超350 mm/s,警告颜色为红色	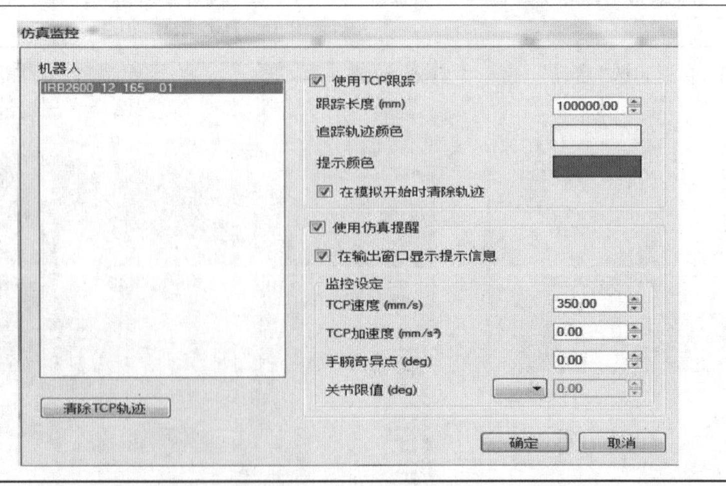

续表

<table>
<tr><td>(6)在“仿真”中,单击“播放”,生成图示黄色轨迹</td><td>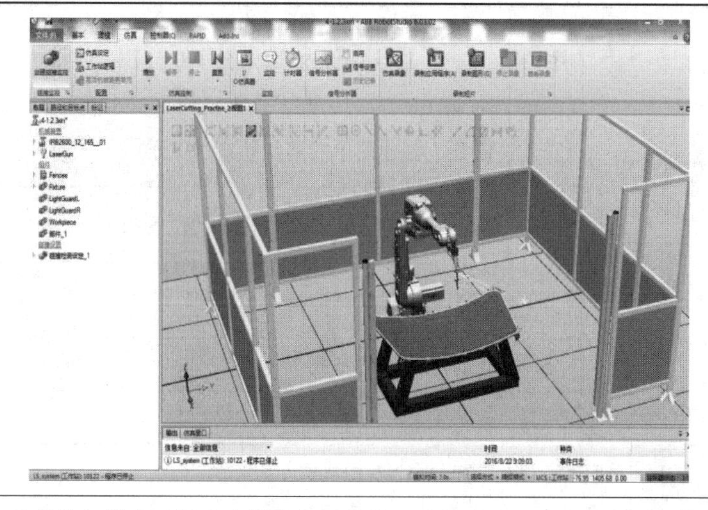</td></tr>
<tr><td colspan="2">(7)开始记录机器人运行轨迹,并监控机器人运行速度是否超过限值。若想清除记录的轨迹,可在“仿真监控”对话框中清除</td></tr>
<tr><td>(8)单击“清除轨迹”,则可将记录的轨迹清除</td><td>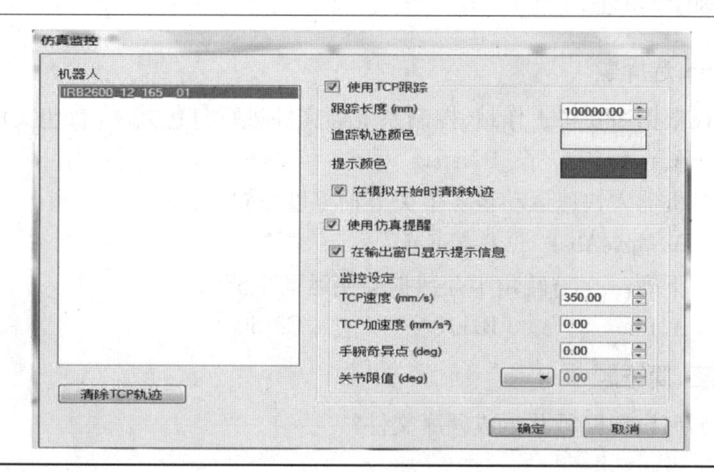
</td></tr>
</table>

学习评价:

<table>
<tr><td>实操时间</td><td colspan="2"></td><td>实操地点</td><td colspan="5"></td></tr>
<tr><td rowspan="2">实操班级</td><td rowspan="2" colspan="2"></td><td rowspan="2">实操分组</td><td>组别</td><td colspan="2"></td><td>组长</td><td></td></tr>
<tr><td>组员</td><td colspan="4"></td></tr>
<tr><td rowspan="5">项
目
评
价</td><td rowspan="2">序号</td><td rowspan="2" colspan="2">评价内容(总分 100 分)</td><td colspan="4">得　分</td></tr>
<tr><td>自评</td><td>互评</td><td>教评</td><td>总分</td></tr>
<tr><td>1</td><td colspan="2">课堂考勤(5 分)</td><td></td><td></td><td></td><td></td></tr>
<tr><td>2</td><td colspan="2">课堂讨论与发言情况(10 分)</td><td></td><td></td><td></td><td></td></tr>
<tr><td>3</td><td colspan="2">知识点掌握情况(40 分)</td><td></td><td></td><td></td><td></td></tr>
</table>

续表

	序号	评价内容(总分 100 分)		得分			
				自评	互评	教评	总分
项目评价	4	任务完成情况(40分)	创建简单的离线轨迹(10 分)				
			调整完善各个目标点的位置(15 分)				
			完成防碰撞检测(15 分)				
	5	互助协作情况(5 分)					
	合 计						

注:过程考核占总成绩的 70%,考试(综合设计)成绩占 30%。

知识测评:

一、选择题

1. 根据需要将工作站、控制系统等文件进行打包共享,打包文件的后缀名是(　　)。
   A. rsstn　　B. rspag　　C. sat
2. 机器人快速运动至各个关节轴零度位置,常用(　　)指令。
   A. MoveAbsJ　　B. MoveL　　C. MoveJ
3. 下列(　　)转角半径数据会使运动更流畅。
   A. fine　　B. z10　　C. z50

二、简答题

如何设置路径并生成程序文件?

项目 10

工业机器人的 I/O 通信设定

学习目标

知识目标：

1. 能认识工业机器人的 I/O 通信种类。
2. 能认识工业机器人的 I/O 通信板。

技能目标：

1. 学会工业机器人工作站的通信设置。
2. 学会工业机器人工作站 I/O 信号的仿真操作。

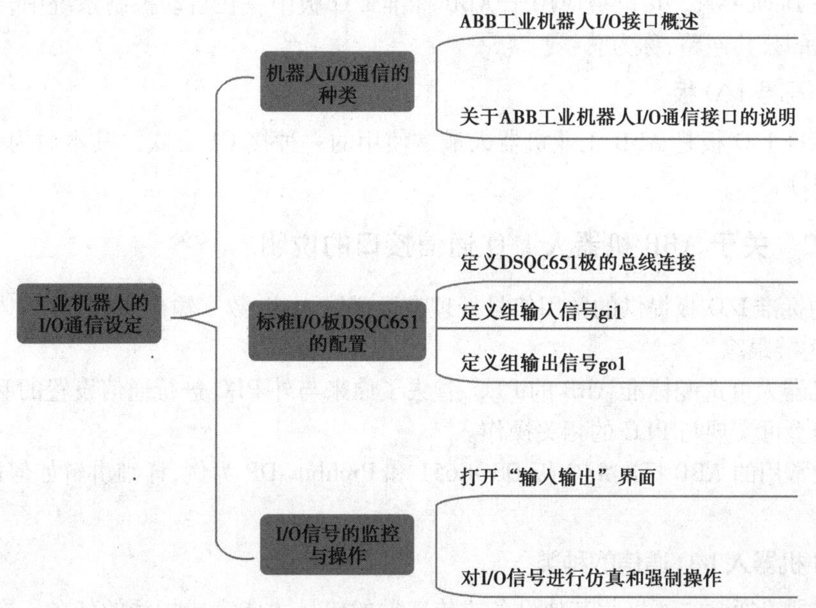

机器人IO通信的种类

任务10.1　机器人I/O通信的种类

ABB机器人提供了丰富I/O通信接口,可轻松地实现与周边设备进行通信,见表10.1。

表10.1　机器人通信

ABB机器人		
PC	现场总线	ABB标准
RS232通信 OPC server Socket Message[①]	Device Net[②] Profibus[②] Profibus-DP[②] Profinet[②] EtherNet IP[②]	标准I/O板 PLC … … …

注:①一种通信协议。
②不同厂商推出的现场总线协议。

10.1.1　ABB工业机器人I/O接口概述

1)PC接口

PC接口一般用于ABB工业机器人和PC之间的通信。在开发和调试工业机器人本体系统时,常使用此类I/O接口。

2)现场总线

现场总线一般用于ABB工业机器人和外部设备间数据量庞大的情况。各种现场总线中最常用的是DeviceNet。它也被应用于ABB标准I/O板中。在自动控制系统中,各个设备之间传送信息的公共通路,称为总线。

3)ABB标准I/O板

ABB标准I/O板是ABB工业机器人最常使用的一种接C1方式。其本质为一种可编程控制器(PLC)。

10.1.2　关于ABB机器人I/O通信接口的说明

ABB的标准I/O板提供的常用信号处理有数字输入di、数字输出do、模拟输入ai、模拟输出ao及输送链跟踪。

ABB机器人可选配标准ABB的PLC,省去了原来与外PLC进行通信设置的麻烦,在机器人的示教器上可实现与PLC的相关操作。

现以最常用的ABB标准I/O板DSQC651和Profibus-DP为例,详细讲解如何进行相关的参数设定。

1)ABB机器人I/O通信的种类

工业机器人通常需要接收其他设备或传感器的信号才能完成指派的任务。在ABB工业机器人中,这种信号的接收主要是通过标准 I/O 板来完成的,见表 10.2。

表 10.2　机器人通信口介绍

 A. 与 PC 通信的接口	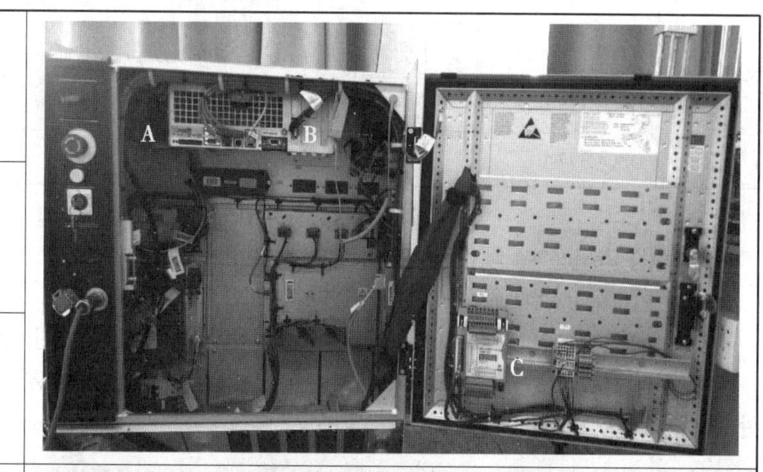
B. 现场总线接口	
C. ABB 标准 I/O 板	
 D. PC 通信的接口放大说明图	
E. PC 通信接口需要选择选项“PC-INTERFACE”才能使用	

使用何种现场总线,要根据需要进行选配。

使用 ABB 标准 I/O 板,必须要有 DeviceNet 的总线。

2)常用 ABB 标准 I/O 板的说明

表 10.3 为 ABB 标准 I/O 板说明(具体规格参数以 ABB 官方最新公布为准)。

表 10.3　ABB 标准 I/O 板说明

型　号	说　明
DSQC651	分布式 I/O 模块　di8/do8/ao2
DSQC652	分布式 I/O 模块　di16/do16

续表

型　号	说　明
DSQC653	分布式 I/O 模块　di8/do8 带继电器
DSQC355A	分布式 I/O 模块　ai4/ao4
DSQC377A	输送链跟踪单元

常用的 DeviceNet 硬件设备连接如图 10.1 所示。

常用的 DeviceNet 硬件 DSQC651 连接如图 10.2 所示。

常用的 DeviceNet 硬件 DSQC651 端子说明和总线接口如图 10.3—图 10.5 所示。

常用的 DeviceNet 硬件 DSQC652 板主要提供 16 个数字输入信号和 16 个数字输出信号的处理，如图 10.6 所示。

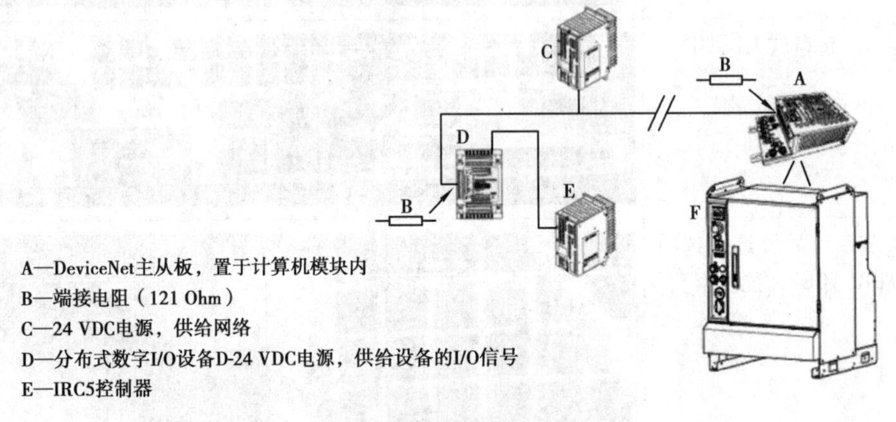

图 10.1　硬件设备连接

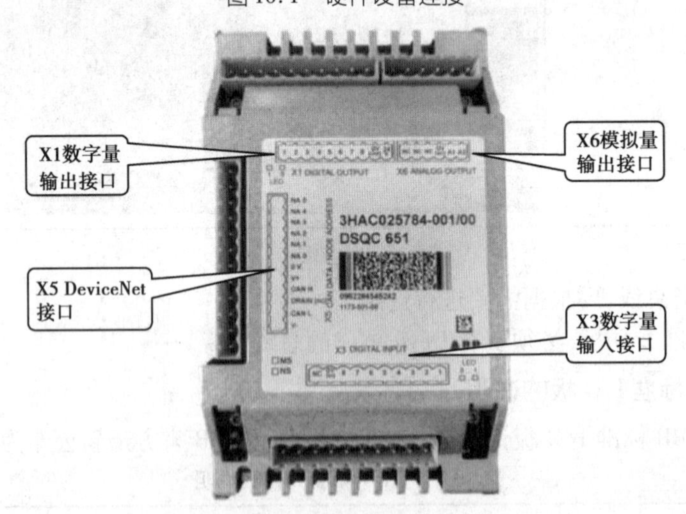

图 10.2　硬件 DSQC651

X1端子说明

X1端子编号	使用定义	地址分配
1	OUTPUT CH1	32
2	OUTPUT CH2	33
3	OUTPUT CH3	34
4	OUTPUT CH4	35
5	OUTPUT CH5	36
6	OUTPUT CH6	37
7	OUTPUT CH7	38
8	OUTPUT CH8	39
9	0V	
10	24V	

X3端子说明

X3端子编号	使用定义	地址分配
1	INPUT CH1	0
2	INPUT CH2	1
3	INPUT CH3	2
4	INPUT CH4	3
5	INPUT CH5	4
6	INPUT CH6	5
7	INPUT CH7	6
8	INPUT CH8	7
9	0V	
10	24V	

图 10.3　DSQC651 端子说明（一）

X5端子说明

X5端子编号	使用定义
1	0V BLACK（黑色）
2	CAN信号线low BLUE（蓝色）
3	屏蔽线
4	CAN信号线high WHITE（白色）
5	24V RED（红色）
6	GND地址选择公共端
7	模块ID bit0(LSB)
8	模块ID bit1(LSB)
9	模块ID bit2(LSB)
10	模块ID bit3(LSB)
11	模块ID bit4(LSB)
12	模块ID bit5(LSB)

（7～12）设定该板卡在DeviceNet总线上的地址

X6端子说明

X6端子编号	使用定义	地址分配
1	未使用	
2	未使用	
3	未使用	
4	0V	
5	模拟输出ao1	0~15
6	模拟输出ao2	16~31

图 10.4　DSQC651 端子说明（二）

（X5端子）

X5端子编号	使用定义
1	0 V BLACK
2	CAN信号线low BLUE
3	屏蔽线
4	CAN信号线HIGH WHITE
5	24 V RED
6	GND 地址选择公共端
7	模块ID bit0（LSB）
8	模块ID bit1（LSB）
9	模块ID bit2（LSB）
10	模块ID bit3（LSB）
11	模块ID bit4（LSB）
12	模块ID bit5（LSB）

注：BLACK黑色，BLUE蓝色，WHITE白色，RED红色

ABB标准I/O板是挂在DeviceNet网络上的，故要设定模块在网络中的地址。端子X5的6–12的跳线用来决定模块的地址，地址可用范围为10—63。

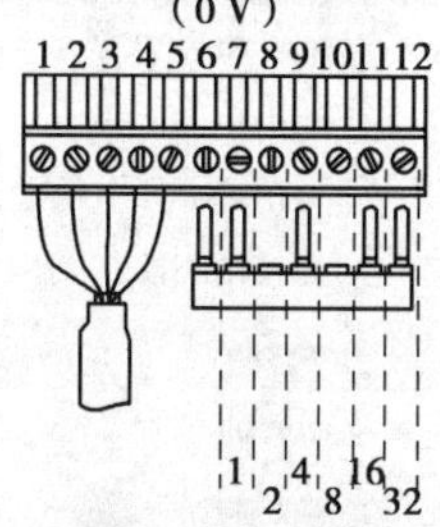

将第8脚和第10脚的跳线剪去，2+8就可获得10的地址

图 10.5　总线接口

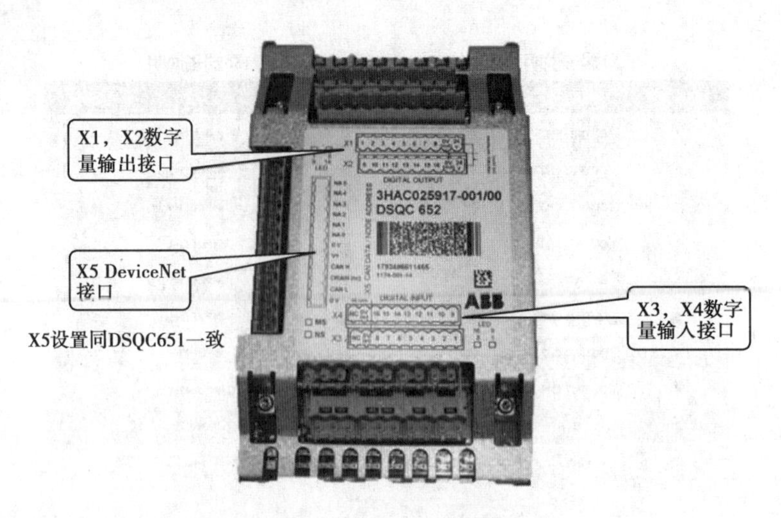

图 10.6　DSQC652 板

其模块接口连接和端子说明如图 10.7 和图 10.8 所示。

X1端子说明

X1端子编号	使用定义	地址分配
1	OUTPUT CH1	0
2	OUTPUT CH2	1
3	OUTPUT CH3	2
4	OUTPUT CH4	3
5	OUTPUT CH5	4
6	OUTPUT CH6	5
7	OUTPUT CH7	6
8	OUTPUT CH8	7
9	0V	
10	24V	

X2端子说明

X3端子编号	使用定义	地址分配
1	OUTPUT CH9	8
2	OUTPUT CH10	9
3	OUTPUT CH11	10
4	OUTPUT CH12	11
5	OUTPUT CH13	12
6	OUTPUT CH14	13
7	OUTPUT CH15	14
8	OUTPUT CH16	15
9	0V	
10	24V	

图 10.7　DSQC652 板端子说明（一）

X3端子说明

X1端子编号	使用定义	地址分配
1	INPUT CH1	0
2	INPUT CH2	1
3	INPUT CH3	2
4	INPUT CH4	3
5	INPUT CH5	4
6	INPUT CH6	5
7	INPUT CH7	6
8	INPUT CH8	7
9	0V	
10	24V	

X4端子说明

X3端子编号	使用定义	地址分配
1	INPUT CH9	8
2	INPUT CH10	9
3	INPUT CH11	10
4	INPUT CH12	11
5	INPUT CH13	12
6	INPUT CH14	13
7	INPUT CH15	14
8	INPUT CH16	15
9	0V	
10	24V	

图 10.8　DSQC652 板端子说明（二）

任务10.2　标准I/O板DSQC651的配置

标准IO板
DSQC651的配置

目前，ABB标准I/O板多为DeviceNet现场总线下的设备，通过X5 DeviceNet接C进行通信。因此，在使用ABB标准I/O板进行通信前，需要将其添加到系统中，并设置其在系统中的名称，连接的总线及在总线中的地址，以便能被系统识别。

ABB标准I/O板DSQC651是最为常用的模块。下面以创建数字输入信号di、数字输出信号do、组输入信号gi、组输出信号go和模拟输出信号ao为例做一个详细讲解。

10.2.1　定义DSQC651板的总线连接

ABB标准I/O板都是下挂在DeviceNet现场总线下的设备，通过X5端口与DeviceNet现场总线进行通信。

定义DSQC651板的总线连接的相关参数说明见表10.4。

表10.4　参数说明

参数名称	设定值	说　明
Name	boaed10	设定I/O板在系统中的名字
Type of Unit	d651	设定I/O板的类型
Connected to Bus	DeviceNet1	设定I/O板连接的总线
DeviceNetDddress	10	设定I/O板在总线中的地址

总线连接操作步骤如图10.9—图10.14和表10.5所示。

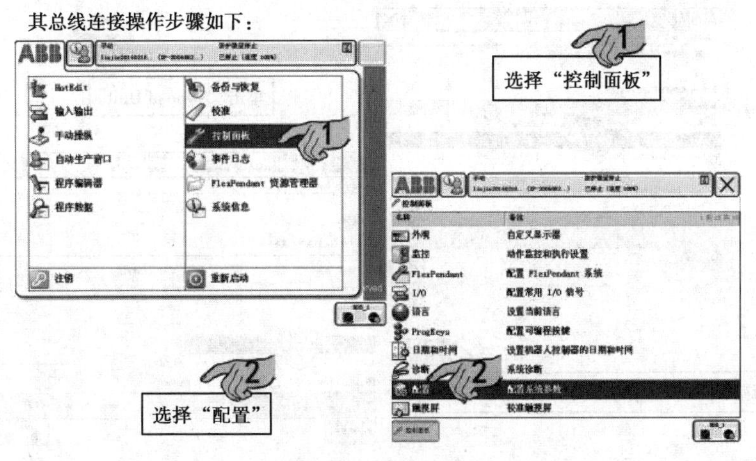

图10.9　操作步骤1

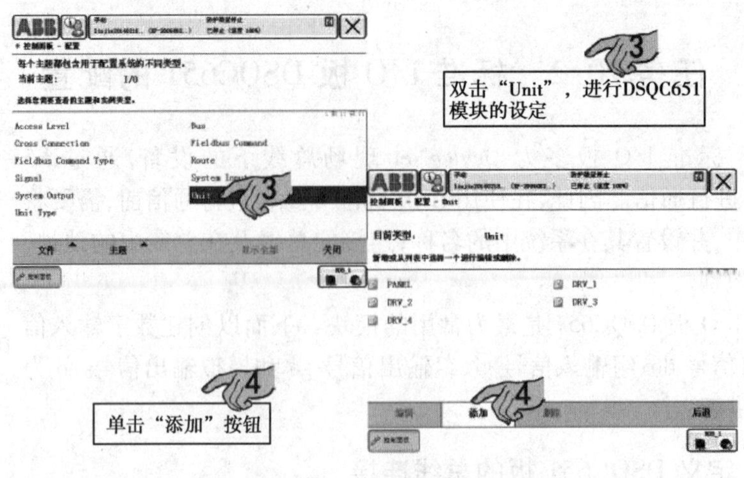

图 10.10　操作步骤 2

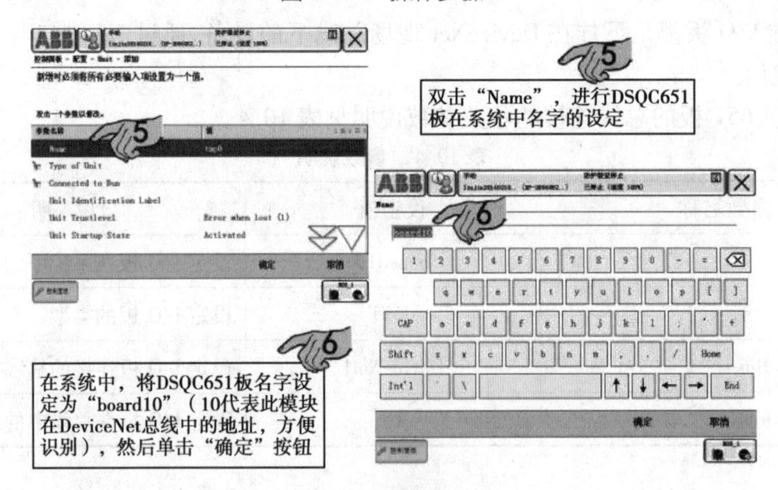

图 10.11　操作步骤 3

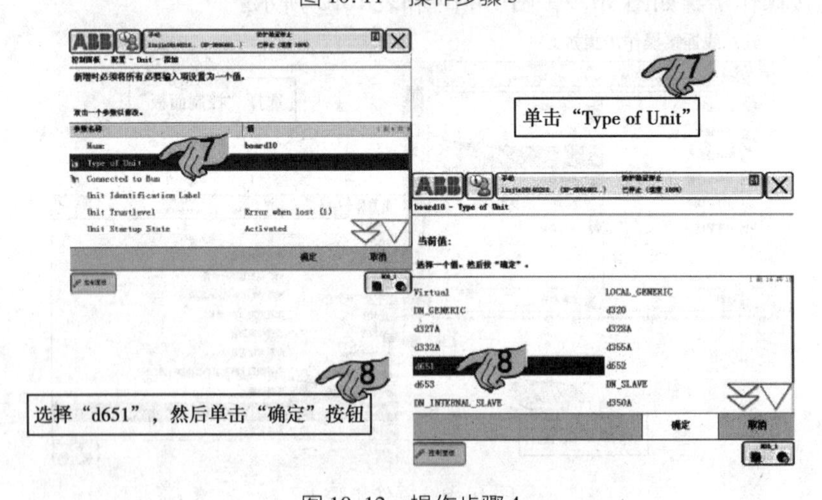

图 10.12　操作步骤 4

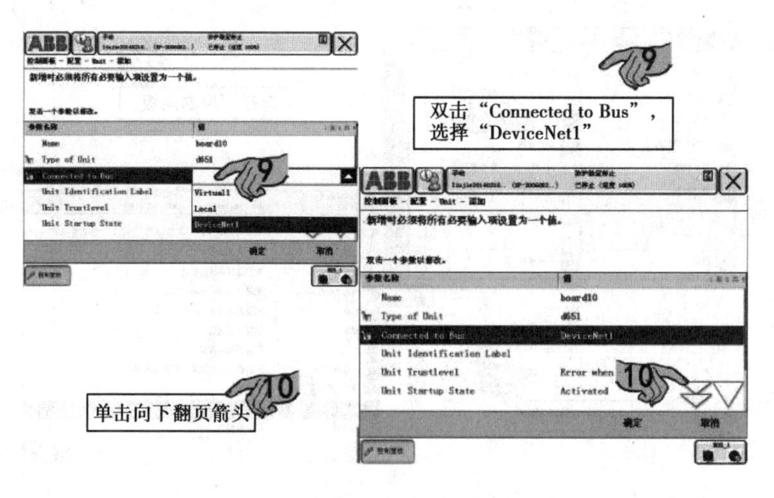

图 10.13　操作步骤 5

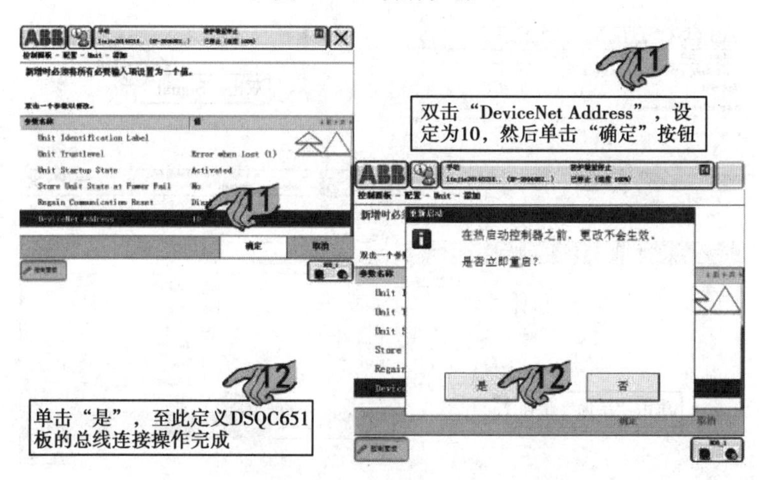

图 10.14　操作步骤 6

数字输入信号 di 的相关参数说明见表 10.5。

表 10.5　输入信号参数说明

参数名称	设定值	说　明
Name	di1	设定数字输入信号的名字
Type of Signal	Digital Input	设定信号的类型
Assigned to Unit	board10	设定信号所在的 I/O 模块
Unit Mapping	0	设定信号所占用的地址

其操作步骤如图 10.15—图 10-20 所示。

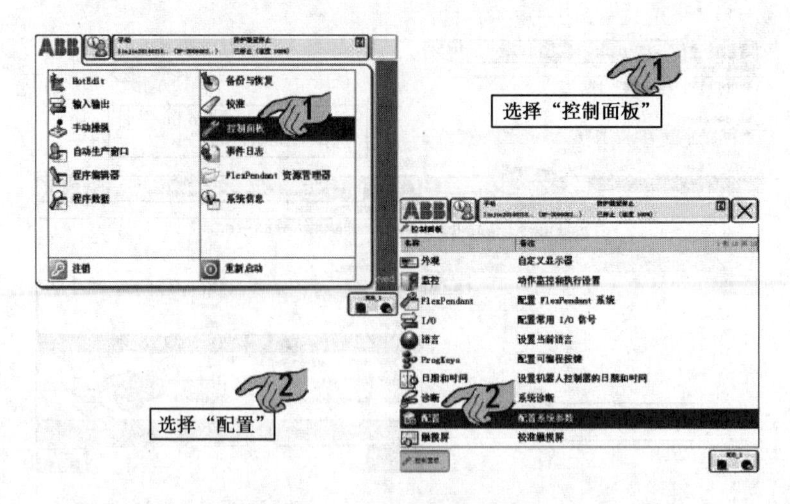

图 10.15　配置输入信号步骤 1

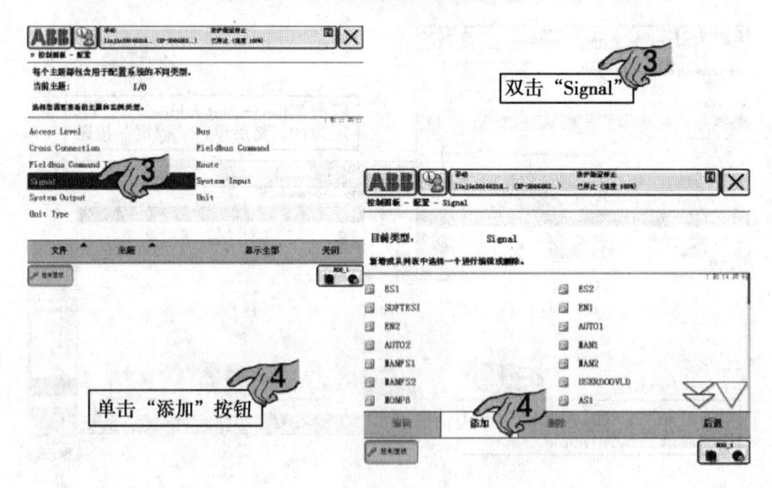

图 10.16　配置输入信号步骤 2

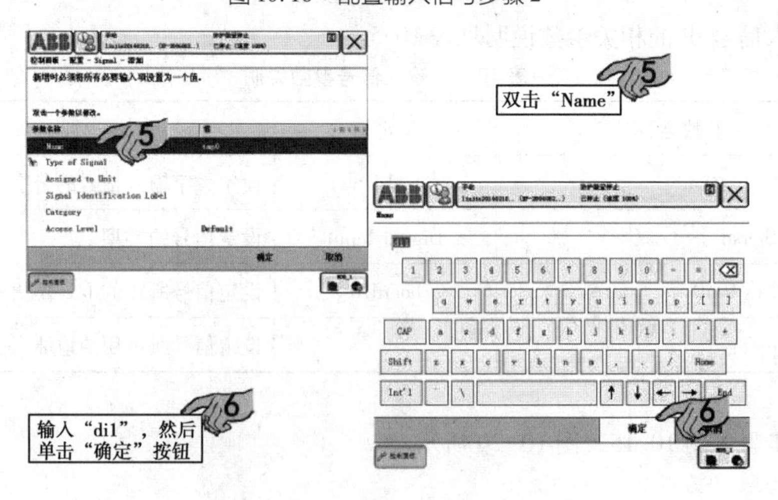

图 10.17　配置输入信号步骤 3

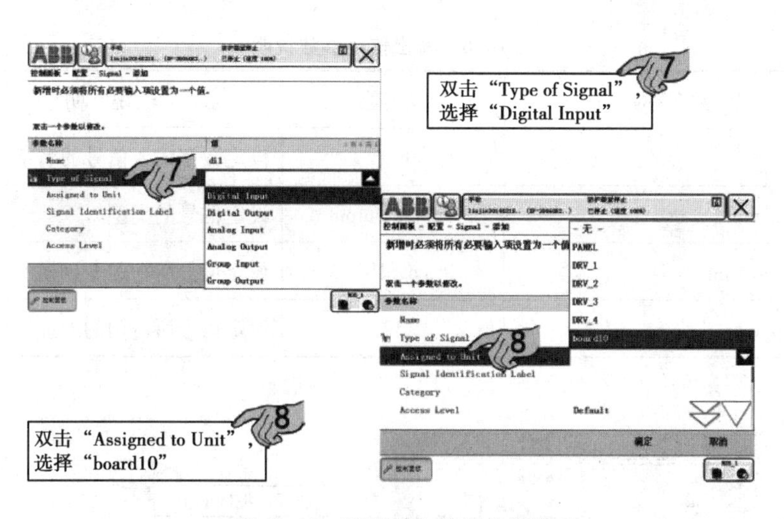

图 10.18　配置输入信号步骤 4

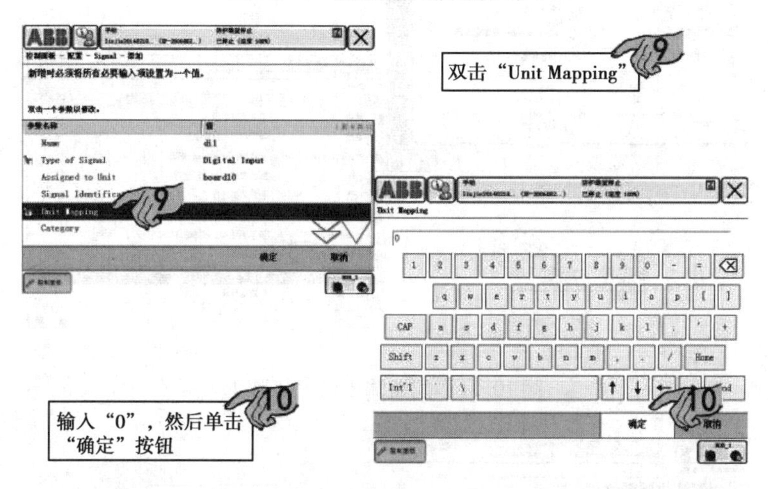

图 10.19　配置输入信号步骤 5

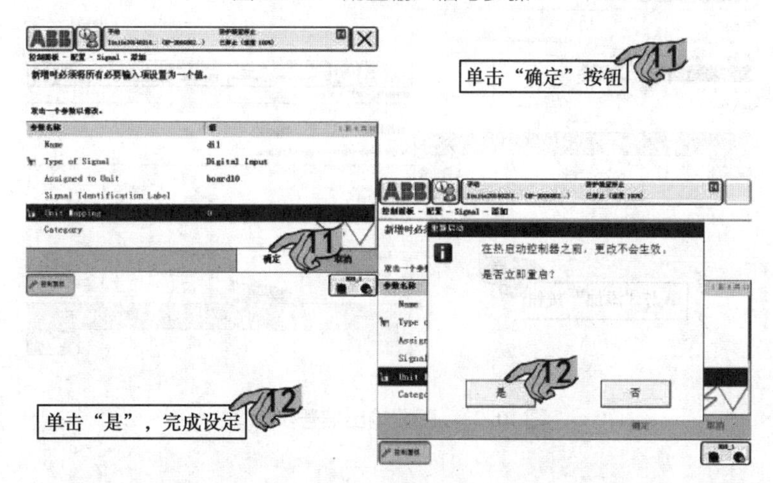

图 10.20　配置输入信号步骤 6

数字输出信号 do 的相关参数说明，如表 10.6 和图 10.21—图 10.26 所示。

表 10.6　输出信号参数说明

参数名称	设定值	说　明
Name	do1	设定数字输入信号的名字
Type of Signal	Digital Output	设定信号的类型
Assigned to Unit	board10	设定信号所在的 I/O 模块
Unit Mapping	32	设定信号所占用的地址

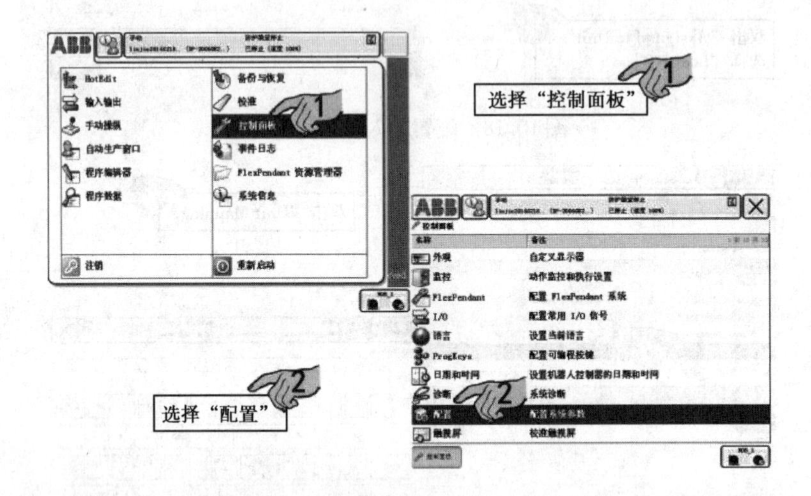

图 10.21　配置输出信号步骤 1

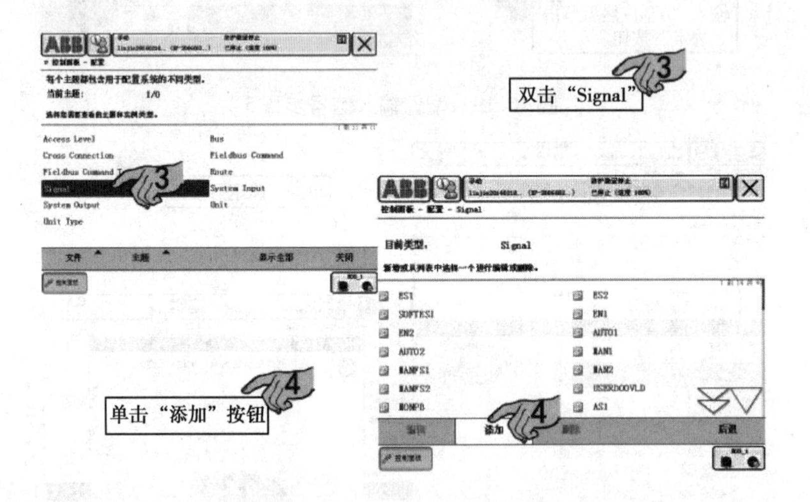

图 10.22　配置输出信号步骤 2

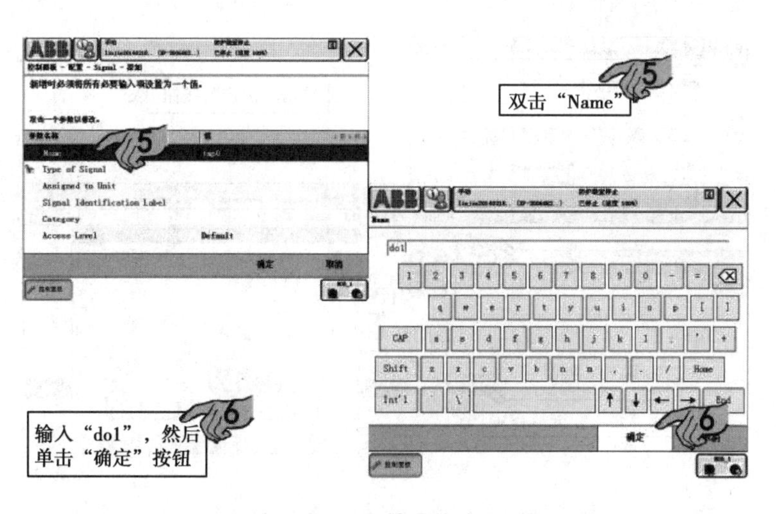

图 10.23　配置输出信号步骤 3

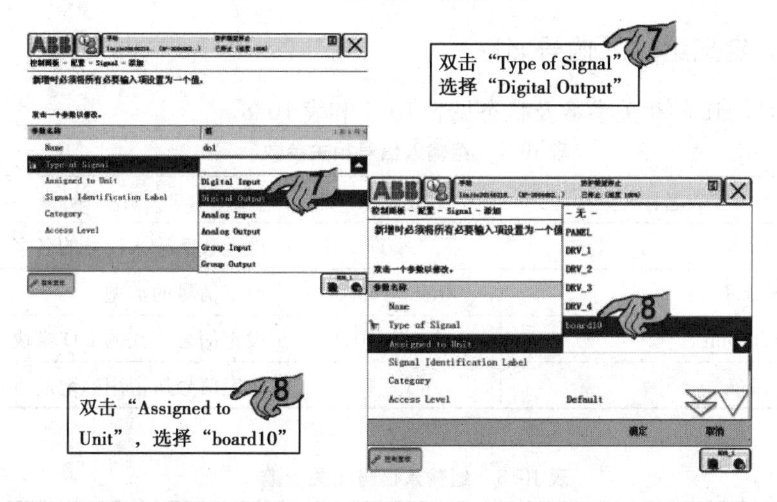

图 10.24　配置输出信号步骤 4

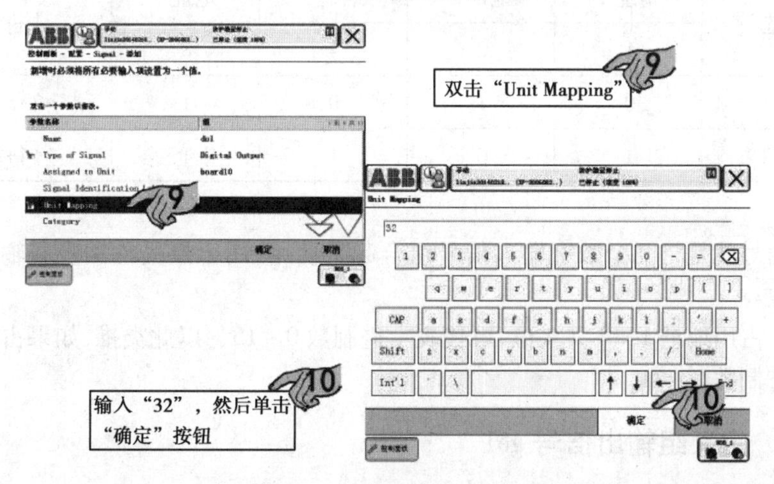

图 10.25　配置输出信号步骤 5

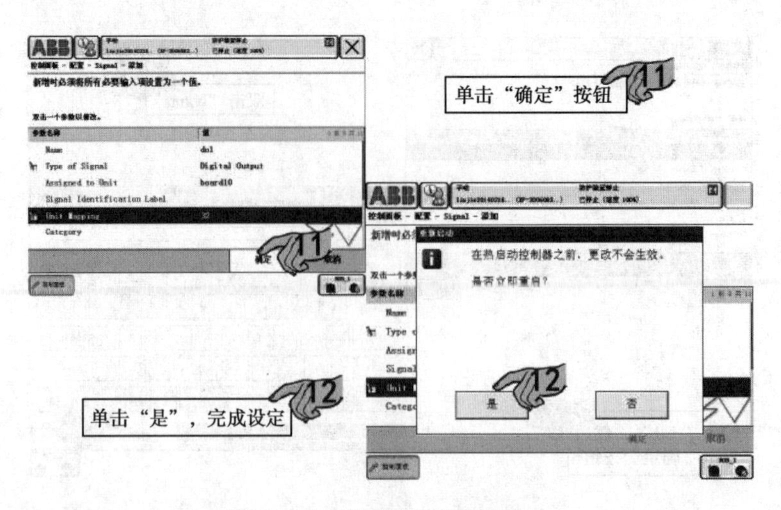

图 10.26　配置输出信号步骤 6

10.2.2　定义组输入信号 gi1

组输入信号 gi1 的相关参数及状态见表 10.7 和表 10.8。

表 10.7　组输入信号相关参数(一)

参数名称	设定值	说　明
Name	gi1	设定数字输入信号的名字
Type of Signal	Group Output	设定信号的类型
Assigned to Unit	board10	设定信号所在的 I/O 模块
Unit Mapping	1 ~ 4	设定信号所占用的地址

表 10.8　组输入信号相关参数(二)

状　态	地址 1	地址 2	地址 3	地址 4	十进制数
	1	2	4	8	
状态 1	0	1	0	1	2+8 = 10
状态 2	1	0	1	1	1+4+8 = 13

组输入信号就是将几个数字输入信号组合起来使用,用于接受外围设备输入的 BCD 编码的十进制数。

其中,gi1 占用地址 1—4 共 4 位,可代表十进制数 0 ~ 15。以此类推,如果占用地址 5 位,则可代表十进制数 0 ~ 31。

10.2.3　定义组输出信号 go1

组输出信号 go1 的相关参数及状态见表 10.9 和表 10.10。

表10.9　组输出信号相关参数(一)

参数名称	设定值	说　明
Name	go1	设定数字输入信号的名字
Type of Signal	Group Output	设定信号的类型
Assigned to Unit	board10	设定信号所在的I/O模块
Unit Mapping	33～36	设定信号所占用的地址

表10.10　组输出信号相关参数(二)

状　态	地址33	地址34	地址35	地址36	十进制数
	1	2	4	8	
状态1	0	1	0	1	2+8=10
状态2	1	0	1	1	1+4+8=13

组输出信号就是将几个数字输出信号组合起来使用,用于输出BCD编码的十进制数。其中,go1占用地址33—36共4位,可代表十进制数0～15。以此类推,如果占用地址5位,则可代表十进制数0～31。

任务10.3　I/O信号的监控与操作

现在学习如何对I/O信号进行监控与操作。

I/O信号的定义与监控

10.3.1　打开“输入输出”界面

打开“输入输出”界面,如图10.27—图10.30所示。

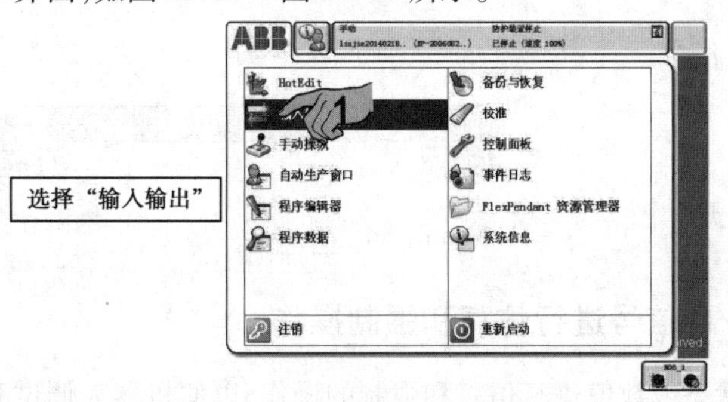

图10.27　打开“输入输出”界面

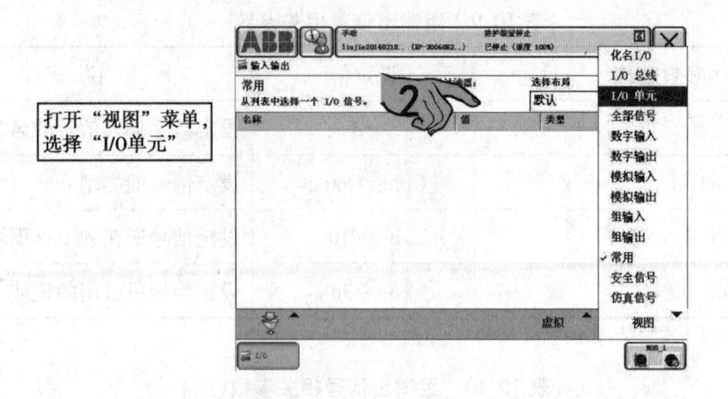

图 10.28　打开 I/O 信号表

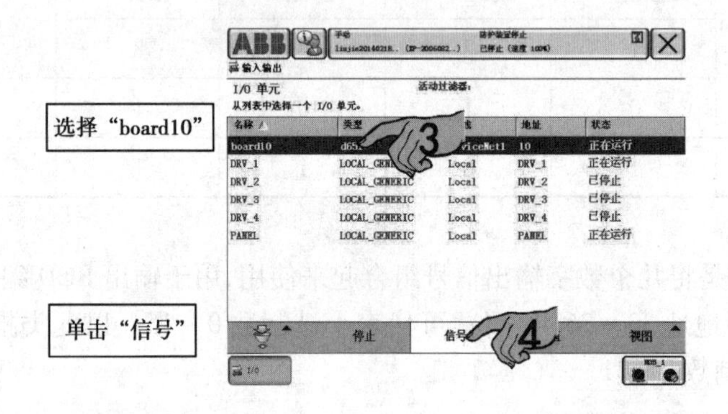

这个画面，可看到在上一节中所定义的信号。可对信号进行监控、仿真和强制的操作

名称	值	类型	仿真
ao1	0.00	AO: 0-15	否
di1	0	DI: 0	否
do1	0	DO: 32	否
gi1	0	GI: 1-4	否
go1	0	GO: 33-36	否

图 10.30　信号表

10.3.2　对 I/O 信号进行仿真和强制操作

对 I/O 信号的状态或数值进行仿真和强制的操作，以便机器人调试和检修时使用。下面学习数字信号和组信号的仿真和强制操作，如图 10.31—图 10.33 所示。

例如，对 do 进行强制操作，如图 10.34 所示。

又如，对 gi 进行强制操作，如图 10.35—图 10.37 所示。

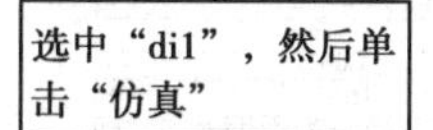

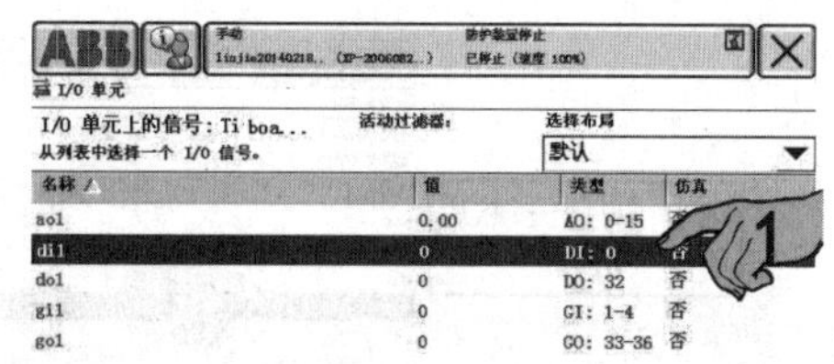

图 10.31　输入信号的强制操作

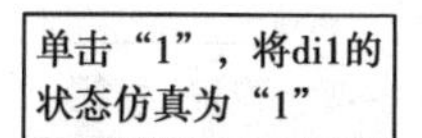

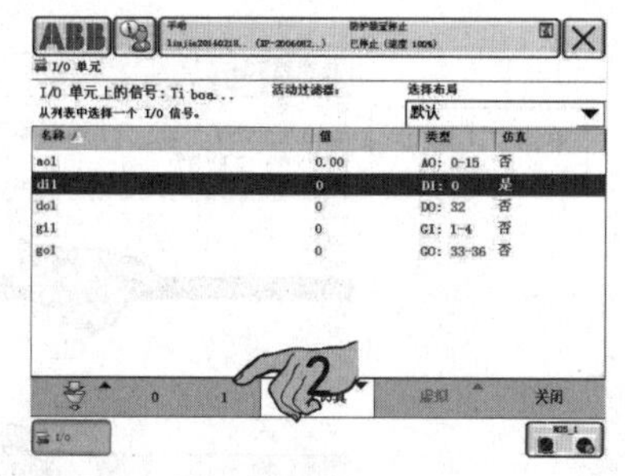

图 10.32　强制置 1

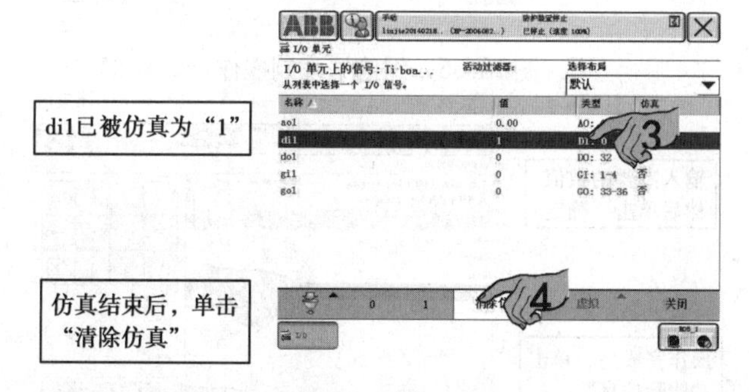

图 10.33　清除仿真

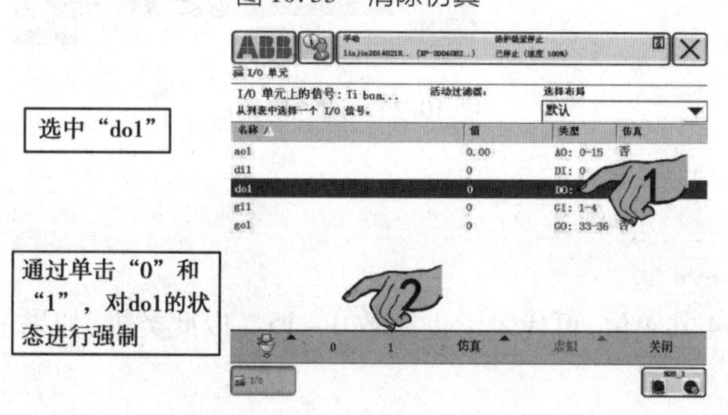

图 10.34　输出信号强制置 1

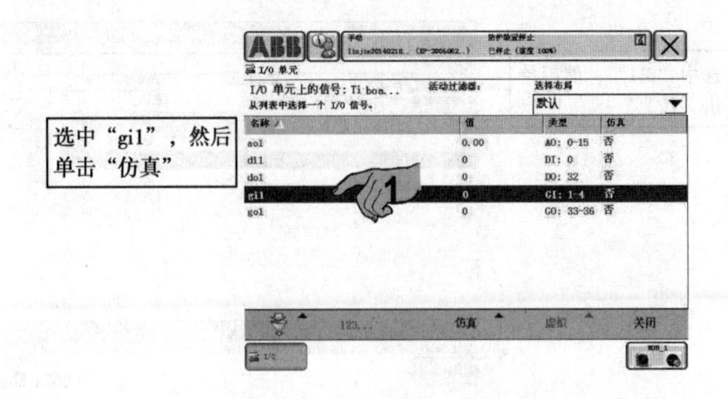

图 10.35　组信号的仿真

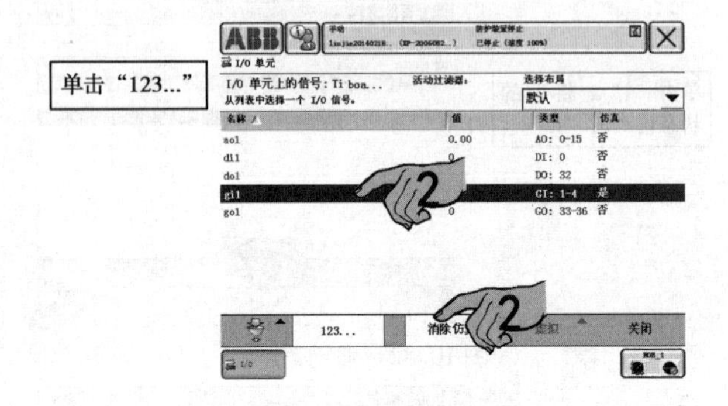

图 10.36　组信号强制操作

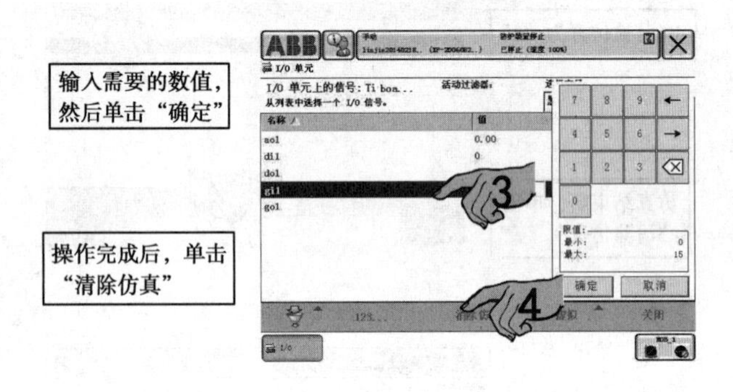

图 10.37　清除仿真

gi 占用地址 1—4 共 4 位，可代表十进制数 0 ~ 15。以此类推，如果占用地址 5 位，则可代表十进制数 0 ~ 31。

学习评价：

<table>
<tr><td>实操时间</td><td colspan="2"></td><td>实操地点</td><td colspan="4"></td></tr>
<tr><td rowspan="2">实操班级</td><td colspan="2" rowspan="2"></td><td rowspan="2">实操分组</td><td>组别</td><td></td><td>组长</td><td></td></tr>
<tr><td>组员</td><td colspan="3"></td></tr>
<tr><td rowspan="10">项目评价</td><td rowspan="2">序号</td><td colspan="2" rowspan="2">评价内容（总分 100 分）</td><td colspan="4">得　分</td></tr>
<tr><td>自评</td><td>互评</td><td>教评</td><td>总分</td></tr>
<tr><td>1</td><td colspan="2">课堂考勤(5 分)</td><td></td><td></td><td></td><td></td></tr>
<tr><td>2</td><td colspan="2">课堂讨论与发言情况(10 分)</td><td></td><td></td><td></td><td></td></tr>
<tr><td>3</td><td colspan="2">知识点掌握情况(40 分)</td><td></td><td></td><td></td><td></td></tr>
<tr><td rowspan="3">4</td><td rowspan="3">任务完成情况（40 分）</td><td>完成工业机器人通信板的接线(10 分)</td><td></td><td></td><td></td><td></td></tr>
<tr><td>设置工业机器人的 I/O 信号(15 分)</td><td></td><td></td><td></td><td></td></tr>
<tr><td>对 I/O 信号进行仿真操作(15 分)</td><td></td><td></td><td></td><td></td></tr>
<tr><td>5</td><td colspan="2">互助协作情况(5 分)</td><td></td><td></td><td></td><td></td></tr>
<tr><td colspan="3">合　计</td><td></td><td></td><td></td><td></td></tr>
</table>

注：过程考核占总成绩的 70%，考试（综合设计）成绩占 30%。

知识测评：

一、选择题

1. 标准 I/O 板卡 651 提供的两个模拟量输出电压范围为(　　)。
   A. 正负 10 V　　B. 0 到正 10 V　　C. 0 到正 24 V
2. ABB 机器人标配的工业总线为(　　)。
   A. Profibus DP　　B. CC-Link　　C. DeviceNet

二、判断题

1. DSQC651 标准板提供 8 个数字输入信号，地址范围是 0—7。(　　)
2. DO 的含义为模拟输出信号。(　　)

项目 11

工业机器人描轨实例应用

学习目标

知识目标：

1. 了解 ABB 工业机器人描轨工作站的组成。
2. 熟悉 ABB 工业机器人描轨常用 I/O 信号。
3. 了解 ABB 工业机器人在轨迹动作方面的应用。

技能目标：

1. 掌握 ABB 工业机器人描轨常用 I/O 配置方法。
2. 掌握 ABB 工业机器人描轨程序的编程思路。
3. 掌握 ABB 工业机器人描轨程序的程序编写。

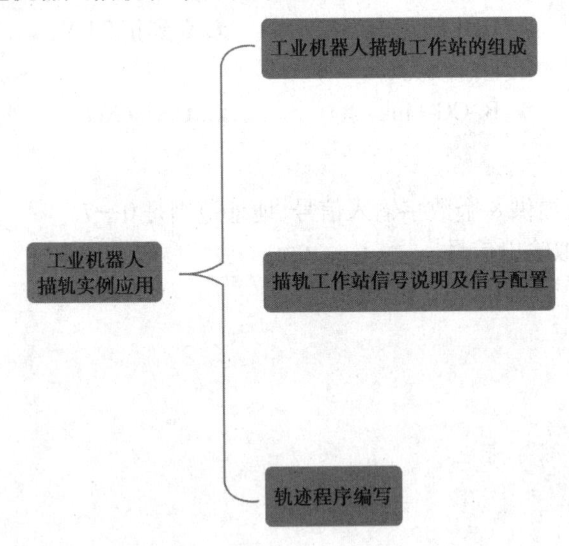

任务11.1　工业机器人描轨工作站的组成

工业机器人描轨实例项目

工业机器人描轨工作站(见图11.1)由ABB IRB120机器人本体、ABB紧凑型控制柜、ABB机器人示教器、夹爪气动控制系统(见图11.2)、夹爪工具仓(见图11.3)及轨迹工作台(见图11.4)组成。其中,夹爪气动控制系统是由亚德客气动夹爪气缸、电磁阀和气动设备组成的。夹爪工具仓是由4个不同的夹爪工具组成的。

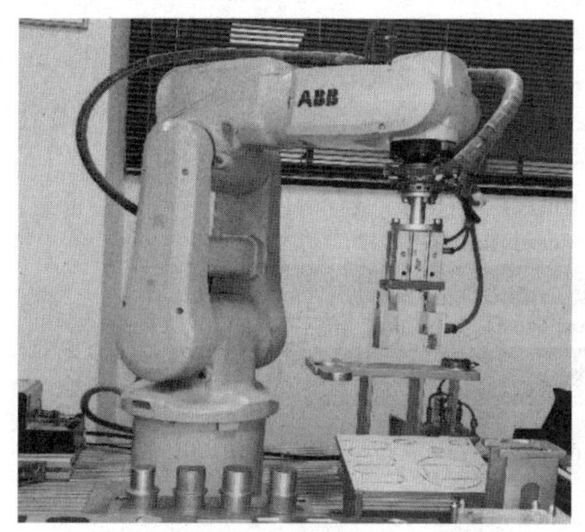

图11.1　工业机器人描轨工作站

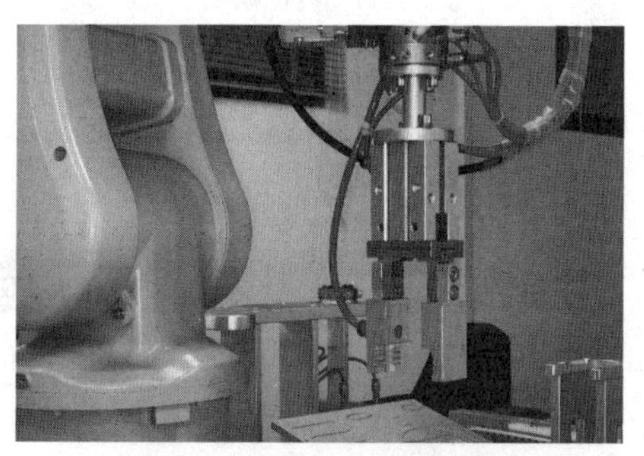

图11.2　夹爪气动控制系统

图11.3　夹爪工具仓

图11.4　轨迹工作台

任务11.2　描轨工作站信号说明及信号配置

1)描轨工作站的信号说明

描轨工作站开始前,需要定义一些信号的名称,以方便后面的使用。

定义气动夹爪的打开信号,使用Set DO指令,把使用的I/O板卡上的输出点第一位在机器人设置中命名为d652_Do_03,使用Set DO d652_Do_03,1;使用Set DO指令,把DO d652_Do_03的输出变为1,气动夹爪打开。

定义气动夹爪的关闭信号,使用Set DO指令,把使用的I/O板卡上的输出点第一位在机器人设置中命名为 d652_Do_03,使用 Set DO d652_Do_03,0;使用 Set DO 指令,把 DO d652_Do_03 的输出变为 0,气动夹爪关闭。

2)工作站的信号配置

在配置中,选择 Signal,并添加 1 个数字量输出信号,如图 11.5 所示。

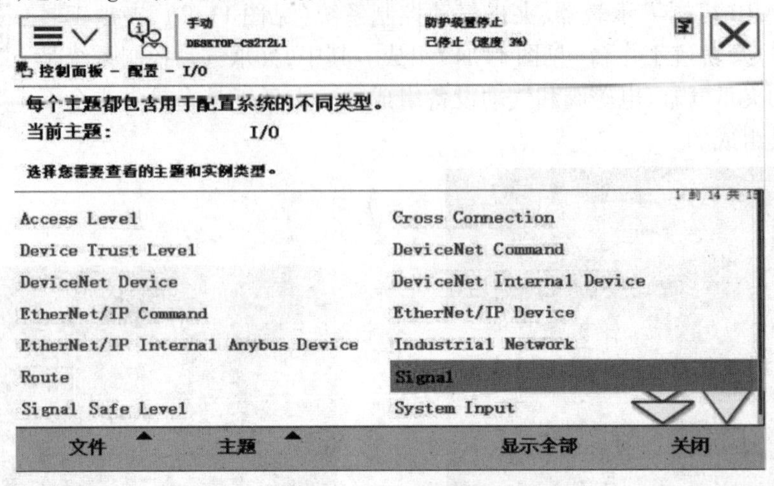

图 11.5　信号配置

添加数字输出量完成后,配置界面如图 11.6 所示。

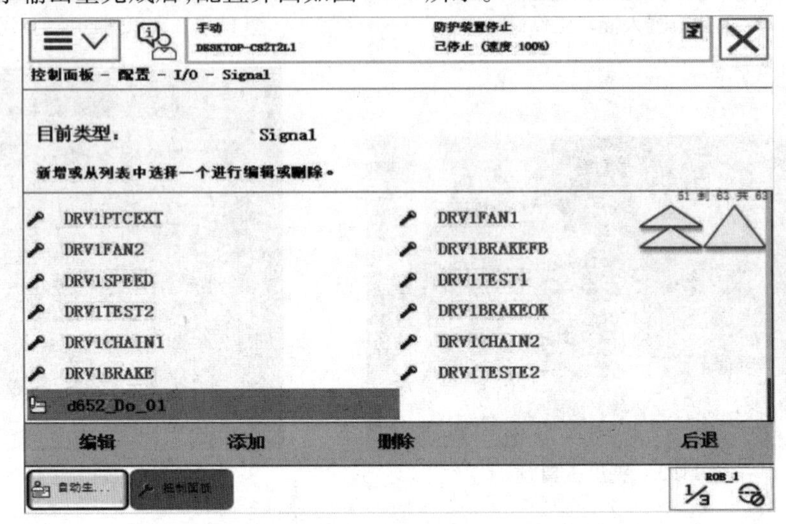

图 11.6　添加数字量输出信号

任务 11.3　轨迹程序编写

1)描轨流程

本工作站利用 IRB120 机器人在轨迹工作台上描轨运动为例。在本工作站中,已预设描轨动作效果,需要在此工作站中依次完成 I/O 配置、程序数据创建、目标点示教、程序编写及调试,最终完成整个轨迹工作站的轨迹运动过程。

2)示教目标点

在本工作站中,需要示教多个目标点,分别是工具抓取点、描轨起始点、轨迹过渡点及轨迹结束点。

在程序编辑器中,新建例行程序并命名为 miaogui,如图 11.7 所示。

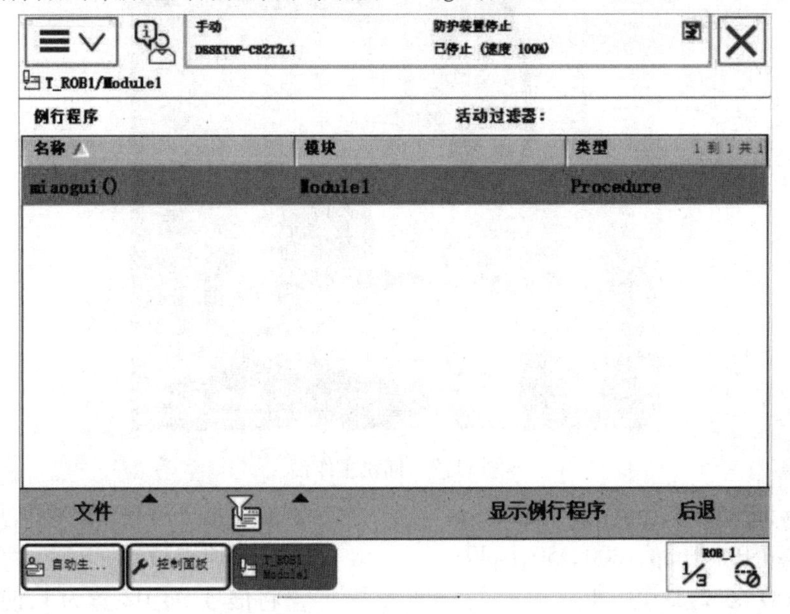

图 11.7　新建例行程序 miaogui

```
PROC miaogui( )                                    //描轨工作台,见图 11.8
    MoveAbsJ jp00\NoEOffs, v1000, z50, tool0;      //机器人回到机器原点
    qujiazhua;                                     //调用取夹爪子程序
    LoadTool(TPA);                                 //设置机械手臂末端轴负载
    MoveAbsJ jp00,v300,z0,tool0;                   //取完夹爪回到机械原点
    MoveJ ptracer01,spd2,z0,tool0;                 //靠近轨迹工作台
    Path_10;                                       //调用轨迹 1 的子程序
    Path_20;                                       //调用轨迹 2 的子程序
    Path_30;                                       //调用轨迹 3 的子程序
    Path_40;                                       //调用轨迹 4 的子程序
    MoveJ ptracer01,spd2,z0,tool0;
    MoveAbsJ jp00,v300,z0,tool0;
    unLoadTool(TPA);                               //清除机械手臂末端轴负载
    xiajiazhua;                                    //调用下夹爪的子程序
    MoveAbsJ jp00,v300,z0,tool0;                   //回到机械原点
    PulseDO\PLength:=0.2, d652_Do_12;              //与 PLC 进行数据交换
ENDPROC
```

图 11.8　描轨工作台

```
PROC qujiazhua()                                  //取夹爪子程序,取夹爪,见图 11.9
    MoveJ PickTtmp,v200,z50,tool0;                //机械原点位置
    SetDO d652_Do_01,1;                           //将信号 Do_02 置为 1,使气动夹爪
                                                    松开
    MoveL Offs(T4,0,-100,20),v200,fine,tool0;
    MoveL Offs(T4,0,0,20),v200,fine,tool0;        //手臂移向夹爪
    MoveL T4,v20,fine,tool0;
    WaitTime 1;                                   //等待 1 s
    SetDO d652_Do_01,0;                           //将信号 Do_02 置为 0,使气动夹爪
                                                    松开
    WaitTime 1;
    MoveL Offs(T4,0,0,20),v200,fine,tool0;
    MoveL Offs(T4,0,-100,20),v200,fine,tool0;
    MoveL Offs(T4,0,-100,200),v200,fine,tool0;
                                                  //取出夹爪
    MoveJ PickTtmp,v200,z50,tool0;                //回到机械原点
ENDPROC
PROC Path_10( )                                   //轨迹 1 的控制程序,轨迹见图 11.10
    MoveJ Offs(Target_10,0,0,50),v150,z5,tool1\WObj:=Workobject_2;
    MoveL Target_10,v150,z5,tool1\WObj:=Workobject_2;
    MoveL Target_20,v150,z5,tool1\WObj:=Workobject_2;
    MoveC Target_30,Target_40,v150,z10,tool1\WObj:=Workobject_2;
    MoveL Target_50,v150,z5,tool1\WObj:=Workobject_2;
```

图 11.9　取夹爪

```
    MoveC Target_60,Target_70,v150,z10,tool1\WObj:=Workobject_2;
    MoveL Target_80,v150,z5,tool1\WObj:=Workobject_2;
    MoveC Target_90,Target_100,v150,z10,tool1\WObj:=Workobject_2;
    MoveL Target_110,v150,z5,tool1\WObj:=Workobject_2;
    MoveC Target_120,Target_130,v150,z10,tool1\WObj:=Workobject_2;
    MoveL Target_140,v150,z5,tool1\WObj:=Workobject_2;
    MoveC Target_150,Target_160,v150,z10,tool1\WObj:=Workobject_2;
    MoveL Target_170,v150,z5,tool1\WObj:=Workobject_2;
    MoveL Offs(Target_170,0,0,50),v150,z5,tool1\WObj:=Workobject_2;
ENDPROC
```

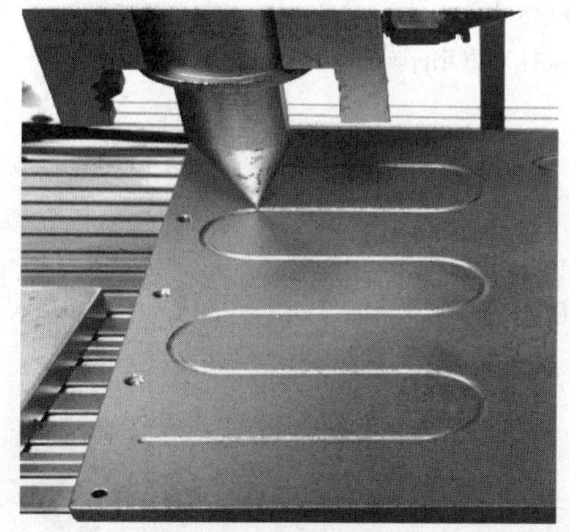

图 11.10　机械手轨迹 1

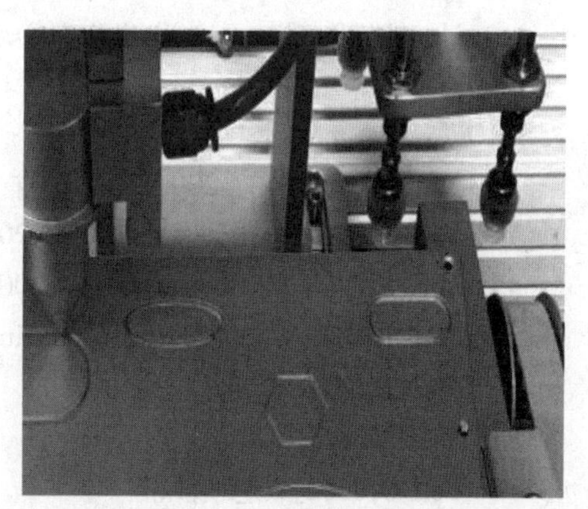

图 11.11　轨迹 2，3，4

机械手描轨迹 2,3,4 如图 11.11 所示。

```
PROC Path_20()
    MoveL Offs(Target_200,0,0,50),v150,z5,tool1\WObj:=Workobject_2;
    MoveL Target_200,v150,z5,tool1\WObj:=Workobject_2;
    MoveC Target_210,Target_220,v150,z10,tool1\WObj:=Workobject_2;
    MoveC Target_230,Target_240,v150,z10,tool1\WObj:=Workobject_2;
    MoveC Target_250,Target_260,v150,z10,tool1\WObj:=Workobject_2;
    MoveC Target_270,Target_200,v150,z10,tool1\WObj:=Workobject_2;
    MoveL Offs(Target_200,0,0,50),v150,z5,tool1\WObj:=Workobject_2;
ENDPROC
PROC Path_30( )
    MoveL Offs(Target_300,0,0,50),v150,z5,tool1\WObj:=Workobject_2;
    MoveL Target_300,v150,z5,tool1\WObj:=Workobject_2;
    MoveL Target_310,v150,z5,tool1\WObj:=Workobject_2;
    MoveC Target_320,Target_330,v150,z10,tool1\WObj:=Workobject_2;
    MoveL Target_340,v150,z5,tool1\WObj:=Workobject_2;
    MoveC Target_350,Target_300,v150,z10,tool1\WObj:=Workobject_2;
    MoveL Offs(Target_300,0,0,50),v150,z5,tool1\WObj:=Workobject_2;
ENDPROC
PROC Path_40( )
    MoveL Offs(Target_400,0,0,50),v150,z5,tool1\WObj:=Workobject_2;
    MoveL Target_400,v150,z5,tool1\WObj:=Workobject_2;
    MoveL Target_410,v150,z5,tool1\WObj:=Workobject_2;
    MoveL Target_420,v150,z5,tool1\WObj:=Workobject_2;
    MoveL Target_430,v150,z5,tool1\WObj:=Workobject_2;
    MoveL Target_440,v150,z5,tool1\WObj:=Workobject_2;
    MoveL Target_450,v150,z5,tool1\WObj:=Workobject_2;
    MoveL Target_400,v150,z5,tool1\WObj:=Workobject_2;
    MoveL Offs(Target_400,0,0,50),v150,z5,tool1\WObj:=Workobject_2;
ENDPROC
PROC xiajiazhua( )                          //轨迹完成放下夹爪,见图 11.12
    MoveJ PickTtmp,v200,z50,tool0;
    MoveL Offs(T4,0,-100,100),v200,fine,tool0;
    MoveL Offs(T4,0,-100,20),v200,fine,tool0;
    MoveL Offs(T4,0,0,20),v200,fine,tool0;
    MoveL T4,v20,fine,tool0;
    WaitTime 1;
    SetDO d652_Do_01,1;
    SetDO d652_Do_03, 1;
    WaitTime 1;
```

```
    MoveL Offs(T4,0,0,20),v200,fine,tool0;
    MoveL Offs(T4,0,0,100),v200,fine,tool0;
    MoveJ p00, v200, z50, tool0;
ENDPROC
```

图 11.12　机械手卸夹爪

学习评价：

<table>
<tr><td>实操时间</td><td colspan="3"></td><td>实操地点</td><td colspan="4"></td></tr>
<tr><td rowspan="2">实操班级</td><td rowspan="2" colspan="3"></td><td rowspan="2">实操分组</td><td>组别</td><td></td><td>组长</td><td></td></tr>
<tr><td>组员</td><td colspan="3"></td></tr>
<tr><td rowspan="10">项
目
评
价</td><td rowspan="2">序号</td><td rowspan="2" colspan="3">评价内容(总分 100 分)</td><td colspan="4">得　分</td></tr>
<tr><td>自评</td><td>互评</td><td>教评</td><td>总分</td></tr>
<tr><td>1</td><td colspan="3">课堂考勤(5 分)</td><td></td><td></td><td></td><td></td></tr>
<tr><td>2</td><td colspan="3">课堂讨论与发言情况(10 分)</td><td></td><td></td><td></td><td></td></tr>
<tr><td>3</td><td colspan="3">知识点掌握情况(40 分)</td><td></td><td></td><td></td><td></td></tr>
<tr><td rowspan="3">4</td><td rowspan="3">任务完成情况(40 分)</td><td colspan="2">设置机器 I/O 信号(10 分)</td><td></td><td></td><td></td><td></td></tr>
<tr><td colspan="2">编写到达描轨起始位置程序(10 分)</td><td></td><td></td><td></td><td></td></tr>
<tr><td colspan="2">编写完整描轨程序(20 分)</td><td></td><td></td><td></td><td></td></tr>
<tr><td>5</td><td colspan="3">互助协作情况(5 分)</td><td></td><td></td><td></td><td></td></tr>
<tr><td colspan="4">合　计</td><td></td><td></td><td></td><td></td></tr>
</table>

注:过程考核占总成绩的 70%,考试(综合设计)成绩占 30%。

知识评测:

一、填空题

1. 工具坐标系的 TCP 是指______________________________。

2. 通过示教器设定了一个新的工具坐标之后,其中有一个参数的默认值为-1,应将该参数设置为________值,该参数为代表工具质量值的 mass 值。

3. ABB 机器人手动操作中采用重定位模式时,机器人绕着____________________进行重定位运动。

二、简答题

1. 工具中心点(TCP)在什么情况下需要重新进行定义?

2. 示教过程中,工具数据选定 tool0 是否可以?如果可以,调试过程中会哪些影响?

项目 12

机器人搬运实例应用

学习目标

知识目标：

1. 了解 ABB 工业机器人 I/O 信号名称和添加方法。
2. 了解 ABB 机器人搬运工作站组成。
3. 掌握搬运程序的编程思路。

技能目标：

1. 掌握搬运常用 I/O 配置。
2. 掌握搬运程序的程序编写。
3. 掌握工业机器人搬运程序的编写技巧与实操技能。

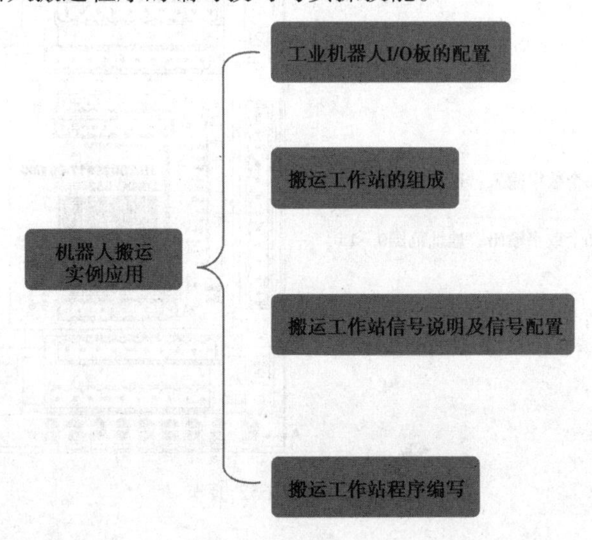

任务12.1 工业机器人I/O版的配置

机器人搬运
实例应用

ABB机器人在搬运方面有众多成熟的解决方案,在3C、食品、医药、化工、金属加工、太阳能等领域均有广泛的应用,涉及物流输送、周转、仓储等。采用机器人搬运可大幅提高生产效率、节省劳动力成本、提高定位精度,并降低搬运过程中的产品损坏率。

ABB的标准I/O板提供的常用信号处理有数字输入di、数字输出do、模拟输入ai、模拟输出ao及输送链跟踪。

常用ABB机器人的标准I/O板一般为DSQC651板卡和DSQC652板卡,如图12.1和图12.2所示。

8个数字输入：地址范围0—7

2个模拟输出：地址范围0—31

8个数字输出：地址范围32—39

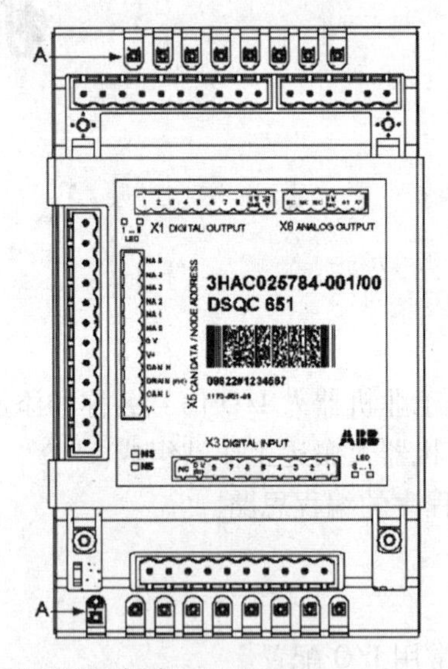

图12.1 DSQC651板卡

16个数字输入：地址范围0—15

16个数字输出：地址范围0—15

图12.2 DSQC652板卡

ABB 机器人的标准板卡的接线如图 12.3 所示。ABB 机器人的紧凑型控制柜的 I/O 通信接口如图 12.4 所示。

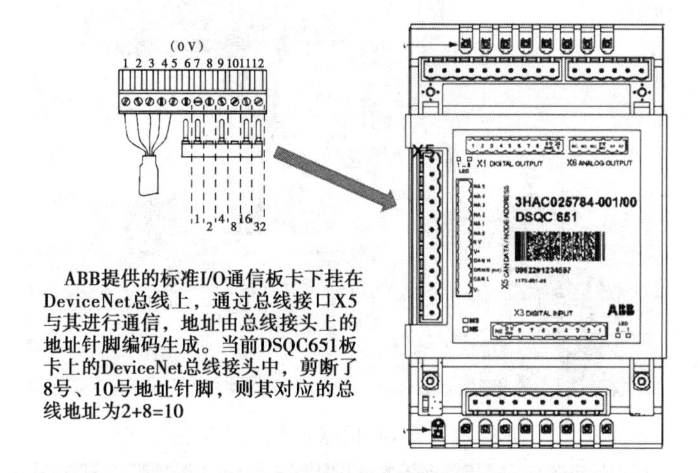

图 12.3　标准板卡的接线

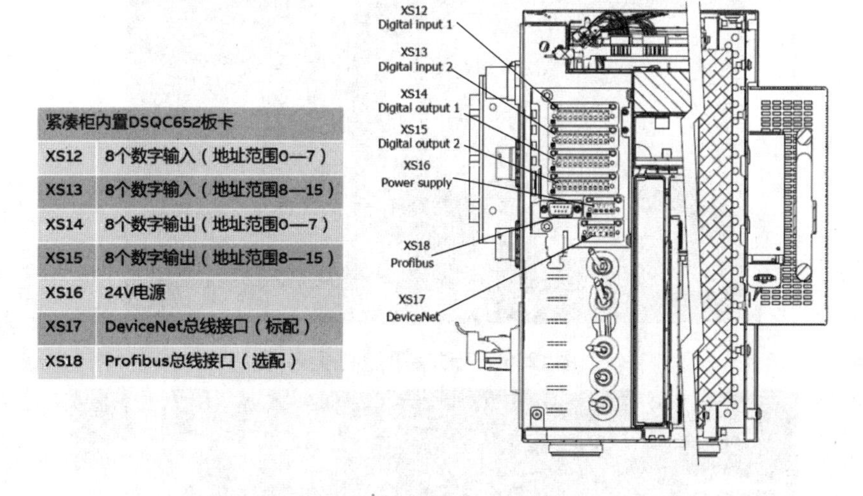

图 12.4　紧凑柜 I/O 通信接口

任务 12.2　搬运工作站的组成

该机器人搬运工作站由 ABB IRB120 机器人本体、ABB 紧凑型控制柜、ABB 机器人示教器、夹爪工具仓及搬运工作台等组成。ABB 机器人搬运工作站如图 12.5 所示。其中，由亚德客气动夹爪气缸、电磁阀、气动设备组成的气动夹爪控制系统如图 12.6 所示；由 4 个人不同的夹爪工具组成的夹爪工具仓如图 12.7 所示；由两个搬运工位组成的搬运工作台如图 12.8 所示。

图 12.5　ABB 机器人搬运工作站

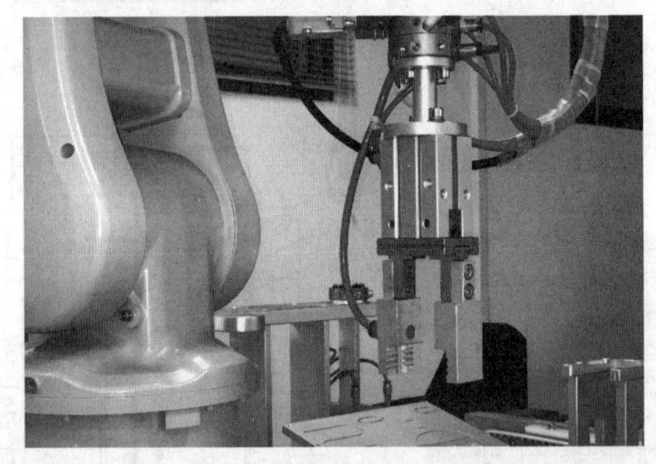

图 12.6　气动夹爪控制系统

图 12.7　夹爪工具仓

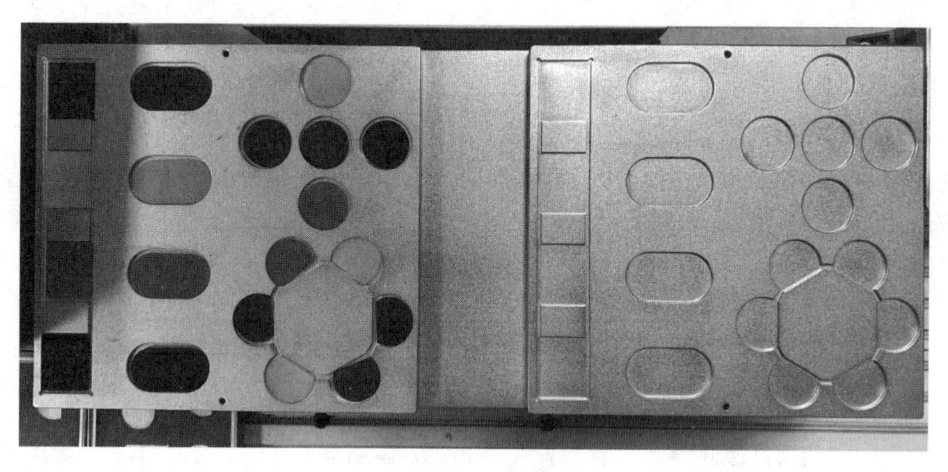

图 12.8 搬运工作台

任务 12.3 搬运工作站信号说明及信号配置

1)工作站的信号说明

在搬运工作站开始前,需要定义一些信号的名称,方便后面的使用。

(1)定义气动夹爪的打开信号

使用 Set DO 指令,把使用的 I/O 板卡上的输出点第一位在机器人设置中命名为 d652_Do_02;使用 Set DO 指令,把 DO d652_Do_02 的输出变为 1,气动夹爪打开,程序编写如:Set DO d652_Do_02,1。

(2)定义气动夹爪的关闭信号

使用 Set DO 指令,把使用的 I/O 板卡上的输出点第一位在机器人设置中命名为 d652_Do_02;使用 Set DO 指令,把 DO d652_Do_02 的输出变为 0,气动夹爪关闭,程序编写如:Set DO d652_Do_02,0。

(3)定义吸盘打开信号

使用 Set DO 指令,把使用的 I/O 板卡上输出点第二位在机器人设置中命名为 d652_Do_03;使用 Set DO 指令,把 DO d652_Do_03 的输出变为 1,吸盘打开,程序编写如:Set DO d652_Do_03,1。

(4)定义吸盘关闭信号

使用 Set DO 指令,把使用的 I/O 板卡上输出点第二位在机器人设置中命名为 d652_Do_03;使用 Set DO 指令,把 DO d652_Do_03 的输出变为,吸盘关闭,程序编写如:Set DO d652_Do_03,1。

(5)定义确认吸盘打开信号

目的是确定吸盘是否真正打开。使用 WaitDI 指令,把使用的 I/O 板卡上输入点第一位在机器人设置中命名为 d652_Di_01,使用 WaitDI d652_Di_01,1;使用 Set Di 指令,把 Di d652_Di_01 的输入变为 1,确认吸盘打开。

(6)定义确认吸盘关闭信号

目的是确定吸盘是否真正关闭。使用 WaitDI 指令,把使用的 I/O 板卡上输入点第一位在机器人设置中命名为 d652_Di_01，使用 WaitDI d652_Di_01，0；使用 Set Di 指令，把 Di d652_Di_01 的输入变为 1，确认吸盘关闭。

2）工作站的信号配置

在配置中选择 Siganl（见图 12.9），并添加两个数字量输出信号，1 个数字量输入信号，添加完成后如图 12.10 所示。

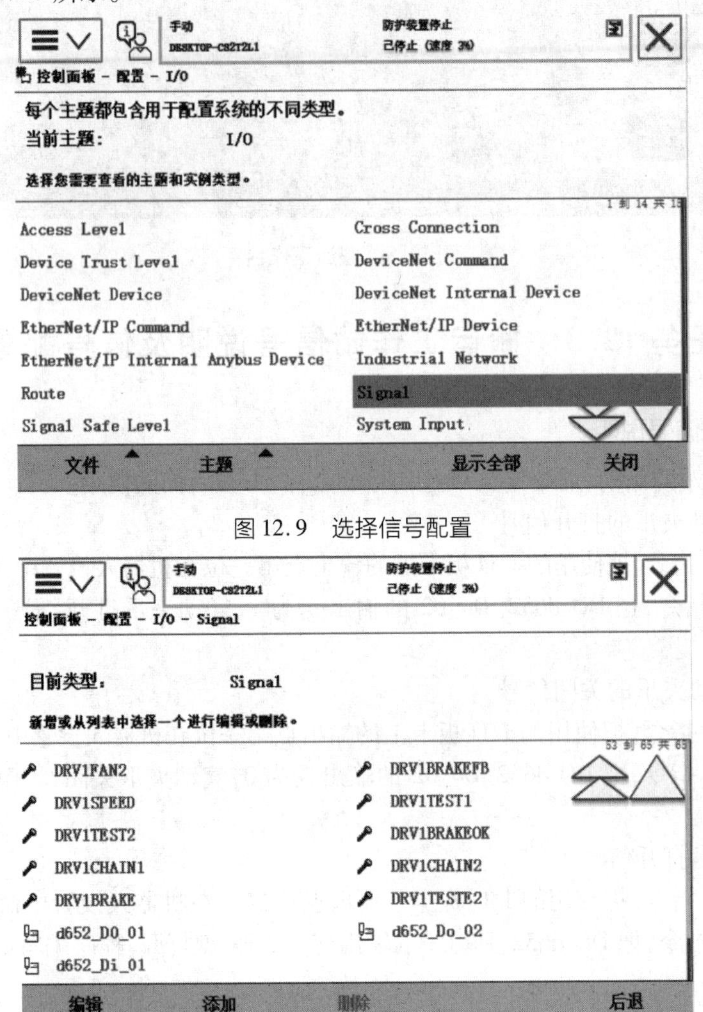

图 12.9　选择信号配置

图 12.10　信号配置

任务 12.4　搬运工作站程序编写

1）搬运工作站流程

本工作站以 PCB 薄板的搬运为例，利用 IRB120 机器人在工作台上搬运 PCB 薄板工件，将其搬运至暂存工位中，以便周转至下一工位进行处理。本工作站中已预设搬运动作效果，需要在此工作站中依次完成 I/O 配置、程序数据创建、目标点示教、程序编写及调试，最终完成整个搬运工作站的搬运过程。

2)示教目标点

在本工作站中,需要示教 3 个目标点,即工具抓取点、工件吸取点和工件放置点;需要设置两个原点位置,即机器人动作完成前后位置原点和机器人搬运位置原点;设置合理的机器人过渡点。

3)程序流程图

程序流程图如图 12.11 所示。

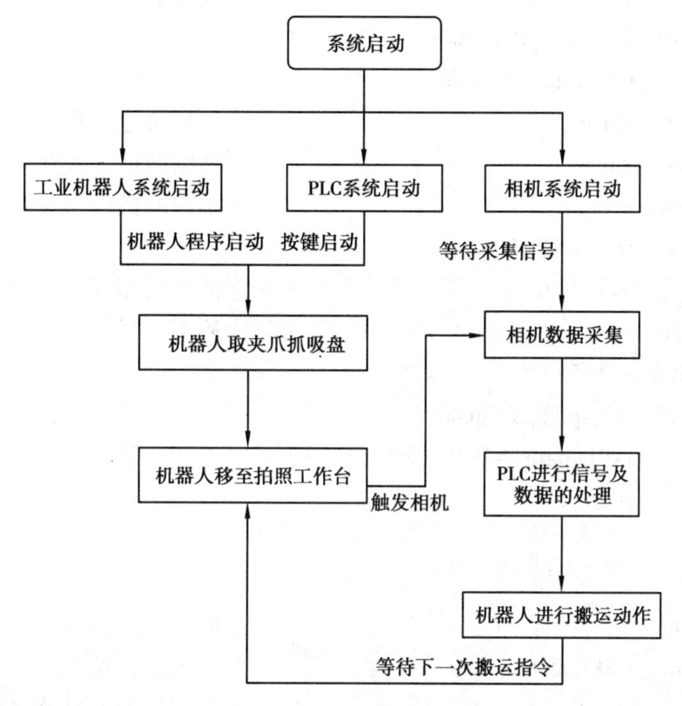

图 12.11　程序流程图

4)机器人程序的编辑

在程序编辑器中,新建例行程序并命名为 banyun,如图 12.12 所示。

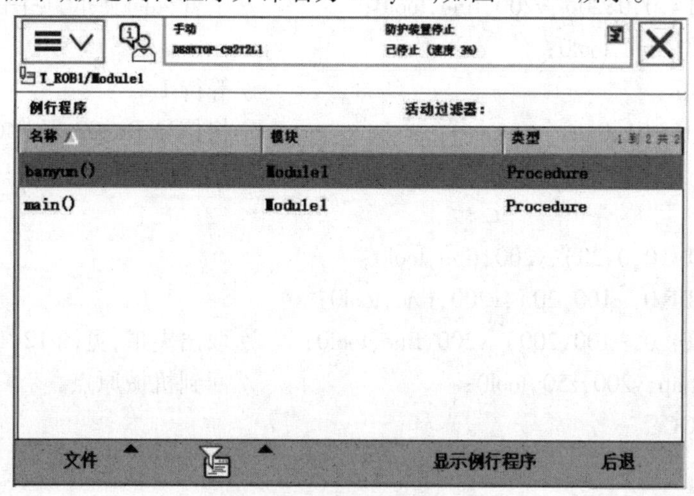

图 12.12　新建例行程序

```
PROC D_MovesP()                                   //搬运主程序
spd1:=[50,180,180,180];                           //速度数组
        function;
        sjNum:=GI02;                              //定义变量
        MoveJ p00,spd2,z0,tool0;                  //工业机器人的机械原点
        qujiazhua;                                //取夹爪的子程序
        LoadTool(TPC);                            //设置机器人夹爪负载
        MoveJ p00,spd2,z0,tool0;
        MoveJ p01,spd2,z0,tool0;
        move_fangcao;                             //正槽搬运子程序
        move_yuan;                                //圆的搬运子程序
        move_banyuan;                             //半圆的搬运子程序
        MoveJ p01,spd2,z0,tool0;
        unLoadTool(TPC);                          //清除机器人夹爪负载
        xiajiazhua;                               //放下夹爪
        WaitTime T05;
        MoveJ p00,spd2,z0,tool0;
        PulseDO\PLength:=0.2, d652_Do_12;         //关闭信号
        waittime 0.5;
endproc

PROC qujiazhua()                                  //取夹爪子程序
MoveJ PickTtmp,v200,z50,tool0;                    //机械原点位置
SetDO d652_Do_01,1;                               //将信号 Do_02 置为1,使气动夹爪松
                                                    开,见图12.13
MoveL Offs(T4,0,-100,20),v200,fine,tool0;
MoveL Offs(T4,0,0,20),v200,fine,tool0;            //手臂移向夹爪,见图12.14
MoveL T4,v20,fine,tool0;
  WaitTime 1;                                     //等待1 s
SetDO d652_Do_01,0;                               //将信号 Do_02 置为0,使气动夹爪
                                                    松开
WaitTime 1;
MoveL Offs(T4,0,0,20),v200,fine,tool0;
MoveL Offs(T4,0,-100,20),v200,fine,tool0;
MoveL Offs(T4,0,-100,200),v200,fine,tool0;        //取出夹爪,见图12.15
MoveJ PickTtmp,v200,z50,tool0;                    //回到机械原点
    ENDPROC
```

图 12.13　机器人气爪打开

图 12.14　移向工具库附件

图 12.15　抓取吸盘

```
proc move_fangcao( )                    //正方形与圆矩形的子程序,执行搬运操作,见图 12.16
```

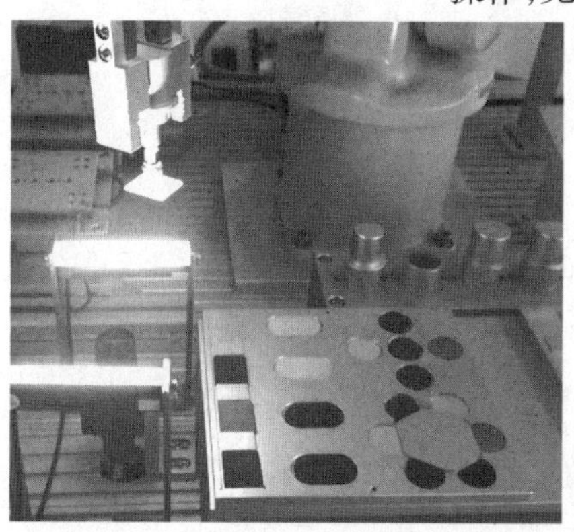

图 12.16　正方形与圆矩形搬运展示图

```
w1 := TRUE;                             //定义字符定义常量
i:=1;
j:=1;
FOR i FROM 1 TO 2 DO
FOR j FROM 1 TO 4 DO
MoveJ offs(ptar1{i,j},0,0,50),spd2,z0,tool0\WObj:=wobj_moves1;
                                        //搬运准备状态
Movel offs(ptar1{i,j},0,0,10),spd2,z0,tool0\WObj:=wobj_moves1;
MoveL ptar1{i,j},spd2,z0,tool0\WObj:=wobj_moves1;
                                        //到达搬运工件位置
WaitTime T10;                           //等待吸取
SetDO d652_Do_04, 1;
WaitDI d652_Di_12,1;                    //吸取工件
WaitTime T05;
```

```
Movel offs(ptar1{i,j},0,0,10),spd2,z10,tool0\WObj:=wobj_moves1;
MoveL offs(ptar1{i,j},0,0,50),spd2,z20,tool0\WObj:=wobj_moves1;
                                                  //移向拍照区域
WaitDI d652_Di_12,1;
MoveL p02,spd2,z0,tool0;                          //到达拍照区域
WaitTime T10;
panduan01:
PulseDO\PLength:=0.2,d652_Do_01;                  //进行数据交换
sjNum:=gi02;                                      //创建数据信号的链接
if sjNum>0 THEN                                   //对传递的数据信号的判断
waittime 0.5;
goto panduan02;
ELSE
goto panduan01;
endif
panduan02:
IF sjNum=1 THEN
K:=1;
ENDIF
IF sjNum=2 THEN
K:=2;
ENDIF
IF sjNum=3 THEN
K:=3;
ENDIF
IF sjNum=4 THEN
K:=4;
ENDIF
MoveLoffs(ptar1{i,K},0,0,50),spd2,z20,tool0\WObj:=wobj_moves2;
MoveLoffs(ptar1{i,K},0,0,10),spd2,z10,tool0\WObj:=wobj_moves2;
MoveLptar1{i,k},spd2,z0,tool0\WObj:=wobj_moves2;
                                                  //搬运完成
WaitTime T05;
SetDO d652_Do_04,0;
WaitDI d652_Di_12,0;                              //关闭电子气阀
WaitTime T05;
MoveLoffs(ptar1{i,K},0,0,10),spd2,z10,tool0\WObj:=wobj_moves2;
MoveLoffs(ptar1{i,K},0,0,50),spd2,z20,tool0\WObj:=wobj_moves2;
                                                  //重新到达搬运初始状态
```

```
ENDFOR
ENDFOR
PROC move_yuan( )                                  //搬运圆的子程序,执行圆的搬运操
                                                     作,见图 12.17
```

图 12.17　圆的搬运操作展示

```
l:=1;                                              //定义字符常量
m:=0;
FOR l FROM 1 TO 5 DO                               //进入对圆搬运 5 次的循环
MoveJ offs(ptar2{l},0,0,50),spd2,z0,tool0\WObj:=wobj_moves1;
Movel offs(ptar2{l},0,0,10),spd2,z0,tool0\WObj:=wobj_moves1;
MoveL ptar2{l},spd2,z0,tool0\WObj:=wobj_moves1;
                                                   //到达搬运位置
WaitTime T10;                                      //等待吸取
SetDO d652_Do_04,1;
WaitDI d652_Di_12,1;                               //吸取工件
WaitTime T05;
Movel offs(ptar2{l},0,0,10),spd2,z10,tool0\WObj:=wobj_moves1;
MoveL offs(ptar2{l},0,0,50),spd2,z20,
tool0\WObj:=wobj_moves1;                           //移向相机拍照位置
WaitDI d652_Di_12,1;
MoveL p02,spd2,z0,tool0;                           //到达相机拍照位置
WaitTime T10;
panduan03:
PulseDO\PLength:=0.2,d652_Do_01;                   //进行数据交换
sjNum:=gi02;                                       //创建数据信号的链接
if sjNum>0 THEN                                    //对传递的数据信号的判断
waittime 0.5;
goto panduan04;
ELSE
```

```
goto panduan03;
endif
panduan04:
IF sjNum=1 THEN
u:=(1+m);
m:=4;
ENDIF
IF sjNum=2 THEN
u:=2;
ENDIF
IF sjNum=3 THEN
u:=3;
ENDIF
IF sjNum=4 THEN
u:=4;
ENDIF
MoveLoffs(ptar2{u},0,0,50),spd2,z20,tool0\WObj:=wobj_moves2;
MoveLoffs(ptar2{u},0,0,10),spd2,z10,tool0\WObj:=wobj_moves2;
MoveLptar2{u},spd2,z0,tool0\WObj:=wobj_moves2;
                                                //搬运完成
WaitTime T05;
SetDO d652_Do_04,0;
WaitDI d652_Di_12,0;                            //关闭电子气阀
WaitTime T05;                                   //重新到达搬运初始状态
MoveLoffs(ptar2{u},0,0,10),spd2,z10,tool0\WObj:=wobj_moves2;
        ENDFOR
    ENDPROC
PROC move_banyuan()                             //搬运半圆的子程序,如图 12.18 所示
                                                  为半圆的搬运操作展示
```

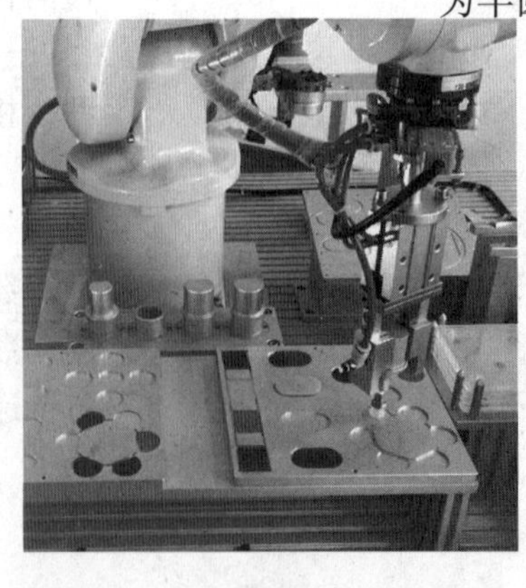

图 12.18　半圆的搬运操作展示

```
n:=1;                                                  //定义字符常量
o:=0;                                                  //定义字符常量
p:=0;                                                  //定义字符常量
FOR n FROM 1 TO 6 DO                                   //进入对圆搬运 6 次的循环
MoveAbsJ jpos01\NoEOffs, spd2, z20, tool0\WObj:=wobj_moves1;
MoveL offs(ptar3{n},0,0,50), spd2, z20, tool0\WObj:=wobj_moves1;
Movel offs(ptar3{n},0,0,10),spd2,z0,tool0\WObj:=wobj_moves1;
MoveL ptar3{n},spd2,z0,tool0\WObj:=wobj_moves1;
                                                       //到达搬运位置
WaitTime T10;                                          //等待吸取
SetDO d652_Do_04,1;                                    //吸取工件
WaitDI d652_Di_12,1;
WaitTime T05;
Movel offs(ptar3{n},0,0,10),spd2,z10,tool0\WObj:=wobj_moves1;
MoveL offs(ptar3{n},0,0,50),spd2,z20,tool0\WObj:=wobj_moves1;
MoveAbsJ jpos01\NoEOffs, spd2, z20,
tool0\WObj:=wobj_moves1;                               //移向相机拍照位置
WaitDI d652_Di_12,1;
MoveL p02,spd2,z0,tool0;                               //到达相机拍照位置
WaitTime T10;
panduan05:
PulseDO\PLength:=0.2, d652_Do_01;                      //进行数据交换
sjNum:=gi02;                                           //创建数据信号的链接
if sjNum>0 THEN                                        //对传递的数据信号的判断
goto panduan06;
ELSE
goto panduan05;
endif
panduan06:
IF sjNum=1 THEN
v:=1+o;
o:=4;
ENDIF
IF sjNum=2 THEN
v:=2+p;
p:=4;
ENDIF
IF sjNum=3 THEN
v:=3;
```

```
ENDIF
IF sjNum=4 THEN
v:=4;
ENDIF
MoveAbsJ jpos11\NoEOffs, spd2, z20, tool0\WObj:=wobj_moves2;
MoveL offs(ptar3{v},0,0,50),spd2,z20,tool0\WObj:=wobj_moves2;
MoveL offs(ptar3{v},0,0,10),spd2,z10,tool0\WObj:=wobj_moves2;
MoveL ptar3{v},spd2,z0,tool0\WObj:=wobj_moves2;
                                                //搬运完成
WaitTime T05;
SetDO d652_Do_04,0;
WaitDI d652_Di_12,0;                            //关闭电子气阀
WaitTime T05;
MoveL offs(ptar3{v},0,0,10),spd2,z10,tool0\WObj:=wobj_moves2;
MoveL offs(ptar3{v},0,0,50),spd2,z10,tool0\WObj:=wobj_moves2;
MoveAbsJ jpos11\NoEOffs, spd2, z20, tool0\WObj:=wobj_moves2;
                                                //重新到达搬运初始状态
ENDFOR
ENDPROC
ENDMODULE
```

学习评价:

<table>
<tr><td>实操时间</td><td></td><td colspan="2">实操地点</td><td colspan="5"></td></tr>
<tr><td rowspan="2">实操班级</td><td rowspan="2"></td><td colspan="2" rowspan="2">实操分组</td><td>组别</td><td></td><td>组长</td><td colspan="2"></td></tr>
<tr><td>组员</td><td colspan="4"></td></tr>
<tr><td rowspan="10">项目评价</td><td rowspan="2">序号</td><td colspan="2" rowspan="2">评价内容(总分100分)</td><td colspan="4">得　分</td></tr>
<tr><td>自评</td><td>互评</td><td>教评</td><td>总分</td></tr>
<tr><td>1</td><td colspan="2">课堂考勤(5分)</td><td></td><td></td><td></td><td></td></tr>
<tr><td>2</td><td colspan="2">课堂讨论与发言情况(10分)</td><td></td><td></td><td></td><td></td></tr>
<tr><td>3</td><td colspan="2">知识点掌握情况(40分)</td><td></td><td></td><td></td><td></td></tr>
<tr><td rowspan="3">4</td><td rowspan="3">任务完成情况(40分)</td><td>设置机器I/O信号(10分)</td><td></td><td></td><td></td><td></td></tr>
<tr><td>编写抓取气动工具程序(10分)</td><td></td><td></td><td></td><td></td></tr>
<tr><td>编写抓取工件程序(20分)</td><td></td><td></td><td></td><td></td></tr>
<tr><td>5</td><td colspan="2">互助协作情况(5分)</td><td></td><td></td><td></td><td></td></tr>
<tr><td colspan="3">合　计</td><td></td><td></td><td></td><td></td></tr>
</table>

注:过程考核占总成绩的70%,考试(综合设计)成绩占30%。

知识评测:

一、填空题

1. 根据控制运动形式,工业机器人的控制系统可分为________ 和________两种方式。

2. ABB 机器人的控制器通过____________现场总线的方式,可与 ABB 标准 I/O 板链接并进行通信。

3. DSQC651 与计算机主机的接口属于____________总线标准。

二、简答题

1. 目前常用的机器人末端手爪有哪些种类?它们各有什么特点?

2. 搬运轨迹离线编程的主要优点有哪些?

项目 13

工业机器人维护与保养

学习目标

知识目标：

1. 了解定期检修注意事项及检修项目。
2. 选用正确的检修工具。
3. 熟悉进行机器人电池的更换步骤。
4. 认识工业机器人 3 轴、4 轴、5 轴的内部构成。
5. 了解工业机器人定期检查内容。

技能目标：

1. 熟练运用工具进行机器人电池的更换与零点校正。
2. 掌握进行工业机器人各轴的同步带的检修的操作工艺规程。
3. 熟练运用皮带张紧仪等工具进行工业机器人各轴的同步带的检修。
4. 能掌握分析机器人故障的现象和原因的方法。
5. 熟练运用工具进行故障零部件的更换及机器人的装配。
6. 掌握伺服驱动等常见报警故障处理。

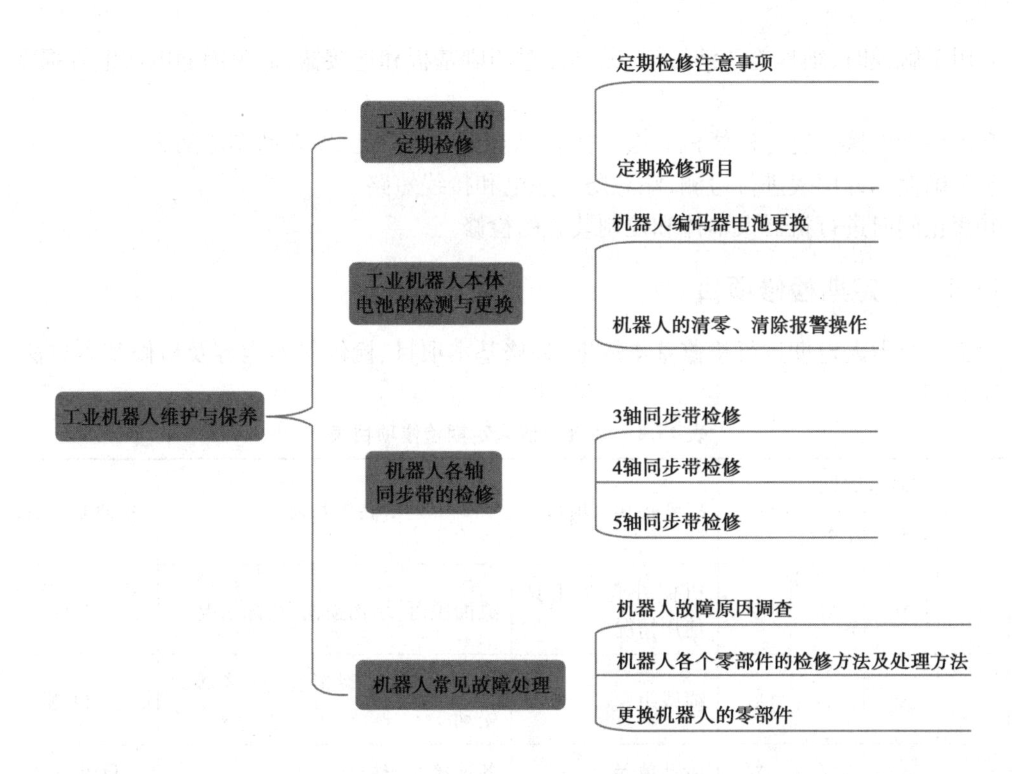

任务 13.1　工业机器人的定期检修

为了使工业机器人能长期保持较高的性能,必须进行检修和维护。检修分为日常检修和定期检修,并且检查人员必须编制检修计划并切实进行检修。

工业机器人定期检修

13.1.1　定期检修注意事项

工业机器人使用过程中要定期进行检修,并且在进行工业机器人的检修、更换零件时,应遵守以下注意事项,执行安全作业:

①进行工业机器人本体零部件更换作业时,必须由已接受过专门的工业机器人设备维修保养培训的专业技术人员进行作业。

②更换工业机器人本体零件时,务必先切断主电源,等待 5 min 后再进行作业。也要注意当切断一次主电源后的 5 min 内,请勿马上打开工业机器人的控制柜。同时,注意作业人员的手部是清洁和干燥状态。

③作业人员的身体(或者手部)与控制装置的“GND 端子”必须保持电气短路,并且应在相同电位下进行作业。

④更换作业时,请勿损坏连接线缆,请勿触摸印刷基板的电子零件及线路、连接器的触点部分,而应手持印刷基板的外围来操作。

⑤进行检修作业之前,应对作业所需的零件、工具和图纸进行确认。

⑥更换零部件时,应使用工业机器人厂商指定的零件。

⑦打开控制柜时,务必先切断电源,并保证内部清洁。

⑧用手触摸时，须提前清洁油污，尤其注意印刷基板和连接器，避免因静电放电等损坏IC零件。

⑨需要带电操作进行检修机器人本体时，禁止人员进入机器人动作范围之内。

⑩正确使用万用表进行检测，注意防止触电和接线短路。

⑪禁止同时进行机器人本体和控制装置的检修。

13.1.2 定期检修项目

①工业机器人定期进行检修基本周期、检修基本项目、检修保养内容及检修基本方法，具体见表13.1。

表13.1 工业机器人定期检修项目表

序号	基本周期				检修基本项目	检修保养内容	检修基本方法
	日常	3个月	6个月	1年			
1		√	√	√	机械外壳及工具使用情况	漆面脱落、结构损伤、锈蚀情况	目测
2		√	√	√	缆线组	检查损坏、破裂情况，连接器的松动	目测
3		√	√	√	驱动单元	各连接线缆松动	目测，拧紧
4	√	√	√	√	控制器	各连接线缆松动	目测，拧紧
5	√	√	√	√	安全板	各连接线缆松动	目测，拧紧
6	√	√	√	√	接地线	松弛，缺损	目测，拧紧
7	√	√	√	√	继电器	污损，缺损	目测
8	√	√	√	√	操作开关	按钮功能确认	目测
9		√	√	√	电压测量	L1，L2的电压确认	AV200 V±10%
10		√			电池	电池电压的确认	电压3.0 V以上
11	√	√	√	√	示教器	损坏情况，操作面板清洁	目测
12		√	√	√	风扇检测	散热器的清洁，风扇旋转情况	目测，清扫
13	√	√	√	√	急停开关检测	检查动作是否正常	检查伺服ON/OFF情况

②工业机器人的每季度检查见表13.2。

表13.2 季度检查表

序号	检查项目	检查点
1	控制单元电缆	检查示教器电缆是否存在不当扭曲

续表

序号	检查项目	检查点
2	控制单元的通风单元	如果通风单元脏了,切断电源,清理通风单元
3	机械本体单元中的电缆	检查机械单元插座是否损坏,弯曲是否异常,检查伺服电机连接器和航插是否连接可靠
4	各部件的清洁和检修	检查部件是否存在损坏、锈蚀等情况,并及时处理

机器人本体通过多次拆装会造成螺栓的滑丝变形,为使设备得到长期的应用,螺栓的拧紧力应稍小于标准拧紧力。

机器人转座下面的过渡板、大臂下部、大臂上部安装有O形密封圈。在拆装时,注意不要丢失,检查表面破损情况。如果出现破损,应及时更换。

③工业机器人的每年检查见表13.3。

表13.3　年检查表

序号	检查项目	检查点
1	各部件的清洁和检修	检查部件是否存在问题,并处理
2	外部主要螺钉的紧固及质量	扭力测试,检查螺纹使用情况

这里所说的清洁部位,主要是机械手腕油封处,清洁切削和飞溅物。

紧固部位,应紧固末端执行器安装螺钉、机器人本体安装螺钉、因检修等而拆卸的螺钉。应紧固露出于机器人外部的所有螺钉。主要螺钉检查部位见表13.4。有关安装力矩可参阅螺钉拧紧力矩表,见表13.5。

表13.4　主要螺钉检查部位

序号	检查部位	序号	检查部位
1	机器人安装用	6	J5轴伺服电机安装用
2	J1轴伺服电机安装用	7	J6轴伺服电机安装用
3	J2轴伺服电机安装用	8	手腕部件安装用
4	J3轴伺服电机安装用	9	末端负载安装用
5	J4轴伺服电机安装用		

表13.5　螺钉拧紧力矩表

内六角扳手	螺栓	拆装训练紧固力矩/(N·m)	实际生产紧固力矩/(N·m)
Hm2.5	M3	1.5	1.57±0.18
Hm3	M4	3.6	3.6±0.33

续表

内六角扳手	螺栓	拆装训练紧固力矩/(N·m)	实际生产紧固力矩/(N·m)
Hm4	M5	7.3	7.35±0.49
Hm5	M6	12.0	12.4±0.78
Hm6	M8	30.0	30.4±1.8
Hm8	M10	59.0	59.8±3.43
Hm10	M12	104.0	104±6.37

任务 13.2 工业机器人本体电池的检测与更换

13.2.1 机器人编码器电池更换

工业机器人经过长期不运转情况下要进行以下检修:一般工业机器人使用锂电池作为编码器数据备份用电池。如果机器人在长期不运转的情况下,要确认机器人编码器电池电压。如电压太低,应更换电池。如果不及时更换电池,将导致编码器数据丢失。电池电量下降超过一定限度,则无法正常保存数据。机器人在每天 8 h 运转和每天 16 h 电源 OFF 的状态下,应每两年更换一次电池。电池保管场所应选择避免高温、潮湿、不会结露且通风良好的场所。建议在常温(20±15 ℃)条件下,温度变化较小,相对湿度在 70% 以下的场所进行保管。更换电池时,在控制装置断电的状态下进行。如果电源处于未接通状态,编码器会出现异常,需要执行编码器复位操作。已使用的电池应按照所在地区规定的分类规定,作为“已使用锂电池”废弃。

1)更换机器人本体电池必需工具

M4 扭矩扳手(型号:东日 969610B),十字螺丝刀(型号:世达 63512),钳子(型号:世达 70303A),电缆扎带若干。

2)编码器电池的安装位置

工业机器人的编码器电池一般安装在底座的电池盒中。该电池用于电控柜断电时存储机器人电机的编码器信息。当电池的电量不足时,需要对电池进行更换。电池安装位置如图 13.1 所示(电池安装在底座的后端)。

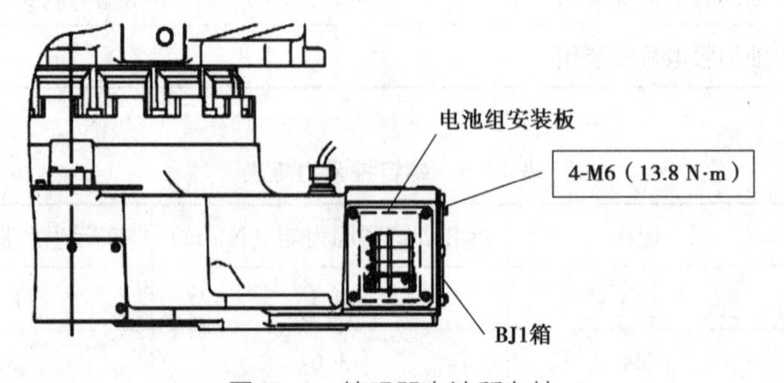

图 13.1 编码器电池所在处

3）电池更换的操作步骤

①使机器人控制装置的主电源旋到 OFF。

②按下紧急停止按钮，锁定机器人。

③用十字螺丝刀卸下 BJ1 箱左侧面的电池组安装板的安装螺栓（4 个 M6），如图 13.1 所示。

④卸下电池连接器。依次操作 1 轴—4 轴，如图 13.2 所示。

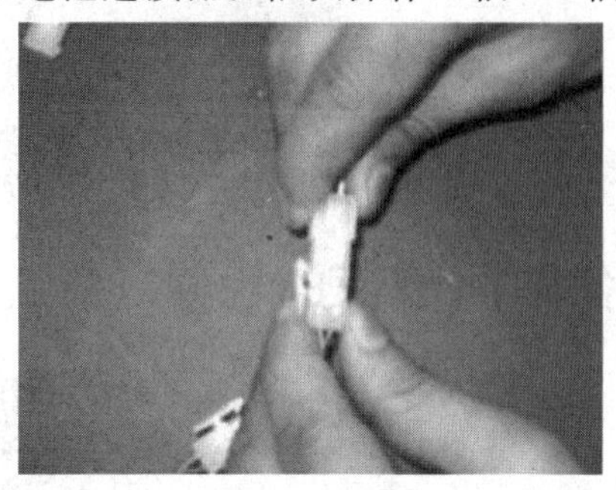
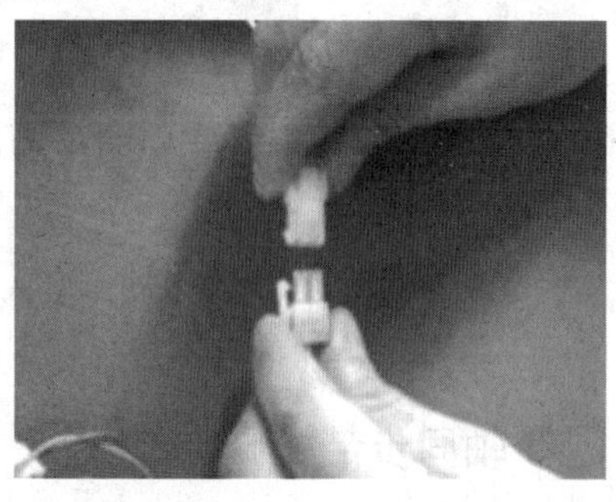

图 13.2　卸下电池连接器

⑤拆下电压不足的电池，将新电池插入电池包，连接电池连接器。

⑥将电池组安装板放回原来位置，用扳手安装旋紧螺栓（4-M6）进行固定。

⑦使控制装置的电源重新置于 ON。

4）更换电池后的操作

一般按照上述顺序操作，重新上电即可。若有操作不当位置丢失，需要进行编码器清零操作。

13.2.2　机器人的清零、清除报警操作

对机器人某一轴实施清零操作后，机器人此轴的零点就会丢失，首先在清零前应将机器人各轴运动至原先定义的零点位置，或在清零后将机器人运动至原先定义的零点。当实施清零操作后，再重新定义机器人零点，方可运行机器人。

如果机器人关节轴的电机的编码器线被进行过插拔，驱动器将会出现 R29 依次闪烁报警。此时，需要在示教器"零位标定"界面下，选中右下方对应的轴号，单击"绝对编码器清零"按钮，然后按下示教器上的"确定"键，报警消除。但机器人的轴的零位数据会出现丢失，需将机器人运动到机械零位进行零位标定复位操作才行。

机器人在出厂前，已做好机械零点校对。当机器人因故障丢失零点位置，需要对机器人重新进行机械零点的校对。校对零点时，将规格为 $\phi6$ 的圆柱销插入机器人 1 轴至 5 轴的零标孔中，即机器人的零标位置。其具体操作如图 13.3 和图 13.4 所示。

J3 轴零点标定时，需要首先将大臂外壳保护罩去掉，然后将圆柱销插入零标孔中，待重新标定系统后，再将大臂外壳保护罩安装到机器人上。

J6 轴因可以 360°旋转，所以需要在示教器中点动操作机器人的 6 轴到零点位置来进行机械零点标定。

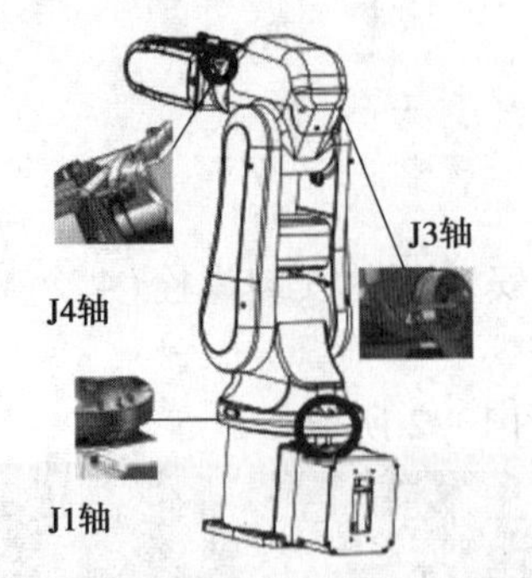

图 13.3　J1，J3，J4 轴零点标定示意图

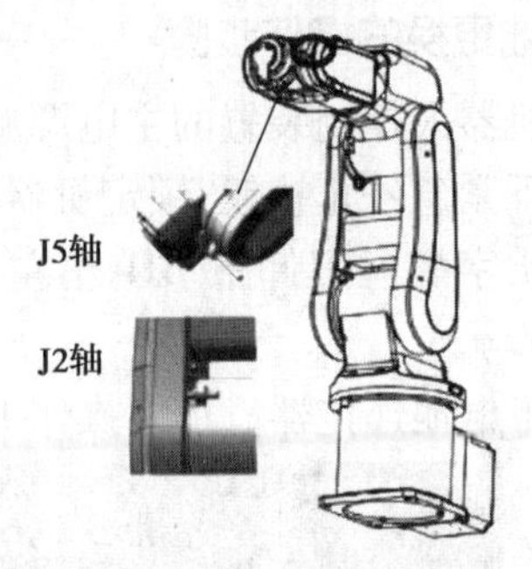

图 13.4　J2，J5 轴零点标定

任务 13.3　机器人各轴同步带的检修

13.3.1　3 轴同步带检修

机器人各轴同步带的检修

工业机器人的 3 轴、4 轴和 5 轴安装有同步带。同步带每隔一年应进行一次检修，防止同步带松弛导致机器人发生故障。3 轴同步带位置及检修方法如图 13.5 和表 13.6 所示。

表 13.6　同步带

A	3 轴同步带
B	3 轴输入输出皮带轮（两个）
C	大臂盖板 1

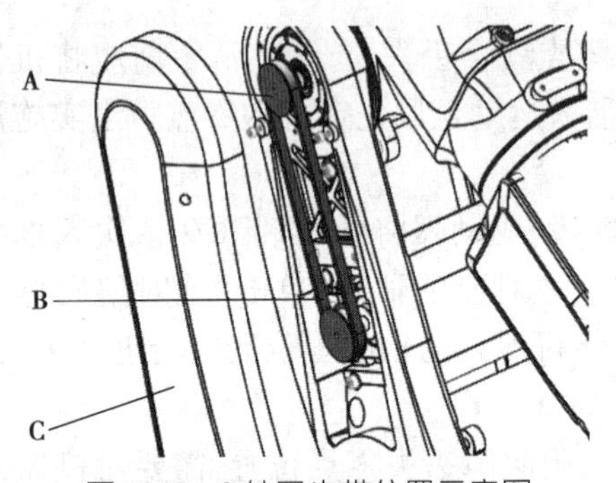

图 13.5　3 轴同步带位置示意图

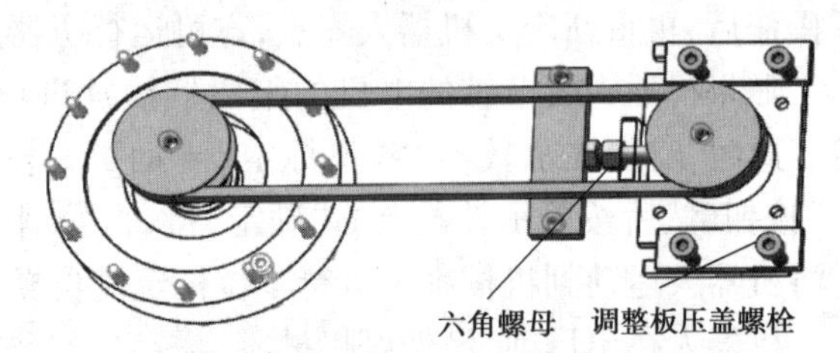

图 13.6　3 轴同步带调整方法示意图

3 轴同步带调整时，应先将大臂盖板拆除，拆除后即可用皮带张紧仪。

测量同步带的张进力，同步带设计张紧力采样频率为 101 ~ 116 Hz。若不在此范围内，应按如图 13.6 所示的方法进行调节。

首先将调整板压盖上的螺栓松开，注意此处不是取出，而是将螺栓松开，至调整板压盖可自由移动。然后通过调整六角螺母（M5）调整带轮松紧。调整时，将螺母向减速机方向移动，同步带张紧力随时减小；反之，则增大。在调整同步带松紧时，应用张力测试仪测量张紧力。其测量方法可参照其使用说明。

13.3.2　4 轴同步带检修

4 轴同步带检查应首先将电机座、电机罩取下，取出方法如图 13.7 和表 13.7 所示。

表 13.7　同步带

A	电机座盖板
B	同步带

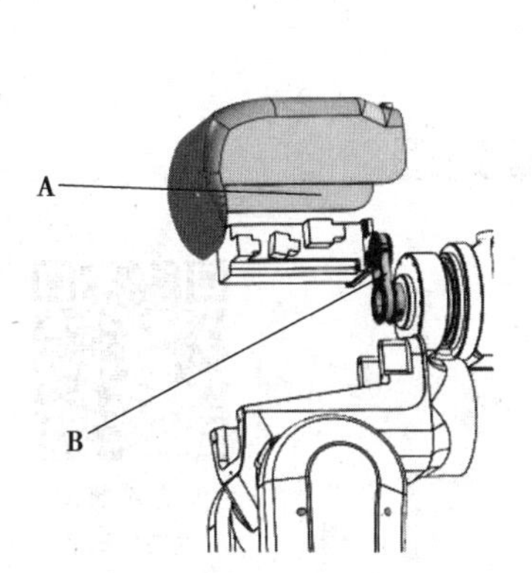

图 13.7　4 轴同步带位置示意图

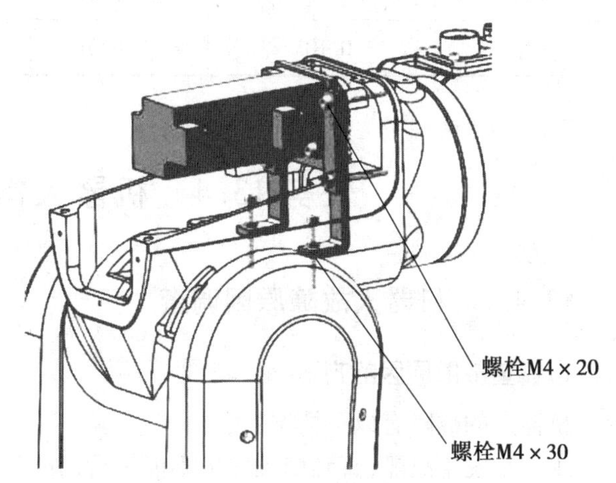

图 13.8　4 轴同步带调整示意图

将电机座盖板拆除后，同步带设计张紧力采样频率为 361～417 Hz。若不在范围内，可按照下述步骤调整 4 轴同步带预紧力。其调整方法如图 13.8 所示。

首先将 M4×20 螺钉调松（此处并不拆除），将 M4×30 螺栓上的六角螺母调松，通过 M4×30 螺栓的上下旋转带动电机上下移动，以达到调整同步带的目的。当同步带预紧力调整到给定范围后，将 M4×30 上的六角螺母锁紧，后将 M4×20 螺钉的螺栓打到给定力矩值。

13.3.3　5 轴同步带检修

5 轴同步带检查方法同 3 轴同步带检查方法，将手腕盖板拆除后，即可进行检查和调整。具体调整方法可参照 3 轴同步带调整方法，如图 13.9 和表 13.8 所示。

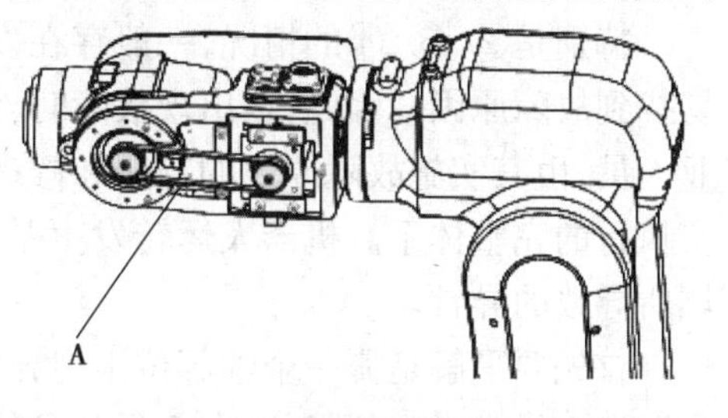

图 13.9　5 轴同步带位置

同步带调整需专业人员操作，若调整过程中有任何问题，可联系厂家售后服务部门进行处理。

表 13.8　同步带

A	同步带

同步带进行张紧力检测需要的工具和设备有张力测试仪，内六角扳手 1 套。检测时，要注意的事项如下：

①同步带调整时,必须断电,防止发生事故。

②同步带必须调整在给定范围内,否则会影响机器人性能,损坏机械部件。

③同步带调整后,各轴的螺母必须锁紧。其中,同步带张力频率范围见表13.9。

表13.9　同步带张力频率范围

位置	中心距/m	线密度/(kg·m^{-1})	频率下限/Hz	频率上限/Hz
3轴	0.15	0.013	101	116
4轴	0.042	0.013	361	417
5轴	0.105	0.013	144	167

任务13.4　机器人常见故障处理

13.4.1　机器人故障原因调查

机器人常见故障处理

1)调查故障原因的方法

机器人的故障有以下情况:

①一旦发生故障,直到修理完毕不能运行的故障。

②发生故障后,放置一段时间后,又可恢复运行的故障。

③发生故障,只要关闭电源重新上电,又可运行的故障。

④发生故障,立即可再次运行的故障。

⑤非机器人本身,而是系统故障导致机器人异常的故障。

⑥因机器人故障,导致系统异常的故障。

特别是②、③、④的情况,一般存在发生二次故障的可能。在复杂的系统中,一般不会轻易找到故障原因。因此,在出现故障时,请勿继续运转,应立即联系接受过规定培训的保全作业人员,由其实施故障原因的查明和修理。此外,应将这些内容放入作业规定中,并建立可切实执行的完整体系。机器人运转发生某种异常时,排除控制系统问题后,应考虑机械部件损坏所导致的异常。

首先要了解是哪一个轴部位出现异常现象。如果没有明显异常动作而难以判断时,应对有无发出异常声音的部位,有无异常发热的部位,以及有无出现间隙的部位等情况进行调查。

确定损坏轴后,应检查导致异常发生的原因。一种现象可能是由多个部件导致的。

问题确认后,有些问题用户可自行处理,或联系厂家售后服务部门进行处理。

2)故障现象和原因

一种故障现象可能是因多个不同部件导致,见表13.10。

表 13.10　故障现象和原因

故障说明	原因部件	
	减速机	伺服电机
过载[1]	○	○
位置偏差	○	○
发生异响	○	○
运动时振动[2]	○	○
停止时晃动[3]		○
轴自然掉落	○	○
异常发热	○	○
误动作、失控		○

注:1. 负载超出伺服电机额定规格范围时出现的现象。
2. 动作时的振动现象。
3. 停机时在停机位置周围反复晃动数次的现象。

13.4.2　机器人各个零部件的检修方法及处理方法

1)减速机检修

减速机损坏时,会产生振动、异常声音,会妨碍正常运转,导致过载、偏差异常,出现异常发热现象。此外,还会出现完全无法动作及位置偏差。

(1)检查方法

①检查润滑脂中铁粉量。润滑脂中的铁粉量增加浓度至 $1\ 000\times10^{-6}$ 以上时,有内部破损的可能性[每运转 5 000 h 或每隔 1 年(装卸用途时,则为每运转 2 500 h 或每隔半年),应测量减速机的润滑脂铁粉浓度。超出标准值时,有必要更换润滑脂或减速机]。

②检查减速机温度。温度较通常运转上升 10 ℃时,基本可判断减速机已损坏。

(2)处理方法

由于更换减速机较复杂,因此,需更换时应联系厂家售后服务部门进行处理。

2)伺服电机检修

伺服电机异常时,停机会出现晃动、运转时振动等异常现象,还会出现异常发热和异常声音等情况。由于出现的现象与减速机损坏时的现象相同,因此,应同时进行减速机的检查。

(1)调查方法

检查有无异常声音、异常发热现象。

(2)处理方法

参照更换零部件的说明,更换伺服电机。

13.4.3　更换机器人的零部件

1)更换机器人的4轴、5轴、6轴电机与减速机前准备工作

更换机器人的4轴、5轴、6轴电机与减速机前准备工作,如图13.10所示。

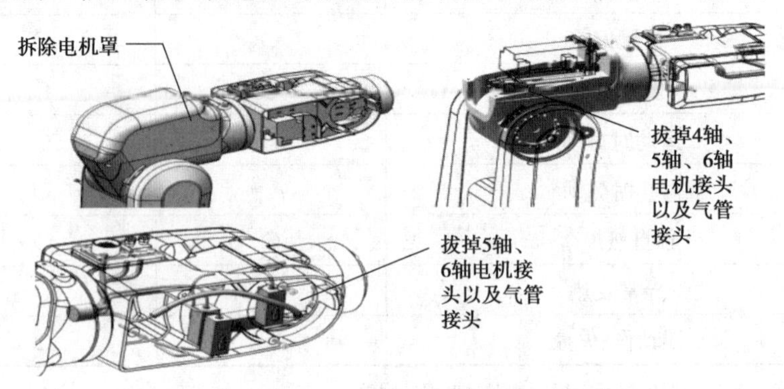

图13.10　更换零部件

注意:对机器人进行维修时,务必切断电源。

2)更换6轴电机与减速机

机器人电气线缆与机械本体连接在一起,即电气线在机械本体内。在维修机械本体时,应注意电气线的布局,避免将损坏线缆。

如图13.11所示,在更换6轴电机或减速机时,应首先将机器人运动到如图13.11所示的姿态,去掉6轴电机保护罩上的螺栓,并取下6轴电机保护罩,将6轴电机的插头拔掉。将6轴减速机螺栓拆除,取出6轴减速机。取出减速机时,注意不要伤害减速机本体。后将减速机波发生器与柔轮取出,便可取出6轴电机。安装时,首先将电机安装到手腕体上并紧固,后将波发生器与柔轮固定在电机轴上,再将减速机安装在手腕体上。安装减速机时,应边旋转电机边安装到手腕体上。6轴电气布线为:首先,将6轴电机线沿电机反方向后端布线,6轴电机前端的快插安装在6轴电机保护罩和手腕连接体中间的空隙处。将6轴电机线固定在手腕连接体上,如图13.12所示。将6轴电机电气线穿过4轴减速机中心孔后在4轴电机处与管线快插连接。因此,在拆装电机时,应先将6轴电机保护罩去掉,再将电气线接口分离,分离后取出电机。重新安装时,应先将电机安装好,后将接口卡上并固定在手腕连接体上。重新安装减速机时,应保证配合面无杂物,减速机螺栓应交叉十字法分3~4次打到相应力矩值。

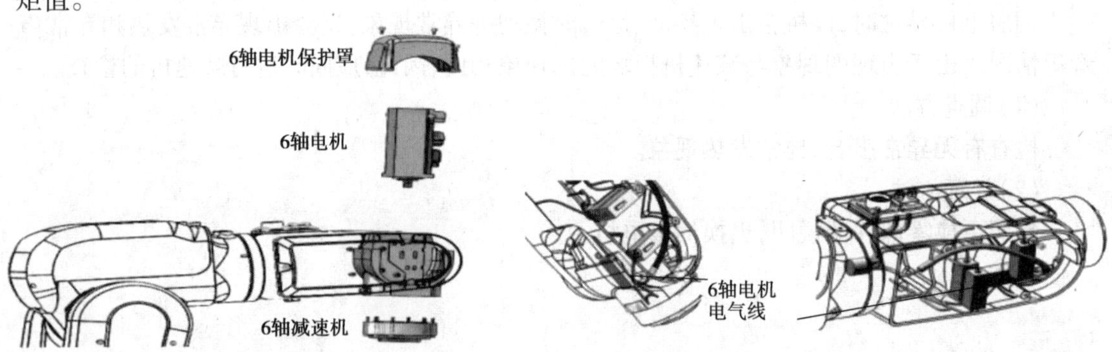

图13.11　机器人手腕部分结构　　　　图13.12　6轴电机电气线布局

3)更换 5 轴减速机与电机

如图 13.13 所示,更换 5 轴电机时,首先将两端手腕盖板取出,5 轴电机插头拔掉,将 5 轴同步带调整板上的 M4×15 螺栓取出,后将同步带轮取出。取出电机与输入输出带轮配合处 M3×10 螺栓后,将 5 轴减速机与电机上 5 轴输入输出带轮取出,将电机与 5 轴同步带调整板螺栓取出,即可取出电机。

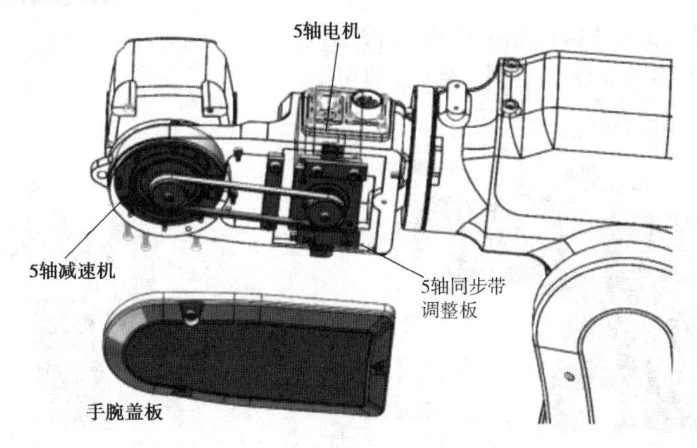

图 13.13　更换 5 轴减速机与电机

更换 5 轴减速机时,参照更换 6 轴减速机和 6 轴电机的方法将 6 轴减速机与电机拆下,将手腕连接体与手腕体分开,即取出减速机与手腕体连接的 8 个 M3×25 螺栓,取出 5 轴减速机。更换 5 轴电机时,应注意电气线布局。5 轴电机布线如图 13.14 所示。先绕电机半圈,与本体管线通过快插固定在空隙处,再将线通过 4 轴减速机中心孔后与管线包快插配合。在取出 5 轴电机时,应首先将 5 轴电机电气线快插松掉,即可取出 5 轴电机,如图 13.15 所示。重新安装时的顺序与拆装时相反。重新安装减速机时,应保证配合面无杂物,减速机螺栓应采用交叉十字法分 3 ~4 次打到相应力矩值。重新安装减速机时,顺序与拆卸步骤相反。

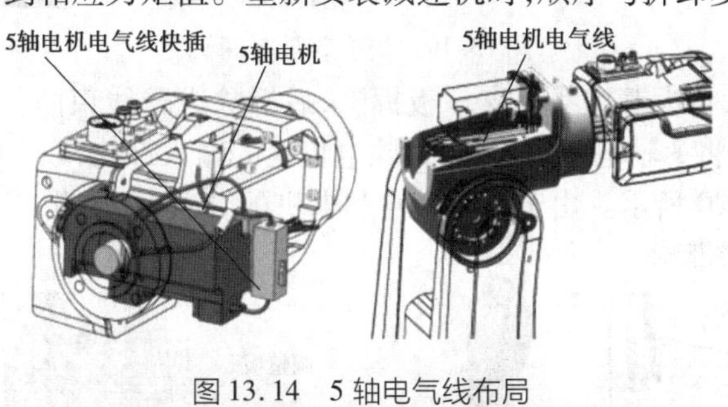

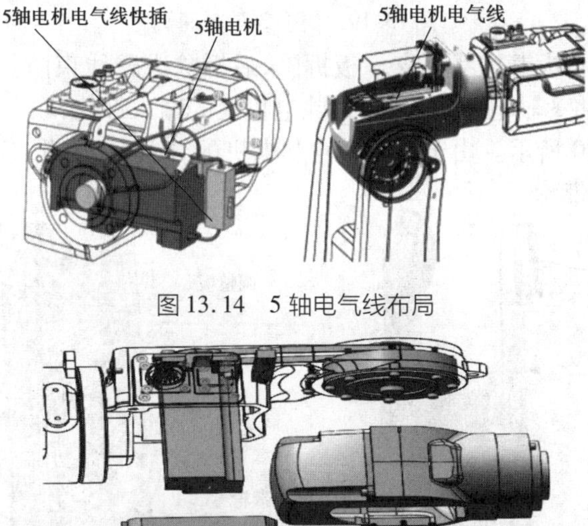

图 13.14　5 轴电气线布局

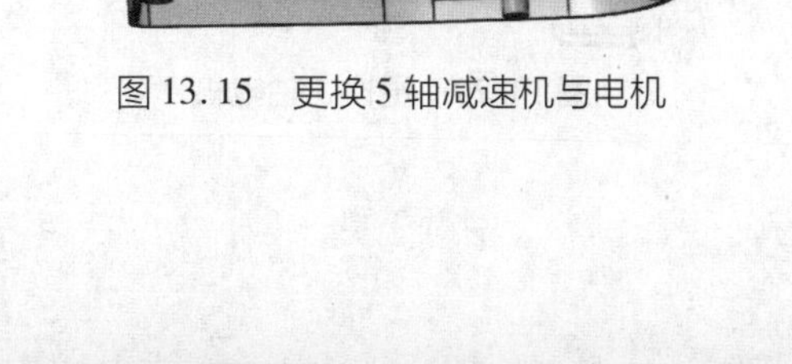

图 13.15　更换 5 轴减速机与电机

4)更换 4 轴减速机与电机

更换 4 轴电机与减速机时,应先拆除 5 轴电机,将手腕部分拆除。其具体方法如图 13.16、图 13.17 和图 13.18 所示。

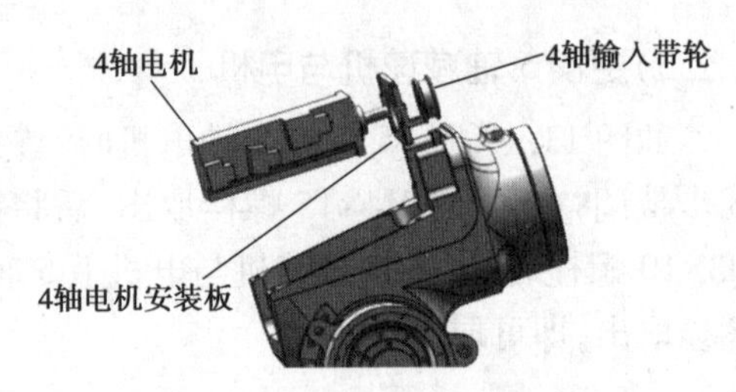

图 13.16　更换 4 轴减速机

5)更换 3 轴减速机与电机

更换 3 轴电机与减速机时,先将两边大臂盖板拆除,再将如图 13.19 所示的螺栓拆除后,即可分离出 3 轴减速机与电机座。

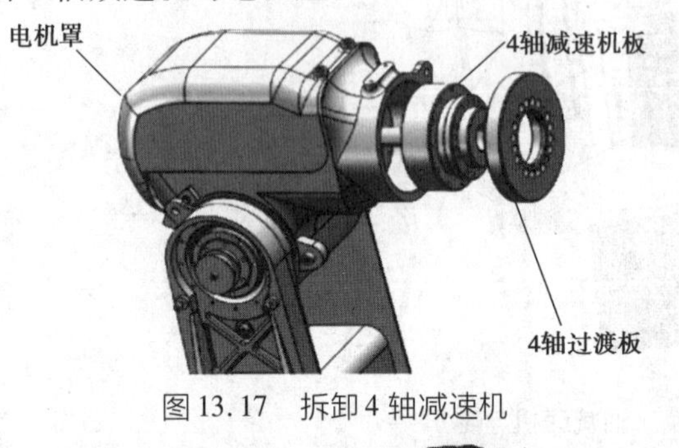

图 13.17　拆卸 4 轴减速机

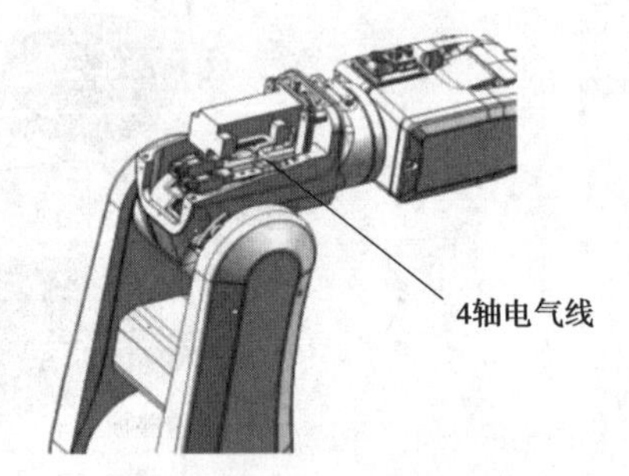

图 13.18　4 轴电气线布局

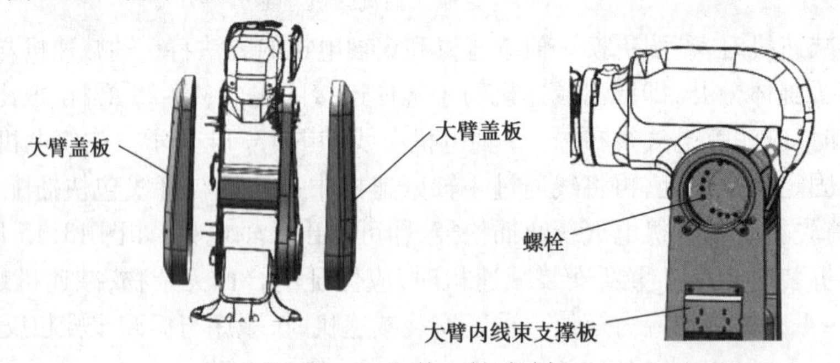

图 13.19　更换 3 轴减速机

拆除 3 轴电机时,将大臂内线束支承板拆除,后拆除大臂线束防护套。将大臂 2 上的螺栓取出后拆除大臂 2,将 3 轴电机罩去除,拆除电机上的输入带轮,取出电机上的螺栓,即可取出 3 轴电机,如图 13.20 所示。由于输入带轮和电机配合关系,因此,应先将电机连同调整板一起拆除,后取出输入带轮。

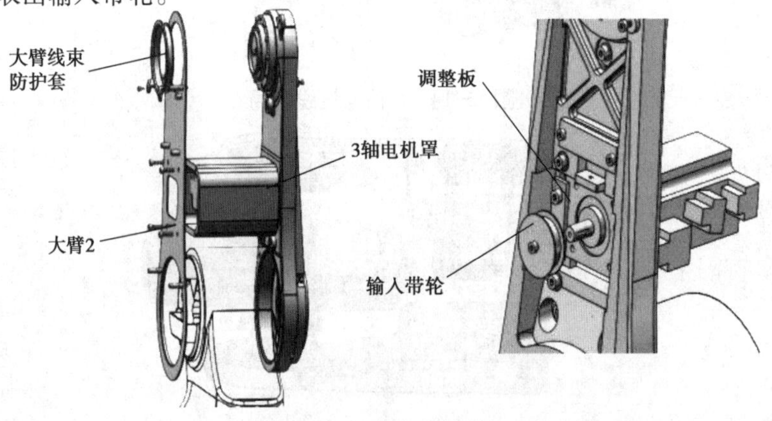

图 13.20　更换 3 轴电机

安装时,应与拆除步骤相反。应注意,安装减速机时,需要在安装配合面涂抹平面密封胶。同时,减速机内部应重新更换润滑脂,润滑脂体积占总填充空间体积的70%。由于谐波减速机对工作条件要求较高,因此,在安装谐波减速机时,应要将其内部清理干净,防止灰尘铁屑进入减速机内。同时,减速机螺栓应交叉十字法分3~4次打到相应力矩值。3轴电气线布局如图13.21所示。电气线穿过电机后固定在大臂内线束支承板上。拆除电机时,应先将大臂内线束支承板上的卡扣分开。重新安装,在安装3轴电机保护罩时,应将电气线穿出大臂,待电机安装好后,将其固定在大臂内线束支承板上。

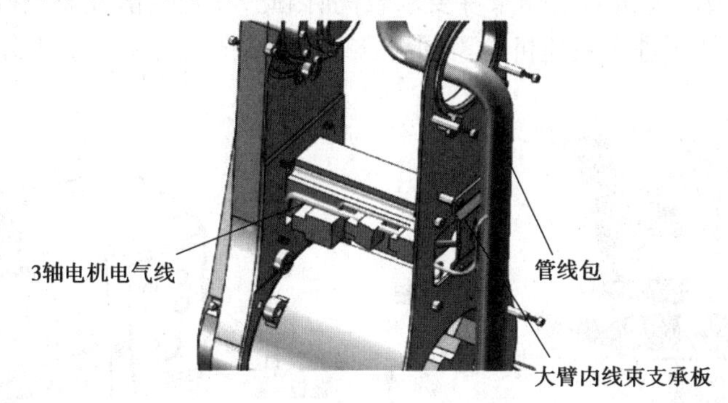

图13.21 3轴电气线布局

6)更换2轴减速机与电机

更换2轴减速机与电机时,应先将大臂拆除,大臂拆除方法可参照更换3轴减速机与电机的方法。将大臂拆除后,即可取出电机与减速机的组合体(见图13.22),将3轴减速机与电机从过渡板中取出即可。

安装时,应与拆除步骤相反。应注意,减速机安装时,需要在安装配合面涂抹平面密封胶。同时,减速机内部应重新更换润滑脂,润滑脂体积占总填充空间体积的70%。由于谐波减速机对工作条件要求较高,因此,在安装谐波减速机时,应要将其内部清理干净,防止灰尘铁屑进入减速机内。同时,减速机螺栓应交叉十字法分3~4次打到相应力矩值。

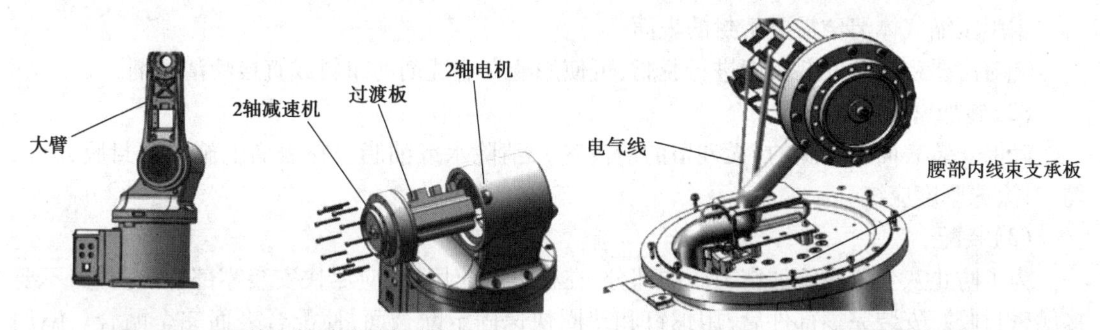

图13.22 更换2轴减速机与电机　　图13.23 2轴电气线布局

2轴电气线布局如图13.23所示。在拆除2轴电机时,应首先将腰部与腰部内过渡板上的螺栓取出,后将腰部向上拿起,直至看得到腰部内线束支承板,将2轴的电气线与腰部内线束支承板的扎带剪断,并将固定在腰部内线束支承板的接口松开。此时,可将腰部与电机一起取出。重新安装管线时,应先将电气线固定在腰部内支承板上,后将腰部与过渡板上的螺栓固定。

7)更换1轴减速机与电机

更换1轴减速机与电机时,应将腰部拆除。其拆除方法如图13.24所示。将腰部螺栓从底座过渡板中拆除,即可拿出腰部。取下腰部后,将底座过渡板中的螺栓拆除,即可取出底座过渡板,之后即可取出1轴减速机与电机的组合体。参照更换2轴减速机与电机的方法,即可更换1轴减速机与电机。安装时,应与拆除步骤相反。应注意,减速机安装时,需要在安装配合面涂抹平面密封胶。同时,减速机内部应重新更换润滑脂,润滑脂体积占总填充空间体积的70%。由于谐波减速机对工作条件要求较高,因此,在安装谐波减速机时,应要将其内部清理干净,防止灰尘铁屑进入减速机内。同时,减速机螺栓应交叉十字法分3~4次打到相应力矩值。

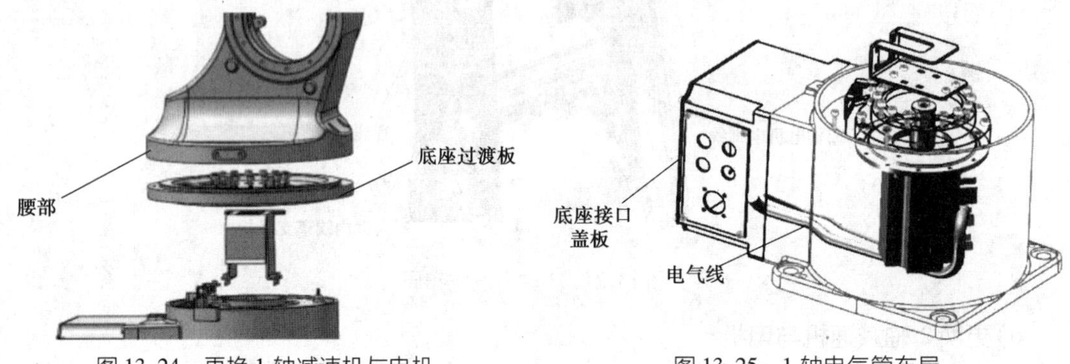

图13.24 更换1轴减速机与电机　　图13.25 1轴电气管布局

1轴电气管布局如图13.25所示。在拆装1轴电机时,应先将底座接口盖板拆除,将1轴电气线的卡扣拆除,后将1电机与减速机取出。在安装时,首先将电机安装到底座内,后将电气线装上并固定。

8)密封胶应用

(1)对要密封的表面进行清洗和干燥

其清洗方法如下:

①用压缩气体清洁需要密封的表面。

②对需要密封的安装表面进行脱脂,可使用蘸有清洗剂的布料或直接喷清洗剂。

(2)施加密封胶

确保安装表面是干燥的(无残留的清洗剂),清除水或油脂。在表面上施加密封胶,涂抹均匀,涂抹厚度应统一。

(3)装配

为了防止灰尘落在施加密封胶的部分,在密封胶应用后,应尽快安装零部件。注意,不要接触密封胶。安装完零部件后,用螺钉和垫圈快速固定配合面,使配合表面完全贴合。施加密封胶前,禁止向空腔内注入润滑脂,这是因为润滑脂可能会导致泄漏。应在施加密封胶至少1 h后,再注入润滑脂。

9)伺服驱动常见报警处理

(1)n 持续显示 n (见表 13.11)

表 13.11　n 持续显示

定义	伺服使能
类型	模式
激活禁止	不适用
描述	不适用
须采取措施	不适用

设备上电后,伺服驱动器持续显示"n",驱动器为正常现象,设备正常。

(2)1 持续显示 1. (见表 13.12)

表 13.12　1 持续显示

定义	模拟速度模式
类型	模式
激活禁止	不适用
描述	不适用
须采取措施	不适用

设备上伺服后,伺服驱动器持续显示"1",驱动器为正常现象,设备正常。

(3)b 持续显示 b (见表 13.13)

表 13.13　b 持续显示

定义	多摩川电池电压低
类型	警告
激活禁止	不适用
描述	电池电压接近故障水平
须采取措施	准备更换电池

设备上电后,伺服驱动器持续显示"b",设备出现故障,检查机器人本体中的线路,对多个插口进行重新安插。

(4)F2 依次显示（见表 13.14）

表 13.14　F2 依次显示

定义	驱动器折返
类型	故障
激活禁止	是
描述	驱动器平均电流超出额定的连续电流，电流折返激活，在折返警告后出现之后出现
须采取措施	检查驱动器-电机配型。该警告在驱动器功率额度相对于负载不够大时可能出现

设备上电后，伺服驱动器依次显示“F2”，设备出现故障，检查机器人本体中的线路，对多个插口进行重新安插。

(5)r29 依次显示（见表 13.15）

表 13.15　r29 依次显示

定义	Sine 编码器的正交编码错误
类型	故障
激活禁止	否
描述	编码器的正交编码的计算结果与实际结果不匹配。此故障会使驱动器禁用
须采取措施	检查反馈装置的连线，确认所选编码器类型(MENCTYPE)无误

设备上电后，伺服驱动器依次显示“r29”，设备出现故障，对示教器“零位标定”界面下，选中右下方的轴号，单击“绝对编码器清零”按钮，然后按下示教器上的“确定”键，报警消除。但轴的零位会丢失，需将机器人运动到机械零位进行零位标定操作。

10)示教器常见报警处理

机器人示教器常见报警代码以及解决方法见表 13.16。

表 13.16　示教器常见报警处理

错误代码	错误信息	错误分析	解决方法
1008	—	驱动器上下伺服出现异常，驱动器未能正常接通或断开伺服电源(驱动器或控制器异常错误)，当通过 3 段开关频繁上下伺服时，可能会出现这种情况	复位错误消息后，尝试在等待几秒钟的时间延时后，再次伺服电源接通

续表

错误代码	错误信息	错误分析	解决方法
1011	—	驱动器跟随误差超出运动控制器的允许极限。驱动器 PID 参数设置不当导致运动异常,或用户配置的运动加减速参数设置异常	重新设置或调整驱动器的参数,使得增益及刚度等参数满足实际的硬件要求。或重新调整运动学的加减速等动力学极限参数
1116	—	X 轴的单位设置错误,关节是否使用及关节单位配置是否正确,如 6 轴关节机器人必须使用轴 1 到轴 6 共 6 个轴,“关节运动单位”参数	进入机器人后台,重新设置 CPAC 文件或重新设置 Hard disk 文件
998	Axis[x] ABS encoder value is ZERO(0)	轴 x 读到的绝对值编码器是 0 x:轴号	零点标定界面刷新绝对编码器数据 重新启动系统
999	Referenced failure or out of workspace, only axis JOG mode can run	寻找零点失败或超出工作空间,只允许 JOG 模式操作机器人	上一次停机后,电机编码器电池被取下过,或编码器线缆从电机上脱开过 机器人关节位置超出工作空间范围 未能正确地读取当前绝对值编码器数据 处理办法:如果机器人的当前位置超出工作空间范围导致的零点丢失,应将机器人运动到关节空间的范围之内,再在零位标定界面上单击“刷新数据”,即可找回零位数据;其他情况下零点丢失,重新进行零点标定
1011	Axis[x] Encoder read error	轴 x 编码器读取失败	在记录零位数据时,编码器数据读取存在错误 检查绝对编码器连线是否正确,是否正确地配置了编码器读取模式(如串口设置)
1024	Axis[x] follow error	驱动器跟随误差超出运动控制器的允许极限	检查减速机及硬件是否有卡死现象 检查电机刹车是否正常打开 重新设置或调整驱动器的参数,使增益及刚度等参数满足实际的硬件要求。或重新调整运动学的加减速等动力学极限参数。 驱动器 PID 参数设置不当导致运动异常,或用户配置的运动加减速参数设置异常

续表

错误代码	错误信息	错误分析	解决方法
2006	Teacchfile excute need reset	程序文件执行过程中需要复位	模式旋钮打到示教模式,单击“取消”键
	Excute TeacFile error more than 7 or less than 3	程序文件需要复位	I/O 指令都是 0 开头, DO 0. 4 = 1, DO 0.15=1
2010	Teacchfile modify error	程序文件修改错误	程序文件不允许修改或修改时输入参数有误,重新操作。修改时,按住使能键
2024	Emergency stop button be pressed down	急停按钮被按下	如果想再次伺服使能,需将手持操作示教器和电控柜上的急停按钮旋开

学习评价:

<table>
<tr><td>实操时间</td><td></td><td>实操地点</td><td colspan="6"></td></tr>
<tr><td rowspan="2">实操班级</td><td rowspan="2"></td><td rowspan="2">实操分组</td><td>组别</td><td colspan="2"></td><td>组长</td><td colspan="2"></td></tr>
<tr><td>组员</td><td colspan="5"></td></tr>
<tr><td rowspan="13">项
目
评
价</td><td rowspan="2">序号</td><td colspan="2" rowspan="2">评价内容(总分100分)</td><td colspan="4">得　分</td></tr>
<tr><td>自评</td><td>互评</td><td>教评</td><td>总分</td></tr>
<tr><td>1</td><td colspan="2">课堂考勤(5分)</td><td></td><td></td><td></td><td></td></tr>
<tr><td>2</td><td colspan="2">课堂讨论与发言情况(10分)</td><td></td><td></td><td></td><td></td></tr>
<tr><td>3</td><td colspan="2">知识点掌握情况(30分)</td><td></td><td></td><td></td><td></td></tr>
<tr><td rowspan="6">4</td><td rowspan="6">任务完成情况(50分)</td><td>运用工具进行机器人电池的更换(10分)</td><td></td><td></td><td></td><td></td></tr>
<tr><td>正确完成机器人的各轴的零点校正(6分)</td><td></td><td></td><td></td><td></td></tr>
<tr><td>运用皮带张紧仪等工具进行工业机器人各轴的同步带的检修(6分)</td><td></td><td></td><td></td><td></td></tr>
<tr><td>运用工具进行故障零部件的更换(10分)</td><td></td><td></td><td></td><td></td></tr>
<tr><td>正确运用工具完成机器人的装配(10分)</td><td></td><td></td><td></td><td></td></tr>
<tr><td>掌握伺服驱动等常见报警故障处理(8分)</td><td></td><td></td><td></td><td></td></tr>
<tr><td>5</td><td colspan="2">互助协作情况(5分)</td><td></td><td></td><td></td><td></td></tr>
<tr><td colspan="3">合　计</td><td></td><td></td><td></td><td></td></tr>
</table>

注:过程考核占总成绩的70%,考试(综合设计)成绩占30%。

知识测评：

一、判断题

1. 定期对工业机器人的数据进行备份，是保证机器人正常工作的良好习惯。（　　）

2. 意外或不正常情况下，均可使用 E-Stop 键，停止运行。（　　）

3. 在编程、测试及维修时，必须注意即使在低速时，机器人仍然是非常有力的，其动量很大，必须将机器人置于手动模式。（　　）

二、选择题

1. 对 ABB IRB120 型的工业机器人，制动闸释放按钮可控制（　　）个轴。

　A. 1 个　　B. 3 个　　C. 4 个　　D. 6 个

2. 关闭机器人控制柜电源后必须等（　　）min 后才可再次开机。

　A. 1　　B. 2　　C. 5　　D. 10

参考文献

[1] 张明文. 工业机器人基础与应用[M]. 北京:机械工业出版社,2018.
[2] 叶晖. 工业机器人实操与应用技巧[M]. 2 版. 北京:机械工业出版社,2017.
[3] 叶晖. 工业机器人工程应用虚拟仿真教程[M]. 北京:机械工业出版社,2014.
[4] 叶晖. 工业机器人典型应用案例精析[M]. 北京:机械工业出版社,2013.
[5] 刘小波. 工业机器人技术基础[M]. 2 版. 北京:机械工业出版社,2019.
[6] 邓三鹏,周旺发,祁宇明. ABB 工业机器人编程与操作[M]. 北京:机械工业出版社,2018.